PERFUMES
The Guide 2018

「匂いの帝王」が五つ星で評価する

世界香水ガイドIII ★ 1208

ルカ・トゥリン　タニア・サンチェス
秋谷温美 訳

原書房

目 次

［謝辞］

まずは貴重なサンプルを送ってくれたすべての調香師やメーカーに感謝。素晴らしく正確かつ網羅的なデータベース『Fragrances of the World』を運営するマイケル エドワーズには今回も大変お世話になった。ラッキーセントのフランコ ライト、アリエル ショシャナ、「嗅覚系」のクリスティ シェン、香水の祭典“"Esxence”の実行委員たち、ウィル インリグ、ケイティ パックリク、“Basenotes”のユーザーであるプルラン、嗅覚アート研究院（アメリカ）、そして「ヴォーグ（元スタイル）アラビア」のカテリナ ミンテのご支援、ご助力にも感謝します。挙動不審な私たちが店内を嗅ぎ回るのを寛大にも許してくれたアテネのアッティカ百貨店とホンドス センターのスタッフのみなさん、ありがとう。表紙のデザインを考えてくれたミカ ハーンにも多謝。

タニア サンチェス =TS
ルカ トゥリン =LT

本ガイドについて

タニア サンチェス

本書では1200種以上の香水をレビューした。ものすごい数に思えるかもしれないけれど、マイケル エドワーズの『Fragrances of the World』のデータベースには、2009年から2017年の間に16664の新作が追加されたことをお忘れなく。手に入るすべての香水をレビューするなんて、10年前でも無理な話だったけれど、いまや笑うしかない。

では、かわりに私たちは何をしたか？　『世界香水ガイドII★1885』では、香水の世界の全体像を、その起源から今日にいたるまで、香水を一点一点たどりながら示した。この2018年版はやや異なり、ドラスティックな変化のただなかにある今日の香水事情を反映するサンプルを現在進行形で取り上げた。いいニュースは、素晴らしい香水がたくさん出てきていること。悪いニュースは、これまで以上にチープで独創性のない香水や、単にひどいとしか言えない代物も増えていることだ（それも恥ずかしげもなく高価だったりする）。

本書のレビューは、科学的な分析に基づく客観的評価ではない。あらゆる批評と同じく、知識に裏打ちされた主観によるものだ。では、いい香水の決め手は何か？　香水作りの技巧については前ガイドで長々説明したからここでは繰り返さないけれど、ひとことで言うなら、求められるのは美しさ（いい匂いがするか？）と、アイディア（興味がわく匂いか？）、新しさ（前にもかいだ匂いか？）、そしてスキル（技術的に優れているか？）だ。

当然、一つめの条件、いい匂いがするかどうかは、もっとも意見が分かれるところ。だから本書で高く評価された香水も、ある人には耐えがたい匂いかもしれないし、ある人には一生かけて出会えた宝物となるかもしれない。でも、本書で高評価の香水を手にすれば、現代香水の最高傑作の一端を体験できることは、レビューした私たちが保証しましょう。

あれから10年

タニア サンチェス

ルカと私はこれまでに合わせて数千の香水をかぎ、移り住んだ何か国もの家の食卓で意見を交わしてきた。地下室にある二人のコレクションは、余計なものを処分したあとも、高さを延ばしたイケアのガラスドア付きのキャビネット三台を埋めつくしている。私たちの務めは、香水の芸術性を見きわめ、良いもの、悪いもの、素晴らしいものをきちんと伝えていくこと。私はその大切さを変わらず感じているし、今まで以上に必要とされることかもしれないと思う。

バイキング／ペンギン社（と英国のプロファイル社）から香水ガイドの第一版が出版されたのは2008年。私たちが古典香水の黄金時代へ捧げた讃歌は、思いがけず追悼のような形になってしまった。というのも、その頃までに過去の名作の多くが予算の削減やアレルゲンの規制、メーカーの倒産、嗜好やサプライチェーンの変化によって生産が中止されたり改悪されたりしたからだ。あれは、20世紀の名香がいくらかでもオリジナルに近い処方で売られていた最後の時期だった。ペーパーバックで香水ガイドの改訂版を出し、傑作が今どんなダメージを受けているかを探った*The Little Book of Perfumes: The 100 Classics*を書き上げた後、私たちは誓った。残りの人生を、怒りにふるえながら香水の死亡記事を書いて過ごすのはまっぴらだと。そして前に進んだ。絶滅のあとの空白には、ニッチブランドや独立系の作り手が大量に生まれていた。まさに、新しい会社、新しいジャンル、新しいアイディアのカンブリア爆発。ときには香水をつけることすら避けていた長い年月を経て、私たちはおそるおそる百貨店の香水売り場に足を踏み入れ、やがて独立系の小さなショップへとさまよいはじめた。そこで気づいたのは、香水の世界的専門家であるはずの私たちが、今起きていることの半分も知らないことだった。いろいろな香りを試しはじめたら、それが楽しい。香水ガイドを蘇らせるしかないと思った。香水は一度死んだ。でも香水は永遠だ！

まずは、若手に活躍の場を。私の義理の息子もよく、若い人に場所をあけて、と言ってカウチに割り込んできたもの。この10年、15年のあいだ、いたるところから新顔が登場してきている。しかも、フランスやグラースといったお決まりの土地からではない。そのモデルは最初のガイドの執筆時点ですでに崩れはじめていて、いい例が、独学のスイス人調香師、アンディ タウアー。彼の「レール デュ デゼール マロカン」(ガイド本を脱稿した週の結婚式でルカがつけた香水)には五つ星の評価がついた。この新しいガイドでレビューした香水も、かなりの数がフリーエージェントの作り手によるもので、プロフェッショナルな訓練を受けた人もいれば、まったくの独学の人もいる。さらにそのなかでも、女性や同性愛を公言している男性がかつてなく増えているのは、伝統的に男性中心的な業界において歓迎すべき変化。それこそかつては、調香師の存在を隠さないときには、男性調香師を前面に出し、いかに香水が女性の美に関わるものかを語らせていたのだから。たしかに独立系の調香師の場合、技術者や計量ロボット、分析、膨大な種類の原料をそろえたパレットの恩恵にあずかれる人はほとんどいない。でも、予算の引き締めやフォーカスグループ、きびしい納期に振り回されにくいのも事実。ブランドも、多国籍のコングロマリットとは無縁の、独立系の新しい小規模なものがどんどん増えている(賢いエスティ ローダーはフレデリック マルとキリアンをちゃっかり買収したけど)。

この独立系の香水革命が展開するなか、フランスがいつまで主役でいられるかははなはだあやしい。ルカと私は、いずれフランス語が香水世界の標準語でなくなることを望んでいる。とりわけお粗末なフランス語、さらにとりわけお粗末なフランス語の言葉遊びを目にしないで済むことを。今はブルックリンを拠点にしていれば、「Nuit Noire des Fleurs Blanches(黒い夜の白い花)Pour Femme」なんて高校の教科書とグーグル翻訳から引いたような香水の名前でもおとがめなし。もうエスペラントでも使った方がましじゃない?

香水の教育も分散が進んでいて、フランスの主要な独立系香水学校(ISIPCA、エコール シュペリウール ド パルファム、サンキエーム サンス、グラース インスティテュート オブ パフュマリー)と競合する小規模な新しい学校が各国で生まれている。もちろん、なかには明らかにぼったくりのところもある——月並みの香水しか作れない元マーケティングのプロがオンラインの授業で何百ドルもとるのはおかしい——けれど、すべてがそうとは言わない。じっさい本書でレビューしたなかには、業界経験がまるでない人の作った素晴らしい香水がいくつもあった。インスティテュート フォー アート アンド オルファクションは、毎年注目されるIAOアワードを開催し(ルカもときどき審査員を務める)、独立系香水の発展を後押ししている。何年か前には、賞のカテゴリが外部の調香師と契約する独立系ブランドと、自身で香水を手がけるアルティザンとに分けられた。アマチュアにチャンスを広げるためだ。最近の選考で、ルカにブラインド審査用のサンプルをかがせてもらったけれど、私たちは本当に驚いた。アルティザンたちがプロを追い越している。いよいよ面白くなってきた。

本書で取り上げたのは、おなじみの場所に加えて、オーストラリア、アフリカ、ロシア、小アジア、南アジア、東アジア、南北アメリカなど幅広い地域の香水だ。その作り手も、化学者や建築家、写真家、ミュージシャンとの兼業などさまざま。ここまでくると、自分で香水を作っていないのが恥ずかしく思える人もいるはず（もしかしたら読者の皆さんはもう作っていて、怠け者は私だけだったりして)。小さなブランドでレビューしたい香水はまだ何百とあるから、いっそメインストリームの香水は外そうかとも思ったほど。仮に今から執筆をはじめれば、年が明けるまでにもう1000の香水をレビューできると思う。

それにしても、これらの香水がどうやってハロッズの店頭にたどり着くのか？　ここからは経済の話。10年前の時点で、メインストリームの香水の処方コストは年々下がり、古き良き時代の香水をおぼろげにでも覚えている人なら、コスメ専門店のセフォラで買った90ドルのオード パルファムと、雑貨店で買った3ドルのエアフレッシュナーにほとんど違いがないことに気づかずにいられないほどだった。私たちがいま住んでいるギリシャには、ホンドスセンターというチェーン店がある。美容の売り場には、サン ローランやディオール、シャネルなどが並び、マスマーケットの売り場には、歯磨き粉やタンポンと並んで、「フローラル」や「シプレ」という名前のジェネリック香水がガラス容器で量り売りされている。さらに地元のホンドスセンターの隣には香水専門店があり、大胆にも、数メートルをへだてて売っている最新の香水と同じ名前のバルク油が売られている。どれも、オリジナルの香水のリリース直後にラボ分析されて作られたイミテーションだ。もちろん、ネットではオリジナルをディスカウント業者から買うこともできる。模倣品とディスカウント品、チープな代替品のはざまで、高級品の売り場はずっと苦戦を強いられている。香水が値段で選ばれるコモディティ（商品）と化す危機に瀕するなか、小売業者は香水の売り場に客を呼び戻そうと必死だ。

その第一の、しかも最もいらだたしい戦略が、客の気を引くための新商品の大量投下だ。『ジュラシック・パーク』のT－レックスじゃないけれど、消費者は動くものしか見えないと思われているから、小売業者は毎年カウンターいっぱいに新製品が並ぶようにブランドにプレッシャーをかける。だからゲランも、ほとんど中身が一緒の「ラ プティット ローブ ノワール」のシリーズを微妙にボトルデザインを変えて連発している。わざわざ何年もかけて壮大な忘れがたい香水を生み出す必要なんてない。記憶喪失症か無嗅覚症らしい一般大衆が、名前とボトルだけ新しくした同じ香水を喜んで買ってくれるんだから。客がだまされたと気づくころには、もう次の新製品が登場している。退屈なものを売りつけられて当然のごとく退屈している客は、またそれを買う。カウンターではちょっと違って感じる程度にトップノートをいじったら、あとは家に帰って泣いてもらえばいいというわけ（この手を使えば商標登録の手間とお金も省ける）。

第二の、そしてもうちょっと面白みのある戦略は、ロンドンのセルフリッジズやハロッズの店頭で初めて目にしたのだけれど、とにかく誰も聞いたことのない香水で売り場をうめつくす、というものだ。誰も聞いたことのない香水は、言ってみれば、新しいということ。そして、偽物もまだ作られていないということ。小規模の作り手は固定費が高く、ディスカウント品をインドで売ることもしないし、自社のウェブサイトですら販売しない。また、彼らの使う天然香料は供給量がごく限られているので、生産規模の大きい大手ブランドではまず採用されないうえ、ましてラボ分析で模倣品を作る偽造職人には手が出ない。さらに、値段も吊り上げ放題だ。有名デザイナーやセレブの名前を使ってラグジュアリーな価格帯に押し上げているわけではないから、それに200ドルの価値があるわけない、と素人が文句をつけるのは難しい。それからもう一つ、これらの香水のなかには本当にいいものもある。

もちろん、女優を使った広告をバス停に出したりしない、新しくて誰も聞いたことのない香水会社がすべて創意に満ちているとは言わないし、もしそうなら、このガイドは必要ない。じっさいは、うまみのある商売ゆえ、ふるいにかけるべきものが溢れている。自信過剰なアマチュア、壮大な野心の先走り、次々生まれるクリシェ、斬新なコンセプトの空振り、どんどん迷走するキャッチコピー、そして臆面もない模倣の数々。大手ブランドの香水で起きていることと同じだ。宝石はその堆肥の山に埋もれている。宝石を見つけたいなら、何度も何度も手を洗う覚悟をしなきゃならない。

気を付けてほしいのは、本書でレビューした香水のおよそ半数は、星が一つか二つの評価となっていること。これらは皆さんにはお薦めできない。メインストリームの香水の予算が平均的に低いことや、新しい作り手の経験や知識が（ときには善意も）欠けていることをふまえ、私たちも予想していた結果だ。それでも、五つ星にふさわしいと思える20の香水を見つけられたのはとてもうれしい。皆さんが気に入るかどうかはわからないけれど、少なくとも退屈でも駄作でもない。ちなみに『世界香水ガイドII★1885』では、100近い香水に五つ星をつけた。ただし、「ジッキー」（ゲラン、1889）にまでさかのぼる1世紀以上のあいだに作られた現代香水を対象にしてのことだから、この10年間で20というのは朗報だ。

さて、最近のトレンドに話を移そう。

1．セレブリティ香水は事実上おわった。一時代を築いた香水たちを2008年に追悼したときは本当に悲しかったけれど、この名声を利用したふざけた金儲けの訃報を書くのはこのうえない喜びだ。未来の歴史家は、かつてミレニアムの最初の10数年、大衆が有名人への憧れを叶えようとして、好きなセレブの名前が付いたチープな香水を買いもとめる現象があったことを知るだろう。セレブはどんどん儲かり、ファンは匂いをぷんぷんさせ、数週間はみんながハッピーに。最初のガイドが出てすぐ、誰もが知りたがったのはサラ ジェシカ パーカーやブリトニー、ベッカムなんかの香水ばかりだった。だから、英国でのセレブリティ香水の売り上げが2016年だけで22％も落ち込み、米国でも2011年以降順調に下落しているとニュースで読んでほっとしている。この数字の意味するところは明らか。セレブ香水を買った人が、同じものはもういらない、と気づくのに十分な時間が過ぎたということ。それでも、この手の香水はまだ出てくる。キム カーダシアン、あなたは遅すぎ。

2．ウード（沈香）は新時代のバニラ。今回のガイドには、名前にスペル違いのウード（oudに加えて、aoudやoudhなど）を含む香水がなんと46もある。さらに、名前にはないけれどウードの匂いがする香水もたくさんあった。木工用ボンドやレザー、絆創膏を思わせる濃厚な香りの不思議なノートが流行り出したのには、いくつか理由がある。あるジャーナリストは何年か前、LTがウード探しの旅に出たときの記事を引き合いにして、この大ブームの発生はLTのせいだといって電話してきた（西洋初のメジャーなウード香水であるサン ローランの「M７」がLTの記事より先に出ているんだから濡れ衣だけど）。でもより犯人らしいのは、精油が豊富でラグジュアリー志向の強いアラブのマーケットに西洋の香水が大きく進出したことだろう。アラブ圏といえば、ウード香水の発祥の地であり、客は乳香とローズウォーターの香りを振りかけられ、男たちは部屋じゅうに充満するけばけばしいウッディ ローズの香りをつけている場所。西洋のウード香水は、そのマーケットにみごとに入り込むと同時に、目移りの激しいニッチ香水ファンの心もつかんだ。それに今では、合成のウードのベースが手に入るようになったことも大きい。天然のウードは高価すぎるし、品質にばらつきがあり、クセも強すぎると考える調香師にはありがたいものだ。そしてもう一つ、調香師がこの10年ほど、まともなドライダウン（最後まで残る香り）作りに苦労してきたことも背景にある。供給不足や規制によって、オークモス（アレルゲン）やサンダルウッド（濫獲）、ムスク類（ニトロムスクは神経毒とされている）、バニラ（現状では供給量が限られていて高価）、シベット（アニマルライツ）といった原料に大きく依存してきたクラシカルな構造が現実的でなくなったためだ。そんななか、持続性が高く、「アニマリック」といえる要素も含む複雑な香りを備えたウードが重宝されている。ウードを単に香水の名前に入れるだけでなく、じっさいに処方に使うブランドがますます増えている。いずれ、その匂いがしようとしまいと、香水作りに不可欠な原料となっていくかもしれない。

3．ドライダウンが重視されなくなっている。一般的に、単一原料をコンセプトにしているエセントリック モレキュールズやジュリエット ハズ ア ガンなどの香水をのぞいて、どんな香水も揮発度の異なる複数の原料を組み合わせて作られている。つまり、原料の蒸発するスピードに応じて、始まりと中間、終わりで異なる香りがする。香水作りの技巧の大部分は、この時間差を利用し、最初の数分のトップノート、つづく2時間ほどのハートノート、そして最後のドライダウンと、いかにすべての段階で興味深く美しい効果を生み出せるかにかかっている。ゲランのクラシックな香水の多くは、とりわけ「ミツコ」や「シャマード」がそうだけど、香りの絶頂が数時間後に訪れるように作られていた。

前のガイドを書いた時点で、このモデルはすでに崩れ出していた。第一の原因は、上に書いたような調香師のパレットに課せられた制約。第二の、そしてもっと大きな原因は、業界にはびこるいわば商業的シニシズムだ。はじめの数分だけいい匂いをさせて客に香水を買わせ、客がお金を払った後には、魅力のない粗っぽい香りがかすかに残るだけ。古風なシトラスのオーデコロンのような、あえて儚い香水を目指すのなら何も問題はない。でも一日じゅう、あるいは一晩じゅう香りが続く香水を目指すなら、これは問題だ。

いいドライダウンにはもう出会えないと諦めかけていたけど、まだ望みはあった。メインストリームの香水においては、エルメスのクリスティーヌ ナジェル（「ツイリー」、「ギャロップ」など）や、カルティエのマチルド ローラン（「レンボル」）といった優れた調香師が、パレットに制約があるなかでもイノベーティブで堂々たるドライダウンを手がけているし、ニッチの世界でも、ボグやパルファム ド エンパイア、リュバンをはじめとする会社が、よりクラシカルな様式で軸のあるドライダウンをみごとに仕上げている。これらの香水なら、お昼には洗い流したくてしかたない匂いになる心配はまずない。

もし、トップノートが気に入ったのに持続しなくて不満なら、ファブリックにつけてみて。香りは熱があるほど早く飛んでしまうから。

4．一度に何種類も売れるのに、1種類しか売らないなんてありえない。香水を1種類だけ発売するのはもう時代遅れ。いわゆるニッチブランドの大半は（ニッチのそもそもの意味は流通がかなり限られているということ）、その他大勢に埋もれるのを恐れて、熊に遭遇したハイカーのように自分たちを実際より大きく見せようと躍起になっている。トム フォードにいたっては、ブロックみたいなボトルに詰めた74種類もの香水を出し、売り場をわがもの顔で独り占めしている。

天才セルジュ ルタンスが1992年に自身の店、パレ ロワイヤルで確立したスタンダードにならったニッチ香水の新しいクリシェはこれだ。まず、香りはスモーク／レザー、シトラス、インセンス／ウッディ、ウード、アンバー／スパイス、ホワイト フローラル、ローズ、グリーン フローラル、アイリス、これらのいずれかの組み合わせ。ボトルのデザインは、統一された背の高いシンプルな長方形（シリンダー状にするケースも）で、ラベルはミニマル。そしてテーマ（色、要素、血液型、有毒植物など）にちなんだ名前がつけられる。

これらのパターンにあてはまる香水は、たいてい急いで作った印象を受ける。有名デザイナーブランドがトレンドを猿真似したフェイクニッチ（メゾン マルタン マルジェラの「レプリカ」がいい例）はとくにひどい。一方で、この手のクリシェを使わずに、おどろくほどたくさんの香水を出している小規模な作り手もいる。魅力的な香水も少なくない4160チューズデイズや、生産性が並ではないピエール ギヨームが経営する複数のブランドなどだ。私たちとしては、才能ある彼らがせわしなくスケッチを描きちらすのではなく、もっと時間をかけて一つの偉大な作品を手がけてくれたら、と願うばかり。一つのブランドだけでも、すべての香水を嗅ぐのに1日ではとうてい足りない（そのためにガイドブックがいるかも？）。

5．いまやどんな香水も、ボトルがどんなに小さくても、処方がどんなにチープでも、最低100ドル以上はする。むしろ、130ドルあたりが相場かも。200ドル以上するものだって珍しくない。新しく出てきたブランドの価格帯が妙にそろっているのに気づいて、私たちはぞっとした。あなたたち、価格カルテルでも結んでるの？　白状しなさい。

6．男性用フレグランスの香りが女性用よりもパワフルになっている。他人の匂いに文句をつけるのは古くからのお楽しみのひとつだけど、以前はアフターシェーブの匂いがきつい男たちよりは、かぜで鼻が詰まってるんじゃないの？というくらい胸元に香水をぶちまけた女たちの方が標的になっていた。でもそれは昔の話。しばらく前から、「ボディスプレー」などといって、男たちに体じゅう香りをふりかけさせる熱心なキャンペーンが張られているのは周知の通り。10年ほど前にある知人は、思春期の息子やその友達がアックス（AXE）をつけすぎで、部屋が酸欠になりそう、とこぼしていたっけ。ついこの前は、男性用フレグランスに関する掲示板のスクリーンショットを友人がフェイスブックにあげていて、そのなかで、救いようもないおバカな男（年齢からしてさっきの少年達の誰かかも）が、こんな意見を書き込んでいた。手に入れた最新のフレグランスは強力な「プロジェクション（投射力）」（姿が見える前にその香りがする）を備えた「パンティ ドロッパー」（ゴムを劣化させてずり落ちさせるのかと思ったけど間違い）で、すれちがう女がみんな視線を送ってきた、と。その男いわく、とりわけ「アジア系」の女らしい。なるほど、香りのきつい男がいたらジロジロにらむ、という私の戦略は考え直した方がよさそう。ネット上では、フレグランスのパワーと効率性について繰り返し議論が展開されている。まるで何かの機械の話をしているみたい。いつかニューヨークで出会ったオハイオ出身のある男を思い出す。ほぼ完璧に東海岸のお洒落さんに変貌を遂げていたのに、あるパーティでクラフトビール片手に、激しくうなる空調を見上げて「BTU全開だぜ、ベイビー！」（ちなみにBritish Thermal Unitの略で、熱量の単位のこと）と大声で一言。それでもう台無し。

主張が強くても、いい香りの男性用フレグランスなら気にする人はあまりいないはず。いま気がかりなのは、男性用として明確にマーケティングされているフレグランスが、単に主張が強いだけでなく、意図的にうるさく作られていること。これらの香りを控えめにつける、なんてことは不可能。重低音ばかり利かせて高音が割れてしまう安物のスピーカーのように、不快なひずみがどんなにボリュームを下げても耳につく。この持ち前の騒々しさは、使う側からすれば、とにかく目立つという点でメリットになる。要は、どんなにひどい広告も広告には変わりない、ということ。たいていは、恐ろしいほどパワフルなウッディ アンバーのチープでかぐわしさのかけらもない香料を使い、仕上がりはニューヨークも壊滅させる勢いの消毒用アルコールの匂い。こんなもの、もてはやしてはだめ。要注意。

7．地中海エリアがいま面白い。長いあいだ、記憶に残らず独創性のない、アンティークな薬局風の香水の中心地だったイタリアは、今ではオリジナリティと高い品質を備えたモダンな香水を数多く生み出している。ブランドで言えば、ボグ（とりわけ五つ星の「メム」）やアントニオ アレッサンドリア、マスク ミラノ、サンマルコ、マリア カンディーダ ジェンティーレなど。このほとんどが、フランス香水の閉鎖的な世界の外で生まれたジャンルで活躍するアーティストによるものだ。またスペインのマドリッドでは、オリベルが並外れた独特の香水を手がけている。

8．東アジアも面白くなっている。マレーシアの小さな会社、オーフォリー（五つ星の「ミヤコ」は絶品）をはじめ、いい意味で不思議な魅力があるサトリ、フランスのクラシック モダンな美学を踏襲したタイのブランド、ダスティアなど、香水文化はほぼないと一般に見なされてきた地域（2年ほど前にLTが講演した上海での香水展に並んだ何千人もの人たちは同意しないでしょうけど）からの、将来が楽しみな素晴らしい香水がたくさんあった。一方、ゲランやランコムなど西洋の香水ブランドは、東アジアでは陳腐なキュートさが受けると思い込み、フォーカスグループお墨付きの薄味のフルーティ フローラルをピンクの箱に入れて売っている。今や西洋が中国に安っぽい大衆的な模倣品を売り、中国は西洋にラグジュアリーなアルティザンの香水を売っているなんて、なんとも傑作な皮肉じゃない？

9．これからはアートパフュームの時代。といっても、現代美術のアーティストがスイスの大手調香会社ジボダンに「腐った肉と生殖器の匂い」を作らせ、インスタレーションの香りづけに使って物議をかもすような類の香水ではない。そうではなく、コレクターのための香水、香水が伝えうる様々なメッセージや、香水をつけることがいかに私たちの生き方や考え方を変えるかに関心がある人たちのための香水だ。そういう人たちは、「シグネチャーフレグランス」には何の関心もない。最近は、香水が短いストーリーも長いストーリーも語れるようになった。異様な匂いや顔を背けたくなるほどの匂いをさせたり、音色やメロディーで遊んだり、ジェンダーの枠を避けたり壊したり、美しさの概念を大胆に打ち出せるようになった。才能ある調香師たちの日々の努力により、可能性はますます広がっている。

ただ、香水を芸術として捉えるのが妥当かどうかについて、業界のエスタブリッシュメント側はかなり懐疑的だ。彼らにとって香水はあくまで金儲けの手段。そんな問いには関心もない。文化全体でいえば、香水の芸術的価値に対する懐疑論は、そもそも芸術とは何かについての現代の誤解から生まれている。ニューヨークの博物館での香水展についてある批評家は、いかなる香水もピカソの「ゲルニカ」と同じことはなしとげられない、とケチをつけた。確かにそれはそう。でも、ピカソの「ゲルニカ」にはラフマニノフの「ピアノ協奏曲第２番」と同じことはできないし、エルメスの「ツイリー」と同じことだってできない。香水にできるのは、嗅覚でしか伝えられない何かを伝えること。本書で紹介した五つ星、あるいは四つ星の香水は、それをみごとなしとげた。約束しましょう。これから香水に興味を持ち、好きなものを探し、さらに集めるようになったら、もう簡単にはやめられなくなることを。

香りの現代史 1918-2018

ルカ トゥリン

ヨーロッパの香水産業が本格的に立ち上がったのは20世紀初頭のことで、背中を押したのはクマリンやバニリン、シクラメン アルデヒド、ニトロムスクといった合成香料の発見だった。第一次世界大戦（1914-18）では、まだ爆撃機がなかったから産業や都市はおおむね破壊を免れたが、男はたくさん死んだ。そのせいもあって、1918年から39年にかけては庶民派香水の黄金時代となった。男の代わりに働く女たちは数の減った男の気を惹きたくて安い香水を買い求めた。一方で天然の香り素材を摘む労働者の賃金は安く、美術や音楽の世界には新風が吹き、戦前のブルジョア趣味は没落し、神をも恐れず人生をとことん楽しむ何でもありの時代。フランソワ コティは世界中に香水工場を建て、フランスで一番の大金持ちになったが、晩年は政治に足を突っ込み、ユダヤ人嫌いの右翼政治家として1934年に寂しく世を去った。それから反ユダヤ主義のナチス ドイツが第二次世界大戦を起こし、もちろん敗れた。当時のドイツはヨーロッパにおける化学産業の中心地で、その工場の一部は永世中立国のスイスにも進出していた。そしてスイスは、爆撃で破壊されなかった。おかげで今も、世界の二大香料製造会社（フィルメニッヒとジボダン）の本社はスイスにある。

あのころ、香りの配合（今で言う「調香」の仕事）に携わっていたのはもっぱらフランス人だ。フランスは、いちおう先の大戦の戦勝国に名を連ねているが、戦時中はドイツ軍に占領されていた。それでもフランス人は負けず、戦争が終わるのを待ってクリスチャン ディオールやジャック ファット、マリルイーズ カルヴァンらが自分のファッションブランドを立ち上げ、それぞれに個性的な香水を売り出すようになった。当時、彼らに高級な香水を提供していたのはルール ベルトラン デュポンで、その主任調香師ジャン カールは早くも1946年に社内で調香教室を開いていた。一方で安物の香水を作る会社もたくさんあった。なにしろ戦後のフランスは臭かったからだ。パリの解放から6年たった1951年、室内にトイレのある家は15軒に1軒だった。その10年後でさえ、筆者はまだ子どもだったが、ラッシュ時のパリの地下鉄がひどく臭かったのを覚えている。戦後期のパリに高級な香水があふれていたというのは大嘘で、あふれていたのは安物だ。ジャン カールでさえ、金をかけずにまともな香りを生み出すのを無情の喜びとしていた。

いい例が、今や伝説的存在の「イリス グリ」だ。オリジナルはジャック ファットの依頼で1946年にヴァンサン ルベールが作ったもの。創業者のファット自身は1954年に死去し、この香水もお蔵入りしたので、ルベールの息子はオリジナルの処方（フォーミュラ）をパリの香水博物館オスモテークに寄贈した。その処方どおりに「イリス グリ」の再現を試みたのはオスモテークの創設者でジャン パトゥの調香師だったジャン ケルレオ。彼の作品には、おそろしく高価で何年も寝かせたアイリスの根茎がふんだんに使われていた。筆者はオスモテークで何度も嗅いでみたが、実に素晴らしかった。ところがしばらく前にジャック ファットが「イリス グリ」を復活させることになり、私に協力依頼が来た。運よくアメリカ人のコレクターが未開封のオリジナルを持っていたので、私たちはそれを手に入れ、化学の専門家に成分を分析してもらった。すると、アイリスの根茎の成分は含まれていないことが分かった。消えてしまったのではない。初めから含まれていなかったようで、代わりにずっと安価な合成香料のイオノン（スミレの匂い）が使われていた。どうやらケルレオが見たのはヴァンサン ルベールが「作りたかった」上等な香水の処方であり、実際に売り出した「イリス グリ」の処方とは別物だったらしい。ちなみに新しい「イリス グリ」(商品名「イリス ド ファット」)はオリジナル版よりずっとよく、ずっと高価だ。

高い材料を使えない以上、当時のフランス製香水が家庭で使う芳香剤に似ていたのは無理からぬところ。ドライダウンの素材はたいてい、当時は安かったサンダルウッド油やサリチル酸エステルの類だった。しかも1950年代の香水は、もっぱら事前に調合された香料（ベース）を用いて調香師の手間を省いていた。だから、どれも似たような香りにならざるを得なかった。当時の香りは強くもなく、長続きもせず、つけた体の近くに留まっていた。だから子ども時代の私が記憶しているのは、母親がキスしてくれるときのほのかな香りのみ。父親はラベンダーの香りをまとっていたが、朝食用のバゲットと一緒に買ってきた新聞を読み終えるころにはほとんど飛んでいた。よほど親しくなければ、その人のまとう香りは嗅げなかった。残り香はフランス語でシアージュ（もとは船の「航跡」の意）と呼ばれるが、当時はあまり歓迎されなかった。

もちろん例外はあった。たとえばジェルメーヌ セリエの手がけた香水だ。

彼女はすごい美人で、化学を学び、上流社会の仲間入りも果たしたが、調香師としては異端だった。本場グラースの男ではなく、パリの女だったからだ。同僚の男たちには嫌われたので、やむなく会社は彼女を男たちから切り離し、特別なポストを用意した。それで生まれたのが「バンディ」(1944)や「ヴァンヴェール」(1947)、「フラカ」(1948)、「ジョリ マダム」(1953)などで、どれも戦争前のナチュラルな香りを化学物質でみごとに再現していた。また彼女がロベール ピゲに提供した一連の作品は、数年前にジョー ガーシスとオーレリアン ギシャールが復活させている。これも実に愛すべき香りで、もっぱら安価なベースの組み合わせで輸出用の毛皮っぽい香水ばかり作っていた同僚たちがジェルメーヌを疎んじた理由も分かろうというものだ。どこかのノミの市で彼らの退屈で俗っぽい香水を見つけたら腕につけてみるといい。きっと縁取りをしたセピア色の古い家族写真みたいな香りがして、ああ大伯母さんも昔は美人だったのだと思い出すだろう。

大衆向けの映画をカラーで最初に撮ったのはウォルト ディズニーだが、大衆向けの香水に色彩を持ち込んだのもアメリカが最初だ。しかも、それは日焼けの小麦色だった。日焼けは農作業の結果ではなく贅沢の証だと宣言したのは1920年代のココ シャネルだが、戦後のフランスでビーチを占領していたのは有給休暇の恩恵を受けた大衆で、貴婦人方の間ではまだ白い肌がトレンドだった。しかしアメリカでは違った。戦勝国の国民は健康で体格もよかったし、そもそもカリフォルニアでは日焼けしないで過ごすほうが難しい。だから1950年代のアメリカン香水はコダックのカラーフィルムで撮ったスナップ写真みたいで、ご婦人方もよく日焼けしていた。そして単なる偶然か神の思し召しか、肌のメラニン色素はフェノールから自然にできるポリマー(重合体)で、当時のアメリカン香水の主流もフェノール系(クローブ、ベンゾイン、オークモスなど)だった。世界有数の香料製造会社ＩＦＦ(合併により1958年に誕生)で働いていたアーネスト シフタン(1903-1976)とジョゼフィーヌ カタパーノ(1918-2012)、ベルナール シャン(1927-1987)が確立したスタイルの代表作はカタパーノによる「ユース デュー」で、これは今でも斬新さで際立つ。この路線をさらに突き詰めたのが「カボシャール」と「アラミス」で、どちらもフェノール系の複雑な香りがする樹脂を使っており、ドライダウンはまさにバーベキューソースで、サンダルウッドの香るフランス風のルー(ブラウンソース)とは大違いだ。

1960年代の半ばには、やはりフェノール系のメスカリンなどの合成麻薬（幻覚剤）が登場し、クリエイターの頭のなかで色彩の爆発が始まった。薬が効くと世界は急に輝きを増し、切れると色あせてドッグフードみたいになる。そうして彼らは現実の世界に幻滅し、異次元の世界に飛ぼうとし、もっと明るく新しい色彩を求め、手に入れた（アクリル絵の具やミルトン グレーザーのグラフィック作品、映画の『イエロー・サブマリン』など）。明るいサウンドも手に入れた（1964年に登場したロバート モーグ博士のモジュラー シンセサイザーなど）。そして明るく新しい香りも。まずは、拍子抜けするくらい没個性的なヘディオンだ。ジャスミンの抽出物に由来する匂いで、フィルメニッヒの化学者エドゥアール デモールが1960年に見つけたもの。彼は偉大な調香師エドモン ルドニツカを説き伏せて、これを使わせた。ルドニツカも異端児だったが、ロシャスの「ファム」（1944）で一躍スターとなり、自分の会社を立ち上げ、「ディオラマ」（1949）を初めとするディオールの香水を手がけた人物。ヘディオンを嗅いでみた彼は、この物質が香りにメスカリンのような効果をもたらすことに気づいた。香りを変えるわけではないが、ぐっと強烈にしたり、もっと複雑なニュアンスを与えたりする。それで思いついたのは、この麻薬っぽい物質をヨーロッパ伝統のシトラス系オーデコロンに加えてみることだった。その結果が1966年の「オー ソバージュ」で、衝撃の逸品となった。気をよくしたルドニツカはこの手法を1972年の「ディオレラ」でも用い、遺作となった1990年の「オーシャン レイン」でも使っている。その後、ヘディオンの価格はどんどん安くなり、今ではどんな香りにも溶剤として使われている。

この時期のフローラルな香りで、傑作と呼べるのは1969年の「シャマード」と1972年の「ディオレラ」。どちらも安易なベースに頼らず、当時のありふれた、きっちり化粧した女性の上半身をソフトフォーカスで撮った感じの香水に強烈な色彩を持ち込もうと試みた。「シャマード」は青っぽいパウダリーなフローラルで、香りがゆっくりと立ち上がる。往年のゲランの女性用香水としては最後の傑作だろう。その後はさえない作品（ぼんやりした「ナエマ」と上品ぶった「ジャルダン ド バガテル」）が続き、次なるヒット作「サムサラ」が出たのは1989年のこと。すでに合成香料の革命が起きていたから、もう往年のゲランとは違っていた。それはレーニンの喜びそうなプロレタリア革命であり、先陣を切ったのは1977年に登場した「プレリアル」と呼ばれるシャンプーで、青リンゴの香りがした。「プレリアル」は1793年に作られたフランス革命暦の第9月にあてられた名で、多産な春の季節を想起させる語だ。かくして旧体制は目の前で崩れ去り、しばらくはフランス中の恋人たちが、キスする前に青リンゴの人工的な匂いを嗅ぐことになった。

酒場では酔いが進むにつれて客の話し声が大きくなり、哀れなウェイトレスが重ねた皿を落として盛大な音をたてるまでは静まらない。それと同じで、色彩の爆発もとどまるところを知らなかった。「プレリアル」が開いたのは二つの道。一つは断固としてモダンかつ未来的で独特な香水へ到る道、もう一つは斬新ながらも大衆向けの香りへと向かう道だ。前者の道を行ったのは、ディジョンの大学教授から転身した天才調香師ジャン－フランソワ ラポルトが立ち上げた香水工房のラルチザン パフューム。彼が注目したのは、「プレリアル」そのものと、その「グリーン」さを強調した広告の二面性だ（言うまでもないが、英語のgreenには「緑＝自然、天然」の意と「青っぽい＝生意気、未熟」の意がある）。つまり、「プレリアル」は誰もが知っている匂いの安価な化学的合成品でありながら、その色ゆえに素敵にナチュラルなものと思わせることができた。この路線を踏襲してラポルトが生み出したのが、1978年の「バニラ」と「ミュール エ ムスク」。どちらも明るい色の造花で飾り立てたショップで売り出され、香りの世界にサイケデリックな原色の風景をもたらすことになった。一方、後者の道は最新の強力な合成香料を用いて本物の、複雑な天然の香りを再現する努力へとつながった。

そして1980年代になると「オピウム」や「プワゾン」、そして「ジョルジオ」が花開いた。ここで考えてみたいのは「オピウム」と「シナバー」（あのジョゼフィーヌ カタパーノの最後の力作だ）の違いだ。処方はすごく似ているのに、「オピウム」は大成功し、「シナバー」は残念な結果に終わった。なぜか。強烈だがお世辞にも上品とは言えないラクトン（今ではタクシー用の芳香剤やアメリカ人好みのキャンドルに使われている）の明るいノートが、「オピウム」の場合には効き、「シナバー」では効かなかったからだ。一方、「ジョルジオ」の黄色とその濃さはヘリオナールとメチル アンスラニレートの化学反応から生まれた強力なシッフ塩基に由来する。「プワゾン」はと言うと、これはプレリアルの青リンゴにサクランボのジャムを塗った感じ。すごく濃厚で人工的だから70年代のソフトフォーカスな香水には合わなかったが、80年代には酒場の壁にかけてあるつけっぱなしの大型テレビみたいにギラギラした香りが受けた。先陣を切ったのがゲランの「サムサラ」で、サンダルウッドが強烈に香るフィルメニッヒ製の合成香料ポリサントールをたっぷり使っていた。売り出しにあたってゲランのショップは「サムサラ」の赤一色に染められ、販売員も全員が同じ色の制服を着たのだった。

それでも「サムサラ」には天然香料で培ったゲランの技が生きていて、美しいディテールを豊かに表現できていた。もちろん、誰にでもできる芸当ではない。しかしワイドな大型画面のテレビだと細部までよく見えてしまうし、とにかく目を（香水の場合には鼻を）楽しませるものを繰り出さないと飽きられてしまう。だから何とかして、ありきたりの香水の構造に手を加えて大画面を満たす工夫が必要になる。天然の香料は実に複雑微妙だが、高すぎて量販品には使えない。そこで合成香料の配合に新たな工夫を凝らしたメタ香水の出番となる。最初に出たのがミュグレーの「エンジェル」（1992）で、それはココアっぽいオリエンタルなパチュリ（強いが味気ないフローラル）に合成品の黒スグリの香りをトップに乗せた怪物だった。これが意外にも成功したので、誰もが別の動物の頭と胴体をくっつけたような異種交配の香水を手がけるようになった。最もうまくいったのは2001年の「ココ マドモアゼル」で、基本的にはオリエンタルなフローラルとゲランの「エリタージュ」っぽい男性用香水を合わせていた。時がたつにつれて異種交配に挑む調香師の腕も上がり、異なるパーツをスムーズにつなげるようになり、縫った糸もうまく抜けるようになった。当然のことながら、ノートの組み立て（pylamids）は依然として山盛りのターキッシュ ローズとありえない（人工の）ガーデニア（クチナシ）だった。

どうしてこんなことになってしまったのか。あなたがミラノの、さえない高級ブランドのオーナーだったとしよう。本業は革のバッグだが、香水にも手を広げて名前を売り、ついでに小金を稼がせてもらおうと思い立ち、有力な香料メーカーの扉をたたく。先方は、よほどの奇跡でも起きないかぎり、あなたの会社がビッグになることはないと承知しており、せいぜい年間50kgの精油を注文する程度の小口の客と見切っている。それでも誇り高きミラノの革製品ブランドとして、あなたは有名どころの調香師（たいていは国際線の機内誌とかに紹介記事が出て有名になった人）の起用にこだわる。するとマスター級の調香師はあなたと30分ほど話しただけで快諾するのだが、実際はアシスタントの若者に放り投げるか、お蔵入りしていた古い処方を引っ張り出してくる。それでもあなたはビッグネームを手に入れたことになり、ビッグネームさんも無駄な時間を使わずに済むから、万事めでたしとなる。まあ、5分刻みで12件のオペを手がけてしまう超人気美容整形外科医と同じだ。手袋をした両手を掲げて手術室に顔を出し、眼を細めてマスクの下で笑顔をつくり、患者にやさしい言葉をかけたら、あとは麻酔が効くのを待ってさっさと退出し、下っ端の医師に患者の顔を切り刻ませる。

実際、今の調香師は忙しすぎる。合成香料の種類は山のようにあり、手がける商品の種類（シャンプーやクリーム、脱臭剤など）も増える一方。おまけに小さな会社やちょこっとセレブ、その他大勢の自慢したがり屋が自分の名を冠した香水を欲しがって群がってくるから、有名になればなるほど忙しい。そして資本主義の教科書は、需要の増加には効率の改善で対応せよと教える。だからライバル会社が新しい香料を発売すればすぐに入手して成分を分析し、正確な処方を書き出して自社の調香師に伝える。調香師はよさそうな処方の一部を自分のコンピュータ上でコピペ（コピー&ペースト）して、ロボットに命じて調合させ、自分のデスクに届けさせる（ここまでは分単位)。それから何時間かで香りや色を確かめ、それなりに工夫をし、数日後には顧客に納品する。著名な調香師ともなれば、今は最低でも月に1本以上は新しい香りを生み出している。昔の香水は小説なみに練り上げられていたが、今はブログの投稿なみ。だから他人のブログのリサイクルみたいなのが増える。あのルドニツカは生涯に13本の香水しか作らなかった。ジャン ケルレオは15本だ。一方、今のアルベルト モリヤスは本稿執筆の時点で481本で、まだ新作に挑み続けている。

以前に、グーグルの自動翻訳機能を使って面白い実験をしたことがある。文学的なテキストを用意し、それを英語からフランス語へ、フランス語から英語へと反復的に翻訳するのを20回ほど繰り返したら、結果はどうなるか。どんどん原文からかけ離れていくか、適当なところで落ちつくか。どんどん難解になるか、平易になるか。結果は（少なくとも私が試した範囲では）味も素っ気もない、どこぞの役人が書いたような文章になっていた。同じことが、今の時代の（少なくとも主流の）香水にも起きている。あのジュリアス シーザーの最後の息に含まれていたのと同じ窒素の分子を、今も私たちは吸っている。デパートの香水売り場でサンプルを鼻に近づけたとき、あなたが嗅ぐのは香りの大群だ。トップノートからドライダウンまで、盗作や自己盗作も含めて、その香水の個体発生は系統発生の要約だ。大衆（一般）向けの香水は今もそうで、ますます滑らかすぎて退屈なものになっている。「ラ ヴィ エ ベル」は、この手の騒々しい香水としては逸品だ。先に書いたとおり、騒々しい部屋を静まりかえらせるには皿を落として割る必要がある。香水の場合は、人々が皿の代わりに大枚をはたいて香水を買い、その香りが安物の芳香剤と大差ないのに値段は何百倍もすることに気づく必要があった。

その気づきが訪れたのは21世紀の最初の10年が終わろうとするころ。ある日突然、スポーツバーみたいに騒々しくてせわしなく、強烈で万人向けの香水とは正反対のものが欲しくなった。しかし昔の銘品に戻るわけにはいかない(戻りたくてもたいていは処方が改悪されている)から、新しいものを探さねばならない。そこで向かった先がニッチ(すきま狙いで少品種少量生産の会社)とアルティザン(職人的な工房)だ。10年前のニッチは小規模だったが、今はずいぶん大きくなった。急成長の秘密は、一言でいえばスノッブ。つまりひがみ根性から出た上流気取りの消費者だ。こういう人は、たとえばエスティ ローダーのような大衆向けの香水には(たとえ質はよくても)目を向けず、ひたすら入手困難で高価なブランドを信奉したがる。

そして需要のあるところに供給あり。お金の動きを追ってみれば分かる。一般に、香水の製造元は原価の3倍ほどで製品を発売元のブランドに納入する。この段階で1kgあたり100ドルとすると、これを薄めて濃度20%にした香水1オンス(約30g)に含まれる香りの成分はおよそ0.6ドル分だ。しかし小売価格は60ドルを下らない。つまり仕入れ価格の100倍で売れる。なんとも素敵な商売だ。もちろんパッケージや広告、流通などの費用はかかるが、それでも結構な金になる。だからこそ今は、あのメルセデス ベンツまでが香水を作って(正確にいえばライセンス生産して)いる。しかし60ドルといえばインドでは庶民の1か月の給料に相当する。これでは高すぎるから、国によって価格を変えることになる。どうせ送料は安いから、インドで安く買った香水をアメリカに持ち帰り、通常価格の半分で転売しても十分に利益が出る。こうしてグレー(灰色)市場が誕生する。別に違法性はない。ネット通販に格安品があふれているのはそこがグレーだからだ。

対抗上、大手ブランドは一部の富裕国だけで発売する高額商品を出そうと決めた。そして賢明な彼らは、設立から10年ほど経って(商品の質がいいのか販売戦略がいいのかは別として)順調に売上げを伸ばしているニッチな独立系の香水会社を買い漁った。だから今は(ヒッピー系の)アヴェダも(エッジの利いた)ルラボも(正統派の)フレデリック マルもエスティ ローダーの傘下だ。こういうブランドの香水は大手ブランドの製品の倍近い値段で売れる。原価は少し高めだが、グレー市場は存在せず、ほとんど広告も必要としない（ニッチな製品では口コミが決め手だ）。つまり、商売としておいしい。しかも今どきのニッチなブランドは出口戦略ができている場合が多く、資金を投じて適当に成功したら高値で会社を売り飛ばして利益を確定しようと考えている。品質に関しても、今どきのニッチな香水は新しい王道を目指しているだけで、しかも現在の王道よりべらぼうに高い。王道を行くシャネルの「アンテウス」が75ドルで買えるのに、ニッチだけれど退屈な香水がその２倍以上もする。これはおかしい。

それで大手企業にもニッチなブランドにも背を向けた、サイバー空間で言えばハッカーみたいな存在のアルティザンに出番が回ってきた。そもそも一般の私たちが自分で自分の好きな香水を作って身にまとい、かつ自分で売り出そうとしないできたのはなぜか。１）音楽や文学もそうだが、何か（音楽なら音、文学なら言葉、香水なら香料）を組み合わせて新しい何かを生み出すのは難しい。２）音や言葉と違って、香水の原料は簡単には手に入らない。個人の必要とする量はグラム単位だが、香料製造会社はキロ単位でないと売ってくれない。３）香水はデジタル化できないので、発表にも発売にも手間がかかる。しかしインターネットがすべてを変えた。今では調香の基礎を学べるスクールや教室がたくさんある。ネット通販ならグラム単位で好きな香料を買い集められるし、遠くの顧客にもダイレクトに売れる（ただし可燃物なので輸送上の制約はある）。だから今なら誰でも香水のアルティザンになれる――しかるべき才能（あいにくたいていの人にはない）か、今が旬の人気（あいにく長続きはしない）さえあれば。結果として、世にあふれているアルティザン系香水のほとんどは（アマチュアの写真や絵画の大半と同様）ろくでもない代物だ。しかし中には類い稀なる才能の持ち主もいて、そういう人は香水にまったく新しい、伝統にも常識にもとらわれないベストな価値をもたらし、あのコティ以来最高の香水を作り出す本物のアルティザン（職人）となる。

というわけで、とても不毛な20年ほどが過ぎた今、香水は輝きを取り戻している。だから免税店やデパートで最初に目についた新発売のピンク色した香りのジュースに飛びついたりせず、時間を惜しまずにじっくり探せば、膨大なラインナップのどこかに、あなたにぴったりの香りが見つかるはずだ。本書ではブランドの知名度や規模にかかわらず、一つ一つの製品をできるだけ公平に採点したつもりだ。どこにだって見かけ倒しの駄作はあり、真の傑作もありうるからだ。そして採点を終えた今、これだけは言える。感涙ものの香水は、今も必ずどこかにある。お楽しみに。

★について

各レビューの前に、香りの特徴を短い言葉で示した。２人の意見が割れた場合、両方のレビューを掲載した。判定は、評者からの推奨度を示すもので、客観的な評価ではない。購入する場合には、必ず本文を読み、実際に香水を試してみてほしい。評価にあたっては、できるかぎり製造元から直接取り寄せた、最新の処方にもとづくサンプルを用いた。店によっては古い在庫を置いている場合があり、処方が異なっていたり、空気や光、熱にさらされて劣化したりしている可能性があるので気をつけたい。価格については、濃度やサイズ、ボトル、販売店によって差があるため、本書では記載しないが、インターネットですぐに調べることができる。

［よくある質問、たまにある質問］

以下はSNS経由で私たちに押し寄せてくる質問の一部。もしも他に質問があったらツイッターで @taniasanchez へ。フェイスブックなら“Perfumes: The Guide”。（質問は適宜要約しています）

■香水の成分とノートはどこが違うの？

香水のノートは、ワインのテイスティングでソムリエが記すノートと同じで、嗅いだときの複雑微妙で言葉にしがたい感覚を、なにか身近なモノになぞらえて説明してくれる。でも、それは成分ではなく、ただ香り成分の効果を表現しているだけ。しかもワインの香り成分は（少なくともタテマエ上は）自然の恵みだけれど、香水の成分には天然ものと合成ものが堂々と混じり合っている。バイオレット（スミレ）のノートの成分は化学物質のイオノンであればよく、天然のバイオレットを含む必要はない。=TS

ノートの「ピラミッド」は宣伝屋が編み出した愚かなるポエム。黒いガーデニア、シルバーのムスク、夏のアコード‼　これぞ調香師の快楽。=LT

■ふだん、どんな香水を使ってます？

今年、この本を書いてないときにつけてたのは2007年版の「ミッソーニ」と「アクア アレゴリア パンプルリューヌ」「ルール ブルー」「カリクス」「クリスタル」「エリー サーブ ガーデニア」「ギャロップ」「ボワ デ ジル」「キュイール ド ルシー」「アムアージュ オマージュ アタール」「リブ ゴーシュ」「カーブサイド バイオレット」。この本の編集中は「カスターニャ」と「セーヌ アムルーズ」。この本を書いていた時期は、地下鉄で私の隣に座ってしまった人に、ご免なさい。すごい匂いだったでしょ。=TS

私はキャロンの「プール アン オム」と「ミツコ」。=LT

■同じ香水なのに、ひとがつけてると素敵なのに私がつけると最悪（あるいはその逆）。これってなぜ？　ホルモン？　それとも血液型？

LTと私、タイプは全然ちがうけど、幸いにしてどちらの肌につけても香水の匂いはだいたい同じ。うちに来る人たちもそう（もしかしたら食べ物のせい？)。そうは言っても、紙につけたときと肌につけたときで匂いが異なるのはよくあること。肌の質によって異なるのも事実。肌がドライかオイリーかでも異なるし、酸性度や体温、肌についてるバクテリアの影響もある。紙とか布につけただけじゃ、こういう違いは分からない。=TS

■タニア、あなたと一緒に香水ショッピングをしたいな。

素敵ね。私たち、いくつかの街でガイド付きショッピング ツアーを計画してます。パリでお会いしましょうか？　それともロンドン？　ローマ？（詳細は www.perfumestheguide.com で）=TS

■スカンク（強いマリファナ）にセサミ（ごま）のノートを感じる。これって私だけ？　私、セサミの有無でふつうのマリファナと区別できるんです……

香水の話にして。香水の。=TS

■有名な香水の処方がいつ変更されたかのリストがあったらいい。そうすれば年代物の「ジッキー」を買うとき、何年のならＯＫか分かるでしょ。本当に古いのは高すぎて手が出ないし。

あったら私も欲しい。=TS

■同じ香水の濃度違いのもレビューしてもらえると助かる。「ジッキー」のどれがいいとか。

同じ香水の再レビューはしません。濃度違いのも。そんなことしてたら鼻がおかしくなる。前進あるのみ（ちなみに私はニューヨークのドラッグストアに置いてあったオーデコロンで、絶品の「シャリマー」を嗅いだことがあります。こだわりすぎは厳禁)。=TS

■重ねづけ：昼間の香りに夜の香りを重ねてもいい？　どれとどれならＯＫとか、決まりはあります？

いいですけど、最低限のルールあり。まずは変な香りにしないこと、そしてやりすぎないこと。あなたが気づかなくても昼間の香りがまだ残っていて、まわりの人はしっかり感じている場合がある。慣れちゃうと自分では気づかない。近くの誰かに「まだ匂う？」って聞いてみて。答えがイエスなら、重ねづけはしないほうがいい。するのは自由だけど、変な匂いになる恐れあり。どうしても朝と晩で違う香りをまといたければ、夕方までには匂いがほとんど飛んでしまうもの（たとえばシトラスのオーデコロンとか）を選ぶべき。あるいはスカーフに吹きかけておくとか（夜はスカーフを取って別な香りを肌に）。もっと本気で挑戦したいなら、ポイントは一つ。できるだけ相性のいいものを選びましょう。「シャリマー」にシャネルの５番なんて冒険はしないで、「ローズ ロワイヤル」（レモン様のローズ）に「パサージュ ダンフェール」（レモン様の乳香）とか。何に重ねても安心なのはアンバーグリス系。今は中途半端な香水が多いから、重ねづけの誘惑は大きい。LT は「絶対ダメ」と言いそうだけど、私がいいと言ったと言って。=TS

絶対にダメ。=LT

■別な本でダヴ（Dove）のオード パルファムに触れてましたね。LT は「アイリッシュ スプリング」が好きだとか。スーパーに置いてあるもので、他にお薦めは？

LT はタイド（Tide）の洗剤「マウンテンスプリング ウィズ ブリーチ オルタナティブ」も好き。私が好きなのはニベアのクリーム。=TS

■贈り物：姪や孫娘に香水を贈りたいのですが、あまり高くなくて、誰にも気に入ってもらえそうなのはありますか？

うぶな若い子を香水の迷宮に招き入れようとは、見上げた心がけ。でも、あいにく誰にもぴったりなんてものはありません。どの姪っ子や甥っ子に贈っても喜んでもらえる本（あるいは音楽でも絵画でも）なんて、どこを探してもないでしょう。私の姪たちは、うちに来たとき「タンブクトゥ」（ラルチザン パフューム）や「マント フレッシュ」（ヒーリー）をうれしそうに嗅いでいたけど、どちらも万人向けの香りとは言えませんよね。むしろ、この本を一冊ずつと 75 ドルの小切手を贈ったらいかが？　きっとお気に入りが見つかる。=TS

■お部屋用のフレグランス、何がいい？

カール ラガーフェルドは自宅のカーテンに「ミツコ」を使っているとか。素晴らしい。素晴らしくないのは、小さくてずんぐりしたプラスチックの容器に入っていて電池式で定期的にチープでフェイクなバニラの香りをスプレーして何も知らない私たちの目を直撃する迷惑者。Airbnbで予約した家で、私もやられた。で、私たちが好きなのはアムアージュやオーモンド ジェーンのキャンドルと、ニコライのルームスプレー。心が荒れたときはウード（沈香）やフランキンセンス（乳香）をたくのもいい。友人のインド系アメリカ人の家では、魚を調理した後の鍋に水を張って、シナモンのスティックを入れて煮沸している。これも素敵。あるいは、ギリシャ系のスーパーで売っているオレンジの花のエッセンス（薄めたもの）をスプレーするとか。エレガントでえらく高いスティック状のディフューザーもあるけど、猫に引っ繰り返されちゃうから使わない。=TS

この点に関するかぎり、カール ラガーフェルドと私の精神は響き合う。=LT

■個々の香料についてコンパクトに説明してもらえると助かる。アンバーグリスはこんな感じとか、同じベチバーでもハイチ産とインドネシア産ではこう違うとか。複雑で珍しい香りを、よくある香りの組み合わせで説明してほしい。

まずは巻末の「用語集」を見てください。レビューのなかでも、よく話題になる香料については説明しています。ただし説明にも限界あり。たとえば、「青は緑から黄を抜いた色」なんて説明しても、青を知らない人には無意味でしょ。私たちは今回のレビューでも香りの特徴をできるだけ的確に説明しようと努力したつもり。もっと詳しく知りたければ、インターネットで探して学習用キットを購入するといい。私たちの知るかぎりでは、アメリカのパフューマーズ アプレンティスのが一番。よく使われる合成香料と天然香料のどちらも含まれているから（shop.perfumersapprentice.com）。香料はいろんな業者さんから買うこともできる。ニューヨークなら、たとえばウエストビレッジの「アンフルラージュ」。あそこには素晴らしいエッセンシャルオイルが揃っている。中東のオマーンまで飛べば、本物のアンバーグリスやウード、サンダルウッドを少量でも買える。私自身は、庭の植物やキッチンにある調味料からもたくさんのことを教わった。素材の探究は一生の仕事です。=TS

■香水だけじゃなく、香りつきのシャンプーやローションにもアレルギー反応が出ると主張して、身近な環境から香り物質を追放しろという「セントフリー（匂いなし）」の運動がある。ぜんそくのような病気の人はともかく、こういう議論についてどう思うか、ルカの意見を聞きたい。

そういう心配性の人はけっして多くない。そもそも人は何かと心配したがる生き物だ。世の中には「化学」と名のつくものをすべて拒絶したがる人もいる。本当に病気の人はやむを得ないとして、私の答えはこうだ。人生は楽しむべし。=LT

私への質問じゃないけど、私からも一言。だって私は、ブタクサで編んだスーツを着て紙に吸わせた香水の香りと一緒に大量の花粉を吸い込んでも平気そうなLTと違って、ぜんそく持ちでアレルギーもあるから。先日、飛行機に乗っていたら機内販売のカートがやって来て、せっかちなお客さんが買ったばかりの香水をシュッシュと振りかけた。それで私、くしゃみが止まらなくなって、隣の席の人に謝らなきゃいけなかった。それはともかく、私は植物にもうちの猫にもアレルギーがあるのですが、けっして植物や猫を周囲から追放せよとは叫びません。しかし、ここがLTと違うところですが、もしも職場の誰かに「気分が悪くなるので香りつきの製品は使わないで」と頼まれたら、彼女を苦しめるようなことはやめるべきです。そのかわり5時になってオフィスを出たらシュッと一吹き、気分は爽快。匂いを嫌う彼女はアレルギーかもしれない（薬はあるけど副作用がある）し、こだわりが強いのかもしれない。あるいは単に、あなたの香水が嫌いなだけかも。気になるなら、なぜ気分が悪くなるのか彼女に聞いてみて。それから一般論として、人が自由に席を移れないような場所（病院とか映画館とか、職場とか）では控え目にするのが礼儀というもの。つけないか、香りの弱いものを選びましょう。=TS

■他人のつけてる香水に文句をつけたこと、あります？

大切な友人の新しいガールフレンドに初めて紹介されたときのこと。ニューヨークのメトロポリタン美術館に行って、でも週末だから混んでいて、暑くて汗もかいていた。それでつい「どこかに「ディオール アディクト」つけすぎの人がいる」と言ってしまった。そう、つけてたのはそのガールフレンド。二度と言うまいと思ったけど、私、この点に関しては自制が効かない。=TS

そのとおり。相手から聞かれないかぎり、二度と言うべきじゃない。=LT

■いわゆるノーセント（香らない）香水（たとえば「エセントリック モレキュールズ」とか）についてはどう思います？

あれはしっかり香ります。ノーセント（香らない）なんて冗談じゃない。ナ

ンセンス。=TS

「エセントリック 01」の「01」は単一の分子だけでできているそうだ。イソ E スーパーという合成香料で、多くの調香師に愛されているものだが、あいにくイソ E スーパーは単一分子ではない。多くの異性体の集まりだ。=LT

■年代物の香水についてアドバイスがほしい。処方が変わる前の香水を愛する人、いますよね？　私にも「ケルク フレール」大好きな友だちがいて、マニアってほどじゃないんですが、どうして今のは昔の香りと違うんだろうって嘆いてます。

古いのと新しいのでは香りが違う。これにはいくつか理由があります。まずは経年変化。香水もボトルのなかで年をとる。とくに空気や熱、光にさらされるとすごく変わる。だから、新旧のボトルを並べて比較すれば香りが違うのはよくあること。それから、ご指摘のとおり、処方が変わることもあります（ウビガンの「ケルク フレール」もオリジナルの処方とはかなり違う）。でもビンテージ香水は、探すこと自体が楽しい。ネットオークションもいいし、ノミの市やアンティークの店を訪ねるのもいい。古びた香水店の倉庫には掘り出し物があるかも。大事なのは、昔の香りがどんなだったか、どんなボトルに入っていたかを、あなた自身がそれなりに覚えているかどうか。覚えてないと、偽物をつかまされたりする。有名なものほど偽物が出まわるのは世の常。昔の素敵なボトルに安物のオーデコロンを詰めて売り出す詐欺師もいる。本物でも、香りがほとんど飛んでしまったものもあれば、つけてから何分かたつと（表層の酸化した成分が飛んで）いい香りになるものもあり、全然ダメなのもある。本物のサンダルウッドやパチュリを使っている香水なら時を経て香りの深みが増すものだけれど、この10年の私たちの経験から言わせてもらえば、最近の合成品のウッディなドライダウンは逆で、時が経つとバランスが崩れてしまいがち。こういう製品を買いだめしたら、保管するときの温度には気をつけて（パリの香水博物館オスモテークは摂氏12度で保管しています）。箱やボトルのシールも要チェック。貼ったままなら、いい香りが楽しめるチャンス大。時が経ち、好事家の数が増え、古い在庫が切れていくにつれ、良質なビンテージものはレアになっていきます。過去とは限られた資源、そして今の香水業界は過去の栄光を保存することに興味なし。あなたのお友だちも、なにか新しい香水と恋に落ちたほうがよさそうです。=TS

■手首につけたら、こするべき？

こすらないで。ローションじゃないんだから。摩擦の熱で、香りがすぐに飛んでしまう（簡単な実験：両方の腕に少量をスプレーし、片方だけこすって違いをみる）。ふつうは両方の手首を合わせて香水を広げるだけで十分。=TS

■季節によって香りが違って感じられるのはなぜ？

暑くて湿気が多いときは、どんな匂いもきつくなります。私たちが嗅ぐのは蒸発した成分ですが、暑くなれば蒸発量が増える。でも湿気がなければ、香り成分は機能しない。だから砂漠の旅に香水は無用です。あんなに乾燥してると、ほとんど何も匂わない。私たちの住むサンタフェも乾燥してるから、おかげで猫トイレの匂いは気にならない。でも香水のレビューには向かない（仕方ないので、私たちはテーブルに置ける小型の加湿器を買った）。つまり、シャネルの「キュイール ドゥ ルシー」のように甘くてアンバーとレザーの香りが立つものは、寒い１月には素敵な夢を見させてくれるけれど、蒸し暑い７月に使えば頭が痛くなるということ。=TS

香水レビュー

★

★★★★★	傑　作	*MASTERPIECE*
★★★★	おすすめ	*RECOMMENDED*
★★★	まずまず	*GOOD*
★★	よくない	*NOT GOOD*
★	落　第	*AVOID*

［香水レビュー］

▷1　ピュアディスタンス　★★★★　グリーン フローラル

ピュアディスタンスの創始者ヤン エワルト フォスに会ったのは、中国企業嗅覚系のクリスティー シェンが上海で開いた夢のような香水展でのこと。広々とした空間に、香水名とブランドを記したサンプラーがずらりと並び、3000もの香水を嗅ぐことができる。欧米で開いても中国と同じくらい大盛況になるだろう。私なら会期中はテント持参で泊まり込みたいくらいだ。話を聞けば、ヤンはその人柄を武器に、現代最高の調香師の一人であるアニー ブザンティアンを口説き、香水を作らせたのだという。それだけでも拍手に値するが、ニッチ香水のクリシェを一蹴する姿勢もすがすがしい。ヤンがブザンティアンに求めたのはクラシカルなグリーン フローラルで、それがまさしく形になった。美しくなめらかで継ぎ目がなく、新鮮でパウダリーなアブストラクト フローラルは、儲け主義に汚されていない。贅をつくした60年代後半の名品が、タイムトラベルで2008年によみがえったような驚きをおぼえる。=LT

▷*50 ml d'Ambiguïté*（ダンビギュイテ）　マルル　★　汗っぽい尿の匂い

この香水をつけて無精ひげをのばし、公園のベンチでひと騒ぎすれば、すぐに連行されて、無料でホースの水をかけてもらったあと、温かいスープにありつけるだろう。=LT

▷*3 Fleurs*（トロワフルール）　パルファム ド エンパイア　★★★　フローラル ブーケ

ジャン パトゥの「ジョイ」によく似ている。これは賛辞でもあり、警告でもある。ブルガリアンローズにエジプシャンジャスミン、チュベローズ（月下香）の最高の取り合わせは、熟練の手にかかれば必ず功を奏すアコードだ。だがこの香水は、「ジョイ」同様、香りは素晴らしいが語りかけるものがない。それゆえ最もこの香水を堪能できるのは、人間ではなく蜂かもしれない。=LT

▷*XI L'Heure Perdue*（オンズルールペルデュ）　カルティエ　★★★★★　ミモザ バニラ

マチルド ローランの仕事にはずっと前から感銘を受けてきた。具体的には1999年に手がけた「パンプルリューヌ」以来で、あれは「アクア アレゴリア」のコレクションにおける最高傑作だと今も思う。その後は「シャリマー オー レジェール」と「アトラップ クール」を調香し、ともにゲランの新古典主義的な伝統をみごとに表現した。最近手がけた香水はあまり嗅いでいなかったが、この「ルール ペルデュ」を教えてくれたのは私のブログの読者、ダリ ニマーだ。彼に言わせると、「今まで嗅いだなかで最も感情に訴え、穏やかになれる香りの一つ。まったくなじみがないはずなのに、妙に懐かしくなる、曖昧だが確かな思い出のよう」だという。
興味がわいて、マチルド ローランにサンプルをたのんだ。ニマーは正しかった。「ルール ペルデュ」には天から舞い降りたような穏やかさと不穏さが同居する。たとえるなら、怪盗紳士ルパンが秘密の道をすりぬけ、危機一髪で恋人を助け出すイメージ。いったいどんな調香なのかと当惑しつつ、何年も前に読んだアラン デュカスのインタビューを思い出した。すでに有名シェフだったデュカスが、アルザスの話題店でただの客として食事をしたとき、「自分が何を食べているのかわからない」経験をした。それに愕然として、彼は調理場でふたたび修行する決意をしたそうだ。「ルール ペルデュ」を嗅いで、同じ感覚におちいる調香師がきっといる。
そんな新たな域に達した「ルール ペルデュ」について、私には過去の名香にたとえてそのピラミッドを表現するしかできない。トップノートは、「ジッキー」のなめらかな静謐さから「アビ ルージュ」のかすれた粗削りな香りへ移ろう。それが弾けきると、フルーティ（グレープフルーツ）、アイリス、ハーブ調（タラゴン、バジル）の香りが次々にあらわれ、変化に富んだ道のりが続く。その先に、美しい驚きが待っている。パウダリーなヘリオトロピンがミュートしたトランペットのように香りたち、芳醇でオリエンタルなドライダウンへ向かう。それもありきたりではない。ただのバニラとラブダナムではなく、最も魅力的でミステリアスな、できたてのプラリネの香り。ミモザのベッドに並べたジャンドゥーヤ。これはすごい。=LT

ルカンズ
▷ *Le 15*　ザ ディファレント カンパニー　★★★　ウッディ シトラス
洗練されているが、どこか味気のない、粉っぽいシトラス。ドライダウンでは、逃げたくなるほどのウッディとアンバーの香りがする。=LT

プールフェム
▷ *51 pour Femme*　ロジャ ダブ　★★　フローラル オリエンタル
ジバンシィの「オルガンザ」（1996）系。信頼すべきマイケル エドワーズのデータベースによれば、ロジャ ダブの香水は「世界で最も尊敬される調香師」をうたうダブ本人がアートディレクションを行い、ファインフレグランスの分野ではマイナーなオージュベイユ社が調合している。同社の作品で知っているのはウビガンの「ドゥック ド ベルバン」(1985) くらいで、あれは私の知るかぎり最低の男性用香水だった。=LT

▷ **68**(スワソントユイット) **ゲラン** ★★★★ ノスタルジック オリエンタル

私がかたく信じるように、匂いが一種の音色だとすれば、ゲランはメジャーなトレンドに真っ向から抵抗している。携帯の着信音でも、玄関のチャイムでも、電子音のジングルでもなく、本物の楽器で香水を奏でてみせるのだと。たしかに、「68」には切々としてノスタルジックな保守主義が感じられ、ロマンティックな音楽の終わりの部分を思わせる。コティの「ロリガン」が未来を見つめるスクリャービンなら、ゲランの「ルール ブルー」はぬくもりのある感傷的なラフマニノフ、そして「68」は陰鬱な主題にこだわる、祖国を追われたニコライ メトネルだ。「68」はまるで、爆弾が降りそそぐなかを駆けまわり、名香、名曲の数々を救い出して作ったかのよう。はじめの5分は、前世紀の偉大な香りが走馬灯のごとくよみがえる。甘いアンバーとぴりっとしたシトラスのコントラストが完璧な「シャリマー」はもちろん、グリーンにきらめくウォルトの「ジュ ルビアン」、かすかに「アプレ ロンデ」、そして意表をつくのが、一瞬かろうじて聴きとれる「ランスタン オム」のグリーンアニス調のトップノート。ドライダウンなかばには思いがけないひねりがあり、チープなレザージャケットや古いBMWから匂いそうなあからさまな男性用香水をラグジュアリーに仕上げた香りに一転する。いつまでも続くドライダウンは、バルサミックとサリチレートの柔らかなアコードで、もはやオリジナリティなどどうでもいい。そこに香りがあり、いい匂いがするというだけで十分。うわべだけつくろったケミカルな香水トレンドに対するゲランの逆襲は成功した。冷めないうちに召し上がれ。=LT

▷**222 ル ガリオン** ★★ バイオレット ウッディ

心地よい香りだが、気持ち水っぽい、甘いウッディとバイオレットのアコード。洗練されているが、やや弱々しい。=LT

▷***1805 Tonnerre***(トネール) **ビューフォート** ★★★★ シトラス スモーク

スモーク調のアコードは21世紀のフゼアになった。その火付け役は、20年近く前にシプリオールが香料として登場したとき、まっさきに取り入れたマーク バクストンとベルトラン デュシュフールだ。「トネール」はダークなスモーキーさと力強く鮮やかなロウソクっぽいシトラスのコントラストが際立ち、温かみのあるスパイシーなバックグラウンドでうまくまとめられている。アートディレクションもすばらしく、英国屈指の香油会社フェニックス フレグランスのジュリー マーロウとジュリー ダンクリーの仕事が光る。=LT

▷ ***1932*** **シャネル** ★★ シトラス 洋ナシ
香水の名前としてあまりにばかげている。戦時中のココ シャネルとナチス ドイツのいわくつきの過去を考えればなおさらだ。1932年はどんな年だったか。(ヒトラーの後継者の) ゲーリングが国会議長に選ばれ、上海が日本に侵略され、ウクライナでは無数の国民が餓死した。そしてシャネルはジュエリーコレクションか何かを発表した。で、この香水? レトロでもなんでもない。どぎつい「ライト ブルー」系のシトラスのトップノート (表向きはグレープフルーツ調らしいが) に、缶詰入りフルーツみたいなバックグラウンド。ドライダウンではどうにかシャネルらしさを醸し出そうともがき、パウダリーな香りがちらほら顔を出す。=LT

▷ ***1996 Inez and Vinoodh***(イネスアンドヴィノード) **バレード** ★★★ レザー アイリス
バレードは、ミニマルなルックを取り入れた最初の有名ニッチブランドのひとつ。華奢な活字をならべただけのボトルは、類似のデザインが続出した。その香水の傾向として、立ち上がりは印象的だが、香りの蓄えがつきてくるドライダウンはいまひとつ。またバレードは、香水の価格をたとえば100mlのオード パルファムで150ユーロという法外なレベルに引き上げるのにも一役買った。
リップグロスをべっとり塗った子どもの写真にインスパイアされたという「1996」は、スエード、アイリス、バニラのアコードの均整が美しい。重心が重くなりかねない香りだが、トップにペッパー、ベースにパチュリを絶妙に配し、巧みにコントロールしている。=LT

▷ ***1A-33*** **J. F. シュヴァルツローゼ** ★★ フローラル コロン
心地よいが退屈なシトラス、フローラル、シダーウッドのオーデコロン。=LT

▷ ***A*** **アヴェリー** ★★★ インセンス ペッパー
冒険好きを意味するアヴェンチュロソという珍しい苗字のイタリア人デザイナーが「ディレクション」した香水のひとつ (はじめは仮名かと思ったが、イタリア人の姓名データベースで調べたら、その名前の人がイタリアに22人いることが分かった)。アヴェリーの香水を手がけているのは、特定の調香師や調合会社ではなく、名の売れたニッチなブランドを複数所有し、独自ブランドもいくつか立ち上げているインタートレード社だ。その独自ブランドは明らかに、うんざりするほど徹底したマーケット研究の賜物だ。いかにも、誰かがインディペンデントのニッチなマーケットを見渡し、「こんな三流連中より自分の方がうまくやれる」と思って作った匂いがする。おそらく、10かそこらのジャンルのニッチ香水の構成を分析し——この香水の場合はインセンス系——、処方のコストを3割ほど上げて、損をしない程度にほかとの差をつけつつ、ニッチな香りを目指したのだろう。実にイタリア的だ。つまり、仕上がりは美しいが、まったく中身がないということ。=LT

エーグリーンカシュミール
▷ ***A-Green Cachemire*** **ブラッド コンセプト** ★ グリーン ウッディ
フィグ(イチジク)の香りのフレグランスを目指したらしいが、ほんとうに不快でぞっとする、貧弱な試み。=LT

エーキラーバニラ
▷ ***A-Killer Vanilla*** **ブラッド コンセプト** ★★ サフラン バルサム
特にバニラっぽいわけでもなく、なんの面白みもない。=LT

アラカルト
▷ ***A la Carte*** **レンリン** ★★★ ウード ヌガー
ウッディを基調にヌガーやマジパンの香りをトップノートに重ねるアコードは、一風変わったおもしろいアイディア。成功しているとは思わないが、試みただけでも満点をあげたい。=LT

アラローズ
▷ ***A la Rose*** **メゾン フランシス クルジャン** ★★★ シトラス ローズ
フランシス クルジャンは「ル メール」(ジャン ポール ゴルチエ)で一躍名を広め、その後、芸術文化勲章をはじめいくつかの表彰を受けた。自身の名を冠したコレクションを立ち上げたのは2009年のこと。それまでも、私のお気に入り「ガーデニア」などのエリー サーブ向けや、パルファム MDCI向けに素晴らしい香水を手がけていたので、顧客の意向や時間の制約から自由になったクルジャンがどんな香水を作るのか楽しみだった。残念ながら、彼も多くの調香師と同じで、アートディレクターの決めたゴールに向かい、エバリュエーターの評価を聞きながら仕事をするのがいちばんよさそう。「ア ラ ローズ」のコンセプトはまるで人工知能がはじき出したみたい。ウェブサイトには、「ア ラ ローズはフェミニティの讃歌、愛の告白を表現した香水。南仏グラースでとれた250もの新鮮なバラが比類ない芳醇さをもたらします」という平凡なコピーがのっている。フルーティローズとベルガモットの香りそのものは悪くないけれど、おもしろみはない。=TS

▷ **A l'Iris**（アリリス） **サークル デ パフューマー** ★★ アイリス サフラン

サークル デ パフューマー（以下、CPC）は調香師の望みを体現したブランドだ。日々のプレッシャーから逃れ、「指示や制約にしばられない理想の香水（彼らのウェブサイトから引用）」を作りたい、という気持ちはわかる。ただ、そこにはよく知られた問題がいくつかある。私が「アーティストの自由という神話」と呼ぶものに関わる話だ。1）指示はアートディレクションに欠かせない。ミケランジェロだってローマ教皇に「あの天井に絵を描け」と指示された。2）制約はさまざまな形で生じる。単にコストの問題だったり、顧客の層だったり。制約と無縁の香水会社などない。3）私の知るかぎり、ひとりになった調香師はめったに「理想の香水」を思い描けない。その証拠に、CPCの調香師による香水の説明文はひどすぎる。おかしなフランス語の文章は、ヴィクトル ユーゴーとジョリ-カルル ユイスマンスをまぜたミネストローネみたいだ。ナタリー フェステュアーによる「ア リリス」の説明はこうだ。「Son cou, serti de perles nacrées, laisse deviner une peau ambrée（彼女の首、真珠色の真珠をまとい、アンバー色の肌をほのめかす）」。CPCの人間に問いたい。この文がたわごとだと気づかない連中の作った香水を信頼できるだろうか？　そしてもう一つ、ずっと鉄の足かせをつけて仕事をしてきた調香師が、釈放されたとたんマラソンを走れるわけがない。「ア リリス」はCPCがねらった「ついに自由になった！」という歓喜の香りとはほど遠く、（ほぼ合成香料の）サフランと（本当にかすかな）アイリスの大人しい眠気を誘うアコードで、トップノートには洋ナシの香りがいくらか感じられる。これでメインストリームのブランドが白旗を上げるとはとても思えない。=LT

▷ **AB-Liquid Spice**（エービーリキッドスパイス） **ブラッド コンセプト** ★★ ペッパー ミルラ

風変わりな、魂のぬけた構成。立ち上がりは粗っぽいウッディ スパイシー系の香りが痛快で、しばらくすると甘いラクトン調の異様な繊細さが黒々した中からきらきら光りだす。悪くはないが、ロボットが作ったみたいな香水。=LT

▷ ***AB-Tokyo Musk***（エービートウキョウムスク） **ブラッド コンセプト** ★★ コリアンダー インセンス
悪い匂いではないが、香水の匂いでもない。=LT

▷ ***Accord Oud***（アコードウード） **バレード** ★★★ ウッディ スパイシー
初期の「ウード」(2010) のあくの強さを薄めた感じだが、砂糖漬けフルーツとウッディの香りはおもしろい。=LT

▷ ***Acqua di Parma Colonia Ambra***（アクアディパルマコロニアアンブラ） **アクア ディ パルマ** ★★★ グリーン 蜂蜜
何年か前、映画のタイトルの文字サイズは変えずに間隔だけを均等に広げていくオープニングの手法が流行った。近づいてくるのに遠ざかっていく不穏な印象を醸していたが、この香水にも似たところがある。はじめは、シソっぽいミントのノートが力強い。その主成分であるペリリルアルコールは香りの座標にあてはめにくく、普段は口数の少ない香水のプロでさえ「甘く、ウッディで、芳醇でスパイシーなカルダモンとグリーン、ドライ オレンジ ピールとロウソクを思わせるフローラルのニュアンスを含むクミン香」と表現してきた。この香水は、そうした香りがコアノートとドライダウンでもつづくように、それぞれ異なる素材を使って表現したものだ。香水をつけて20分ほどすると、甘いグリーン系のロウソクの香りが主張しはじめ、蜂蜜とバイオレットリーフの香りが加わる。そして暗がりから、なじみのある香りがふいに現れる。この香水の調香師が何を考えて名前をつけたかしらないが、まるで参考にならない。名前からコロンやアンバーを期待しても、そのどちらでもないのだから。=LT

▷ ***Acqua Nobile Rosa***（アクアノーブルローザ） **アクア ディ パルマ** ★★★ なめらかなローズ
今やLVMHグループのフレグランス部門を一手に担うフランソワ ドゥマシーは、現代で最高の香りの編集者かもしれない。わずかな乱れも許さず、つねに完璧に磨き上げた構成を生み出す。これは現代的なローズノートのお手本みたいな香水だが、どんな退屈なものでも立派に仕上げる価値があるのか、疑問に思う。=LT

▷ ***Acqua Tempesta***（アクアテンペスタ） **レンリン** ★★★★ スモーキー ベチバー
色鮮やかに弾けるフレッシュなスモーキー スパイシーのコントラストがにぎやかで魅力的なトップノート。香りが勢いよく踊りでてくる感じは、どの楽器も楽しそうなジャズの演奏を思わせる。そういういい雰囲気はたちまち周りに広がるもの。最後はスモーキーなベチバーの香りに落ち着き、ブルガリの「ブラック」に驚くほど似ているが、「ジュ ルビアン」のサリチレートの香りはない。なかなかの出来栄え。=LT

▷ ***Adone***（アドーネ） **レ プロフーモ** ★★ インセンス アンバー

インタートレード社が擁するブランド、アヴェリー、ブラッド コンセプト、サンタ エウラリア、アザグリー、アンドレ プットマン、そしてレ プロフーモの香水を数十種類、立てつづけに嗅いでみて確信した。今までにない、なにやら不気味なことが起きている。そう気づくにつれて、私の気持ちはどんどん沈んでいった。これらの香水は、通常なら相反するスペックをそなえている点でとても不可解だ。まず、1）これらは特定の香水の模倣品ではない。むしろ、あるサブジャンル全体の模倣であり、それにはある程度、人間の知恵が必要だ。しかし、2）調香師のクレジットは一切なく、ほとんどの香水で人間の顔や魂が感じられない。となると、3）皮肉をこめて非常にチープな素材で作っているのでは、と考えたくなるが、実際には質の高い素材が使われていて、ふつうのジェネリック香水よりはるかに良い香りがする。これは筋が通らない。私は二つの仮説を考えた。まず、いくら皮肉屋のイタリア人といえども、800年にわたる香水文化の歴史に背いてまで、安い素材を用いることには耐えられなかったという説。もう一つは、どこか大手香水会社の調香ロボット（人間にはかなわないスピードで計量をこなすスーパーマシーン）が、揮発性や匂いの強度、価格などのデータにもとづくアルゴリズムを組み込まれ、ランダムにいろんな構成を作りだしているという説。もしそうなら、上出来、脱帽だ。「アドーネ（イタリア語でアドニス、ギリシャ語ではトニー）」はインセンスとアンバーの香りで、私たちの間にずっとまぎれこんでいたアンドロイドたちが好みそう。=LT

▷ ***Aedes de Venustas***（アエデスデヴェヌスタス） **アエデス デ ヴェヌスタス** ★★★★ グリーン ルバーブ

ニッチ系香水のカンブリア爆発が始まったのと同じころ、1995年の開店以来、アエデスはニューヨークのフラゴナードたち（ブロガーのキャリー M ウォリスが考えた香水オタクを意味する造語）に注目されてきた。たしかな見識で隠れた名香の数々を紹介してきたアエデスは、2012年、ついに独自のフレグランスを手がけることを決断した。彼らの趣向や専門性をもってすれば、優れたアートディレクションで比類ないものを生み出せるはず。その期待ははずれなかった。彼らは最高の調香師を使い、望み通りの香りを手に入れた。ブランド名を冠したこの香水（2012）の極上のアコードは、ベルトラン デュシュフールによるもの。ドゥシュフールは、初めてルバーブを使い、さらに初めてその香りをウッディ シトラスとみごとにブレンドさせた調香師の一人。素晴らしいアイディアにはいつも言えることだが、すべてのピースがぴたりとはまる、そんな香りだ。=LT

▷ ***Aeon 001***（イーオン） **イーオン** ★★★★ ウッディ フローラル

建築家であり調香師であるアントニオ ガルドーニがスイスの香水会社イーオンのために調香した香水。1960 年代の香水、「アズリー」（エスティ ローダー、1969）を代表とするウッディ フローラルの黄金時代へのオマージュだという。いつもながら、ガルドーニは質、量ともに惜しみなく素材を注ぎ込み、堂々たる美しさを表現した。まるでキャサリン ヘップバーンを騎馬像にしたみたい。=LT

▷ ***Aesthete***（エスシート） **ル ガリオン** ★★★★ ウッディ スパイシー

「エスシート」はル ガリオンの香水のなかでも異端だ。若手調香師、ヴァニア ミュラシオルが手がけたウッディ スパイシー調の構成は、軽く添えたフルーティさが名曲のリフレインのように印象に残る。メタルバンド Sortilege（くじ占いの意味）の耳にこびりつく曲と同じで、100 年たっても色あせない予感。=LT

▷ ***After the Flood***（アフターザフラッド） **アポテカ テペ** ★★★★ バイオレット リーフ

アポテカ テペの香水はまるで、無駄をそぎおとした美を求めるモダニズムの建築家がデザインしたみたいだ。その香水のほとんどは、抽象的で、無調で、スパルタ人の鋼鉄のような厳しさを感じさせる。わかりやすいメロディーもなく、聞きなれたコード進行もない。「アフター ザ フラッド」はいちばん高いオクターブだけで奏でるピアノの音色だ。その前では、流麗なストリングスも木片をこすり合わせた音にしか聞こえない。冬の気配とミネラルが感じられ、静かなベルリンの路地を歩いたときの感覚を思い起こさせる。道の両脇には、オフホワイトとグレーで塗られた質素なアールヌーボー様式の背の高いアパートメントが並び、医者や弁護士の名をシンプルな活字で記した金属製の表札を掲げていた。アートディレクションに拍手を送りたい。=LT

▷ ***The Afternoon of a Faun***（ジアフタヌーンオブアフォーン） **エタ リーヴル ドランジュ** ★★★ ペッパー ローズ

ソルティなペッパー調のローズは、生産終了が惜しまれるエスティ ローダーのすば

らしく異様な「ダズリング シルバー」の路線。ただし、あの異様さはない。=TS

▷ ***Agartha***（アガルタ） **エイプリル アロマティクス** ★ ミモザ 干し草

アルファベット順にレビューを掲載するせいで、はじめにエイプリル アロマティクスのなかでいちばんひどい香水を取り上げるはめになり残念だ。というのも、ほかにオーガニックで本当にいい香水もいくつか（「テンプテッド ミューズ」や「ライ オブライト」など）あるからだ。ちなみに私は、宇宙がらみの妄言に対して科学者のわりに驚くほど寛容だ。親友の多くがヒッピーだったし、合理主義の退屈さをよく知っているからだと思う。とはいえ、エイプリル アロマティクスの創設者タニア ボフニッヒはやりすぎだ。彼女いわく、この香水は「2016年のスーパームーンの上で創造され、ハーキマーダイヤモンドとブルーアゲートの石を注ぎ込んだ」ものらしい。ハーキマーダイヤモンドは、ダイヤモンドとは似ても似つかない、田舎で売っているクリスタルみたいな石だ。それはともかく、人間の知覚が一人ひとり異なることを考慮しても、この香水は私がレビューしたなかで最も不快なアコードの一つだ。刻んだ新鮮なシラントロ（コリアンダー）――つまりアセチレンの匂い――と、バナナのアイスクリームが混ざった匂いを想像してほしい。我が息子なら、スローモーションで両手を突き出し絶叫するまねをしてみせるだろう。「ノーーーー！」と。=LT

▷ ***Agarwoud***（アーガウード） **ヒーリー** ★★★★ ローズ ウード

アラブ香水の定番であるローズとウードのアコードにひねりを加えた意外性のある仕上がり。ふつうなら、色鮮やかな花と黒いワニスのコントラストを際立てようとするのに、ヒーリーが表現したのはむしろ水彩色のローズで、重ねたマリンノートのウードはほとんどアンバーグリスに近いアニマリックな効果をもたらしている。フレシェの「ユヌ ローズ」（フレデリック マル、2003）と同系統の美しい不協和音を響かせるが、もっとナチュラルで独特だ。=LT

▷ ***Un Air d'Apogée***（アネールダポジェ） **メゾン ビオレ** ★★★ ミモザ レザー

構成からマーケティングまで教える香水学校、エコール シュペリウール ド パルファムを卒業したての3人（20代のはずだが、広報資料の写真は高校生みたい）が集まり、1827年に創設され、50年代以降は低迷していた老舗ブランドを復活させた。どんな手を使ったのか、フィルメニッヒ社の調香師ナタリー ローソン（「オルガンザ」や「アンクル ノワール」を手がけた）を口説いて三つの香水を調香させた。

しかも、その香りを嗅ぐかぎり、処方にかける資金をたっぷり用意したらしい。この香水は、やや大人しめで、非常にモダンなグレーがかった紅茶みたいな香り。けっして一つの色に落ち着くことなく、ドライダウンまでアーシー（大地の香り）、グリーン、ウォーム、そしてスエードノートへと揺らいでいく。みごとにまとめられているが、メゾン ビオレの香水のなかではいちばんのお気に入りではない。=LT

▷ **Akkad**（アッカド） **リュバン** ★★★★ ミルキー オリエンタル

2005年に「イドル」を引き下げ、27年の沈黙を破って再起を果たしたリュバン。以来、その勢いはやまず、興味深い香水を年に二つか三つ、昨今の傾向ではスローペースかもしれないが、着実に発表している。「アッカド」の香りは、あの名品「コリガン」の妹分のような感じ。姉よりも豊潤さが控えめで、「コリガン」を特異なものにしていたベチバーとキャラメルのコントラストはない。こちらはよりスムーズでコンパクトな、シルキーで洗練された上質のウッディ オリエンタルだ。ジャイルス テブナンのアートディレクションと、デルフィーヌ ティエリーの調香が光る。=LT

▷ **Alaïa**（アライア） **アズディン アライア** ★★★★★（★★★★） ペッパー スエード

私の人生の痛切な後悔の一つは、コンコルドに一度も乗らなかったことだ。その超音速トラベルをたびたび旅行代理店で提案されたのに、まさかの全機退役で、私たちは音の壁のこちら側に取り残されてしまった。でも、私の調香師の友人は、出張で何度もコンコルドに乗っている。彼女によると、その内装は独特の匂いがするという。私はシアトルの航空博物館でG-BOAGに乗り、機内を注意深く嗅いだ。彼女は正しかった。コンコルドは明らかに薬っぽい匂いがし——これは断熱材やコーキングなどの資材も関係しているだろう——、加えてコロンや座席のレザーに残る体臭など、人間の発する匂いがかすかに混じっていた。「アライア」を初めて嗅いだときに思い出したのはそれだ。数知れぬ訪問者が行き交う場所の、幾重にも重なる香り。意図した匂いと意図しない匂いが反響しあい、臭覚器官のなかが雑踏と化す感じ。「アライア」は驚くほど異様な香水で、偉大な雄弁家のようにごく静かに語りはじめ、つい身を乗り出して耳を傾けたくなる。レザーに、ペッパー、ラクトン、と嗅ぎとれる香りをたどってみても、「アライア」のダークで、スムーズで、つるつるした表面をとらえることはできない。調香師マリー サラマーニュは、この香水で時間を巻き戻すことに成功したかのよう。香水は終わりからはじまり、時がたつにつれフレッシュな香りを立ち上がらせていく。そして最後には、ドライでソルティな、神秘的なアコードに収束する。もはやドライダウンというより、最高の夜を過ごしたずっとあともその服から匂い立つような、心に刻まれる香りの記憶。素晴らしい。=LT
とても好きな香りだけれど、ドライダウンはトップノートと比べればそこまで感動しないことは付けくわえておきたい。=TS

▷ ***Alambar***（アランバー）　**ラボラトリオ オルファティーボ**　★★　シトラス アンバー
ニッチ香水お得意のシトラスとアンバーの香りは、あっという間に息たえてしまう。「シャリマー」を買いたまえ。=LT

▷ ***Albis***（アルビス）　**サンタ エウラリア**　★★　パウダリー フローラル
サンタ エウラリアはイタリアのニッチ系大手（ずいぶん矛盾した言い方だがしかたない）のインタートレード社が立ち上げたブランドの一つで、ショップはバルセロナ中心部のグラシア通りにある。「アルビス」は眠たくなる洗練されたバニラ調フローラルで、高品質で控えめなブランドの特徴とぴったり合う。挙式直前に写真を撮る「ブライダル ブドワール」用ランジェリーのカタログの慎ましげなモデルから匂いそうな香り。=LT

▷ ***Alèxandros***（アレクサンドロス）　**レ プロフーモ**　★★★　インセンス ジャスミン
レ プロフーモのフレグランス（「アドーネ」など）を生み出す人工知能が不具合を起こし、インセンスとジャスミン、イランイランを調合した結果、独創的でなかなかよい香水ができた。ただし、処方のコストがやや高すぎる。現在、ソフトウェアチームが調査にあたっており、これをバグとみなすか否か、経営陣からの指示を待っている。=LT

▷ ***Alien Eau Extraordinaire***（エイリアンオーエクストラオーディネール）　**ミュグレー**　★★　フローラル シトラス
終わりのないインチキ香水ビジネスは、ときにとんでもない代物を作り出す。オリジナルの「エイリアン」は、奇抜なボトルに入ったパープルのものすごい野獣だった。だがこの不適切な名前の「エイリアン オー エクストラオーディネール」は、わざとらしいくらい平凡（オーディナリー）で、異質さ（エイリアン）もまるでない。最初は、サンプルに名前を貼り間違えたのかと思ったほどだ。その第一印象は、面白みと変わりばえのなさを追い求めたような、もう何度繰り返されたかわからないバニラ調のパウダリーなフランジパーヌの香り。いっぽうで、やる価値がないとされてきたことになぜか挑もうとする業界や調香師の強いこだわりもうかがえる。ここでは、「イザティス」や「アマリージュ」、「カーナルフラワー」、「デューン」などを手がけてきた現代最高の調香師の一人、ドミニク ロピオンが、絵本『フラットランド』みたいなマグノリア色の二次元の世界に、奥行きのある小さな三次元を封じ込める魔法をやってのけた。ほんのわずかにだが、この香水には見かけ以上の魅力がある。たとえば、カスタード色の表面の下で移ろうパステルの影。これだけでも、独自性のある優れた香水を作るのと同じくらい難しい。といっても、面白さで言えば1000分の1くらいだが。ロピオンにこんなつまらない仕事を頼むのは、どうかこれで最後にしてもらいたい。=LT

▷ ***Alizarin***（アリザリン）　**ペンハリガン**　★★★　スパイシー オリエンタル

衝撃を受けるほどではないが、気持ちのよいスパイシー オリエンタル。そこそこの素材で作ったわりには、なかなかの仕上がり。=LT

▷ ***Alkemi***（アルケミ）　**ラボラトリオ オルファティーボ**　★★　フローラル アンバー

弱々しくて、混乱したオリエンタル。=LT

▷ ***Alma Blanca***（アルマブランカ）　**アルス ミラビーレ**　★★　ホワイト フローラル

アルス ミラビーレは、ミラノ郊外を拠点とする大手コスメティック企業、S.I.R.P.E.A.社が所有する香水ブランドの一つ。他にダンヒルや、モンタナ、ラレー、マイナーどころではパフューム デ ミラン、そしてあるまじきメルセデス ベンツの香水などを扱っている。ヒッピーやゴス、錬金術的な雰囲気のブランドにしようと意気込んだ結果、変な名前をつけてしまったようだ。「アルス（芸術の意味）」は女性名詞だから、後ろにつづく形は「ミラビリス（mirabilis）」とするべき。香水の説明文もおかしい。まるで『スター・ウォーズ』のヨーダが話すような似非イタリア語で書いてある。その英語訳も、無料のグーグル翻訳のほうがはるかにましなレベル。香りのピラミッドの説明にいたっては、ご丁寧にもカテリーナ デ メディチの暗号で表してある。「トップノートはHGBAGLRP - TQFZGF、ハートノートはSPTB - GSGT - XGPMFRRB、そしてドライダウンはTBLEBMP - BNCSB」。実際はどうかって？　ソリッドでモダンな、「absoluta mediocritas（極めて凡庸）」なホワイト フローラルだ。=LT

▷ Alma Nera（アルマネラ）　**アルス ミラビーレ**　★　フローラル オリエンタル

ホテルの石鹸。=LT

▷ Alter（アルター）　**サンマルコ**　★★★　ジャスミン ローズ

ニッチ系香水のイベントがミラノやフィレンツェで開かれているという地理上のバイアスもあるだろうが、2016年から17年にかけて、イタリアの香水業界でいろいろな変化を感じはじめた。イタリア人の素材やデザインに対する「生まれもった」感覚（実際にはありあまるほどの美に囲まれて暮らすうちに身につけた感覚だが）が香水の世界でついに花開く、そんな期待が生まれ、そして現実になった。ジョヴァンニ サンマルコはスイスで活躍するイタリア人調香師だ。本人と会って話した限り、頭の先から足の先までイタリア人だった。私は彼の仕事ぶりにいたく感銘をうけ、こうしてあらためて彼の香水をかいでも、当初の印象は少しも変わらない。彼のスタイルで好きなところは（アントニオ アレッサンドリアも同様なので参照のこと）、職人的なアプローチの香水にありがちな最先端気取りのつまらなさとは無縁のスケール感を持っていること。「母親がつけるのとは違う香水」ではなく、むしろ「母親につけてもらいたかった香水」を作る。それは、甘いデザートをさらりとお代わりできる人にふさわしい、大きくてハンサムでクラシカルな趣をそなえた香り。「アルター」の広大で味わい深いジャスミン ローズ調のフローラルは、湿っぽさとグリーンの中間でバランスを保ち、そこに独特のマッシュルームのノートが重なって、どことなくガーデニアを思わせる香りを生んでいる。=LT

▷ Altruist（アルトリスト）　**J. F. シュヴァルツローゼ**　★★★★　ソルティ シトラス

この香水について、ウェブサイトにはこんな暗号めいた紹介がのっている。「これはジャック ラカン、マイリー サイラスが奏でる、欲望と肉欲と虚無の耳鳴りを超えるスワンソング」だと。ほっとしたことに、その中身はポストモダンのいかさま師やお尻自慢の歌手とも関係なければ、聴覚器官の異常や形而上学とも関係なく、ほとんど香料会社マンのPRといっていい。香水には、マン社独自の二つの合成香料が含まれていて、ジンジャー ピュア ジャングル エッセンスと、ブラック ペッパー ピュア ジャングル エッセンスが合わせてあるという。とても統一感のある抽象的なマリンノートは、生産が終わって久しい名香「ホライズン」（ギ ラロッシュ、1993）の系統を継ぐもので、一風変わった極上の男性用香水に仕上がっている。=LT

ラマンディエール
▷ ***L'Amandière*** **ヒーリー** ★★★★ アーモンド　草の匂い
誰しも幼いころに、異性の何かに惹きつけられる原体験があったはず。私がたまらなく魅力を感じるのは、フランス人女性の声色だ。たとえそれが狙いすました作り物でも。うそだと思うなら、エール フランス機のファーストクラスにいちばん乗りし、フライトアテンダントが一人ひとりに「ボンジュール マダム、ボンジュール ムッシュー」と挨拶するのを聞いてみるといい。豊満さと紙一重の、媚びるようなさわやかさ。「ラマンディエール」はまさに、あの声を香りにした香水だ。=LT

アンバーアブソルートリー
▷ ***Amber Absolutely*** **フォート & マンル** ★★★ プラム ローズ
さんざん香水を嗅いできたから、「アンバー アブソルートリー」という名前の香水にろくに期待をもてなかった。なんとかしこい戦略だろう。予想外に複雑さがあり、全体的にとても味わい深い。この数年でよくみる、明るい輝きのあるフルーティフローラルのハートノートで、より柔らかに、はるかに上質な素材で仕上げられている。=LT

アンバーウード
▷ ***Amber Aoud*** **ロジャ ダブ** ★★ ウッディ ローズ
ありきたりなウッディ フルーティ調のローズ。=LT

アンバーマラキ
▷ ***Amber Malaki*** **ショパール** ★★ スパイシー アンバー
イタリア語では、スローなダンスナンバーをマットネラ（フロアタイル）とよんだりする。相手と踊っているあいだ、ほとんどその場所から動かないからだ。アンバー系フレグランスも、1920年代から同じタイルの上だけで踊ってきたが、この数十年で、そこから飛び出す動きが見えはじめた。最初の冒険はスパイス使い。コリアンダーとベイリーフを使った「アンブル スュルタン」（セルジュ ルタンス、1993）や、カルダモンを使った「ジャングル エレファント」（ケンゾー、1996）など。ここからジンジャーブレッド調のアンバー系マスキュリンが台頭し、調香師たちはこぞって独自のレシピを発表した。さらに「レール デュ デゼール マロカン」（タウアー パフューム、2005）の登場により、フレッシュで透明感のあるアンバーが新たに広がり、もっと最近では、シプリオールやインセンスを使ったスピリチュアル系のアイディアも盗もうとしている。この流れに遅れてやってきたショパールの「アンバー マラキ」は、独自性は皆無だが、アンバー系の進化をうまく再現している。はじめの20分間は、ぬくもりとなめらかさのあるパイプたばこのような香りで悪くない。ところが、香料成分が減るにつれて骨組みがあらわになっていく。しめくくりはどぎつくて安っぽいドライダウンで、最初の「グッチ オム」を思い出させる。豪華絢爛さを表現しているらしいが、香りがまるで釣り合わない。「シャリマー」(ゲラン、1925)を買うほうがいい。=LT

アンバーモルキュール
▷ ***Amber Molecule*** **ザ パフューマーズ ストーリー バイ アッツィ** ★★ アンバー ムスク
退屈なアンバー。=LT

アンバーウード
▷ ***Amber Oud*** **キリアン** ★★★ スモーキー アンバー
悪くはないが、全くオリジナリティのないスモーキーなバニラ調のアンバー。あのクセのあるウードの香りはみじんも嗅ぎとれなかった。=LT

アンバールーム
▷ ***Amber Room*** **タミーン** ★★ ローズ ムスク
タミーン(アラビア語で「貴重な」の意)は、アラブの香水にインスパイアされたイギリスの会社だ。手がけるのはハイブリッドなスタイルの香水で、正直、私の苦手なタイプ。理由は、やたらパワフルでくっきりしたストラクチャーを持っているが、たいがい大胆さに欠け、無味乾燥な構成だから。湾岸諸国出身の香水ファンから、「西洋」の香水は軟弱ではっきりしない、と不満を言われることがたびたびあるが、タミーンの香水なら満足するだろう。「アンバー ルーム」のローズとムスクのアコードは、アラビア半島をまるごと私とその香水のあいだに置きたいくらい強烈。=LT

アンバーチュベローズ
▷ ***Amber Tubéreuse*** **ヴィルヘルム パフューム** ★★ チュベローズ アンバー
名前の通りその二つのパートを合わせたような匂い。=LT

アンバーグリーン
▷ ***Ambergreen*** **オリベル** ★★★ グリーン アンバー
オリベル バルベルデがこのニッチブランドを立ち上げたのは2009年で、ニッチの世界では大昔だが、いまだ勢いを失っていない。この「アンバーグリーン」も、彼の香水作りのアプローチも、とても好感が持てる。ラベルに記載された原料リストからとったような、香りを想起させる名前がいいし(どの種類の「ドライ」アンバーかまでは記載がないが、気にするのは私みたいなオタクだけだろう)、率直でシンプルな雰囲気もいい。「香水におけるシンプルさ」というと、しばしばメロディーではなくハーモニーを強調したものと考えられ、クラシックのクロスオーバー作品と同様、相手の興味を引きつづけるために、ディテールとバランスに細心の注意が求められる。そういう多層的な香りは、ゆっくり動くか、まったく動きがないので(「エバーラスティング」がいい例だ)、すぐ眠たくなる。伝説的なアートディレクター、イヴ ド キリスなら、そういう香水をただの「ベース」だと切り捨てるだろう。じっさい、セルジュ ルタンスの初期の香水についてそう言ったとか。でも実のところ、ベースのほとんどは(今の香水作りにはあまり使われなくなったが)、素晴らしいニッチ系香水としてそのまま通用するものばかりだ。私はドレール社のムース ド サクスや、アンブラローム系のベースをどれか1オンス手に入れるためなら、1マイル先まで歩いてもいい。「アンバーグリーン」は、ウッディ アンバーにパイナップルのヘプタジエンらしきグリーン系の香料を合わせ、天然香料をひかえめに添えたおもしろいアコード。どちらの原料も、ガルバナムと同様、その日の気分によってワクワクしたりイライラしたりする変わった口笛のような響きがあるが、ここではうまくまとめられている。この香水から連想するのは、車のキセノンヘッドライトだ。近づいてくる青白い光を見て、よける人もいれば、吸い寄せられる人もいる。それから、オリベルの香水はまっとうな価格がついている。素晴らしい。=LT

アンブルカシュミールアンタンス
▷ ***Ambre Cashmere Intense*** **ニコライ** ★★ ペッパー アイリス

ペッパーとアイリスのアコードは心地よいが、ナルシソ ロドリゲスの「フォー ハー」と同じ意味でとまどいをおぼえる。この香水にあのけばけばしい露骨さはないが、パトリシア ド ニコライのクラシカルで洗練された世界観にそぐわないことは確か。=LT

アンブルセルレーン
▷ ***Ambre Céruléen*** **ピエール ギヨーム** ★★ 石鹸様アンバー

ピエール ギヨームは2002年以降、94の香水を発表している。およそ2か月に一本のペースだから、そのすべての出来がいい可能性はゼロに近い。ちなみに、ジャン ケルレオが1972年から2013年までに手がけた香水は14種類。こうした新作ラッシュは派手に注目されはするが、どうでもいい香水がばらまかれていくだけだ。私たちは前のガイドブックで、彼の初期の作品をいくつもレビュー(それも好意的に)している。残りをすべてレビューしたら、本書の7%もピエール ギヨームが占めてしまうので、彼が送ってくれた美しいサンプルボックスからいくつかランダムに選んでレビューすることにした。この「アンブル セルレーン」は唯一アルファベットで選んだもの。アグレッシブであかぬけないアンバーに、芳香剤みたいな香りが加わっている。=LT

アンブルエテルネル
▷ ***Ambre Éternel*** **ゲラン** ★★★★ アイリス ベチバー

カップをふせて中身を隠すインチキ手品が大好きなフレグランス業界にとって、アンブル（アンバー）は手品のネタの宝庫だ。まず、厳密な意味でのアンバー（琥珀）は、ネックレスなどに使われる化石化した樹脂で、バルト海沿岸でとれる。加熱して分解蒸留することで、香りのある精油が抽出されるが、現代は香料として使われていない。そして、アラブ圏の露天市で売られている香料のアンバーは、バニリンとシスタスの樹脂、ベンゾイン（安息香）、アセトアニリドの粉末を組み合わせたもの。見た目はもろい石ころみたいで、すごくいい香りがし、とてつもなく安く作れる。最後に、アンバーグリスはたらふく食事をしたクジラの排泄物だ。濃い灰色の脂っぽいかたまりで、素晴らしい香りがするが、とてつもなく高価。「アンブル エテルネル」はたしかにアンバー系の香料（シスタスの樹脂、別名ラブダナム）の匂いがするが、それだけにとどまらない。舞台の仕掛け扉からぬっと現れるゴーストのようなトップノートは、主にアイリスとバイオレットからなるドライでグレーな香り。バックグラウンドには、入浴剤のバデダス風のカンファー（ショウノウ）がアクセントを添える。ここでのアイリスは、最近のシャネルが出している単調で透明な香りではなく、ルタンスのオリジナルの「アイリス シルバー ミスト」（モーリス ルセル調香、1994）のソリッドな合成香料系のアコードに近い。そのアイリスが薄れていくと、ぬくもりのあるウッディ フルーティ アンバーのアコードに変わり、ケミカルさをみじんも感じないクリーンなドライダウンへと向かう。この香水の作り手は、「イリス グリ」（ファット、1946）の現代版を目指したのかもしれない。オリジナルのひかえめなピーチのような輝きを、なめらかでさりげない明度のセピア調に変えた感じ。実におみごと。=LT

アンブルドシャム
▷ ***Ambre de Siam*** **ヴォルネイ** ★★★ スパイシー ウッディ

ヴォルネイが親切にも香水の全サンプルを送ってきてくれたので、過去の展示会で彼らのブースを素通りしたことに胸が痛んだ。素通りしたのは私の偏見のせいだ。1919年に創設されたブランドのリバイバルで、アールヌーボーまがいのタイポグラフィを使っていて、パッケージが古くさい。だからわざわざ足を止めるまでもない、そう思った。だが、喜ばしいことに私は間違っていた。ヴォルネイの香水はフレア社のアメリー ブルジョアが調香し、そのトップノートは業界でも屈指のおもしろさ。「アンブル ド シャム」はヴォルネイのベストではないが、よくできたスパイシーオリエンタルで、20年ほど前にマーク バクストンとベルトラン デュシュフールが生み出したスモーキー ウッディ調の仕上がり。=LT

▷ ***Ambre Loup***（アンブルルー） **ラニア J.** ★★ スモーキー クローブ

ラニア ジョアネー（この本を書くまで彼女について知らなかった）は、パリを拠点にする独学で「自然派」の調香師らしい。もしも化学者がフェノールを称える歌を書いたら、きっとこのクローブとスモークが混じり合ったモンスター級の匂いがするだろう。キャロンの古い処方の「インパクト」をネアンデルタール人に作らせたような感じ。粗削りだが、印象には残る。=LT

▷ ***Ambrosia***（アンブロジア） **コキレート** ★ アーモンド ミモザ

完全なるイタリアのブランドのくせに「コキレート パリス」と名乗り、その名前もフランス語で正しく綴れない（tは二つ重ねるべき）とはどうかしている。さて、この「アンブロジア」。「パウダリーでふくよかに華やかに包み込むフローラルなため息」というくだらないウェブサイトのキャッチコピーも、香水そのものよりはまし。このアーモンドの香りは何なのか？ ベンズアルデヒドとヘリオトロピンを入れておけば、「アプレ ロンデ」のできそこないも大惨事はまぬがれると思っているのだろうか？ 130ユーロで欲しい方はどうぞ。=LT

▷ ***Ambrosine***（アンブロシーヌ） **フランチェスカ デローロ** ★★ スパイシー アンバー

独創性はないが全体的には心地よいフローラル。=LT

▷ ***Amelie Mae***（アメリマエ） **ゴリラ パフューム** ★★ イランイラン ラベンダー

しっくりこない、調和に欠けたフローラル。=LT

▷ ***Amongst Waves***（アマングストウェーブズ） **ギャラガー フレグランス** ★★★ メロン キャシュメラン

どこからか、とてもいい香りが這い出そうともがいている。キュウリとメロンのノートと、濡れたコンクリートのようなカシュメランの組み合わせは興味深いけれど、まだ改善の余地がある。=LT

▷ ***Amour de Palazzo***（アムールドパラッツォ）　**ジュー エ マッド**　★★★　ウード スパイス

あの名調香師、ドロシー ピオ（アムアージュの「フェイト ウーマン」も彼女の作）が手がけた。その構成は実に巧みで、スキャパレリの「ショッキング」に通じるウッディ スパイシー調のフェミニンな立ち上がりから、「ブレニーム ブーケ」に似た粉っぽいムスキーなマスキュリンへとゆるやかに移ろう。=LT

▷ ***Une Amourette Roland Mouret***（ユヌアムレットローランムレ）　**エタ リーヴル ドランジュ**　★★　ジャスミン コショウの実

インドールとピンクペッパーのあいだの独特なアコード。ランコムの「ポエム」を薄くスライスしたようでもあり、チャイナタウンで売っている安っぽくてカビくさいフローラルソープのようでもある。=TS

▷ ***Amsterdam***（アムステルダム）　**ガリヴァント**　★★★　ハーブ調フローラル

メランコリーなフローラル調で、スープみたいな味わい深さをもつノート。「ブルックリン」と同じく、レストランでのデートを思わせる不思議な香りで、この香水ならきっとベトナム料理店だ。=LT

▷ ***Amun Re***（アモンラー）　**ソイボール**　★★★　アンジェリカ オポポナクス

ヒッピー系の香水会社が、ヒストリーチャンネルの神秘主義とケーキ店のメニューを合体させ、またも妙なコピーを作った。「神と魔術にまつわる古代エジプトの伝説にインスパイアされた、芳醇な蜂蜜に浸したエッセンス」。私は蜂蜜の香水があまり好きではなく、自然が生んだ奇跡も何かが混ざれば終わりということに感心しているほど。とは言え、「アモン ラー」は蜂蜜ではなく、プロポリス（蜂が作り出す抗菌作用のある物質）の香りがする。まとまりには欠けるが、贅沢な天然香料のアコードに仕上がっている。ドライダウンは一気にロウソクみたいな匂いに変わるから、服の上からつけるほうがいい。もしも香水が瓶につめたメッセージなら、これは象形文字で書かれ、半分消えかけた「24 フォーブル」（エルメス）だ。=LT

▷ ***Amyris Femme***（アミリスフェム）　**メゾン フランシス クルジャン**　★★　シトラス ミルキー

自尊心のある女性が、この平凡で、酸っぱくて、さえないフローラルの香りをかいで「私にぴったり」と思うとはまず考えられない。=TS

▷ *Amyris Homme*（アミリスオム）　メゾン フランシス クルジャン　★　シトラス フゼア調

ぞっとするほど雑にした「ル マレ」。あまりに強烈で、匂いを嗅ぐのも苦しい。私に嫌がらせをしたい人は、この香水をつけて私と密室に閉じこもればいい。=TS

▷ *Anabasis*（アナバシス）　アポテカ テペ　★★　ウッディ シソ

心地よいが、今となってはありきたりな感もある「シソ」のアコード。=LT

▷ *Angel Muse*（エンジェルミューズ）　ミュグレー　★★★★　アップル 綿菓子

25年前に登場した「エンジェル」は、オリエンタル系香水の音量ダイヤルを一気に最大まであげた。でもそれがあまりに爽快で、まるでレストランで大騒ぎしても、ウィットと魅力ゆえに微笑ましく思われてしまう客のような存在感があった。「エンジェル」は並外れた香水であり、たいていの模倣品はオリジナルの優雅さをだいなしにし、悲惨な結果に終わっていた。だからファミリーであるこの香水にも期待していなかったが、私は間違っていた。「エンジェル ミューズ」は冒頭で「ブラックオーキッド」（トム フォード）に似た香りを壮大にオルガンで奏でたかと思うと、「クール ウォーター」と「フラワーボム」をかけあわせたような、甘美な下品さのアップルとベチバー、プラリネのノートへ移ろう。これだけのヘビーな香りをまとめあげるのは容易ではないはずで、ジボダン社の調香師クエンティン ビスクの技量によるところが大きいだろう。制汗剤とステロイドを混ぜたような現行の「ソバージュ」やその同類より、この香水のほうが――ほんの少量でも――はるかに素晴らしい強力な男性用香水として使える。=LT

▷ *Angélique*（アンジェリク）　パピヨン　★★★★　ウッディ シトラス

香水は大好きだが作る技術はまったくない私のような人間からすると、独学の調香師が素人でも手に入る素材を使ってこれほど完成度の高い香水を生み出せるとは、驚異的でしかない。たとえるなら、権威ある科学誌に一般市民の発見が速報で掲載されるくらいの快挙だ。才能とは、情熱と組み合わさって奇跡を生むものなのだろう。「アンジェリク」は、抽象的ながら明るく澄んだ色彩の新鮮さが特徴だが、そのテクスチャーにははっとするほどの深みもある。コットンのクッションだと思ってさわったら、それがベルベットだったような驚き。「ムッシュ バルマン」を彷彿させるという、ウッディ シトラスにとって最高の賛辞をおくりたい。=LT

▷ ***Angel's Dust***（エンジェルズダスト）　**フランチェスカ ビアンキ**　★★★★　ミモザ ベンゾイン

香りにまつわる表現でいちばん謎めいているものの一つは「パウダリー」だろう。なぜ、状態を表す言葉が匂いを表すのか？　ヘリオトロピンの匂いがする大昔のベビーパウダーをみんなが嗅いだというのか？　丸いケースに入ったおしろい、それとも、ボンボンみたいなミモザの花からの連想だろうか？　誰もが同じ香水からパウダリーを思い浮かべるのか？　ジャック ヴァシェの名言のように、「象徴的であることが象徴の本質」ということなのか。
フランチェスカ ビアンキの香水を試香紙に吹きつける前、ミニチュアのエアマットレスみたいなパッケージを開けたときから、私は目に見えない細かな塵が飛び出してくるのを感じた。「エンジェルズ ダスト」は、マチルド ローランがゲランのために手がけた「ゲタポン」（1999）や「アトラプ クール」（2005）へのトリビュートのような印象だ。しかも、オリジナルの魅力をそいでいたドライダウンのいらだたしい不協和音は感じられない。とてもいい。=LT

▷ ***L'Animal Sauvage***（ラニマルソバージュ）　**マルル**　★★　オリエンタル ムスク調

ペーズリー柄のカーテンをひいた窓に手の形のネオンが光り、「サイキック リーディング」という看板を掲げた小さな店がアメリカじゅうにある。中に入ると、いかにもこんな匂いがしそう。=LT

▷ ***Another Oud***（アナザーウード）　**ジュリエット ハズ ア ガン**　★★　ウッディ アンバー

香水がもっと独創的なら、皮肉めいた名前もおもしろかったのに。ドライでやや酸っぱさのある、ウッディ アンバーとムスクの力強いアコードに、どことなくウードの気配。=TS

▷ ***Anti Anti***（アンタイアンタイ）　**アトリエ PMP**　★★★★　ネロリ ベンゾイン

「アンタイ アンタイ」をたとえるなら、こんなイメージだ。マーク バクストンが盛大な演奏会の後にステージに戻ってきて、調香オルガンの前に腰を下ろす。拍手が静まり、沈黙が訪れると、シンプルな曲を奏ではじめる。それは、ネロリとベンゾイン、そしてピンクペッパーコーンで編曲した「主よ、人の望みの喜びよ」かもしれない。=LT

▷ *Antonia*（アントニア）　**ピュアディスタンス**　★★★★　ピーチ アイリス

２年前にピュアディスタンスのコレクションをざっと嗅ぎ、感心はしていた。本書のためにあらためて「アントニア」を嗅いでみて、なぜ最初に気づかなかったのかと驚いた。偉大なるアニー ブザンティアンが2010年に作ったこの香水は、自身が手がけたファットの「イリス グリ」の再解釈なのだ。「イリス グリ」は、アイリスの根の印象深い厳かな美しさと、抽象的でほぼ無表情なグリーン ピーチ パウダリー調のラクトニックな背景の二層で構成されている。香水博物館「オスモテック」にある「イリス グリ」も、ジャック ファットによる再現（「イリス ド ファット」）も、アイリスを誇らしげに前面に押し出しているが、色白の美人が薄緑色のドレープカーテンの前に立っているみたいで冴えない。ブザンティアンは巧みにその距離感を調節し、香りを嗅ぐたびにアイリスにフォーカスを当てたり外したりと変化を与えた。不朽のアイディアが、ここに完璧に再構築された。=LT

▷ *Anubis*（アヌビス）　**パピヨン**　★★★★　インセンス レザー

私は長年のオーディオ愛好家だが、スピーカーと香水の類似性、とりわけその選び方に共通点があることに驚いている。音質をあまり気にしない人（録音より演奏の音を気にするプロの音楽家も含む）は、たいてい、音のスペクトラムをそれなりに表現するが、無理をさせるとこもったりキンキンしたりするデスクトップのスピーカーを選ぶ。そういう人に音質でスピーカーを選ばせると、高音域と低音域がやたら強調され、音楽や声の大部分が詰まっている中音域がおざなりにされたものを選びがちだ。これは、トップノートとドライダウンばかりが主張するメインストリームの香水にも当てはまる。

いっぽう、大きな中音域を好み、共振を抑えるキャビネットにもこだわる人は、大音量にも耐え、古風でふくよかな音を出すホーンスピーカーを選ぶ。香水で言えば、レトロで堂々とした雰囲気のロジャ ダブ系だ。さらにまた、振動板質量が小さく、透き通った中音域、クリーンで自然な低音域を出すスピーカーがある。この手のスピーカーは（香水もそう）内部のディテールが凝っていて、店頭よりも家で静かに耳を傾けたときに感動をもたらす。静電型、リボン型のスピーカーがこれにあたる。香水ならば、かつてゲランの中でやや異彩を放ち、ソロパートよりもユニークなシンフォニーが印象的だった「ボル ド ニュイ（夜間飛行）」（ゲラン、1933）がそうだ。

ここで本題に移ろう。「アヌビス」は現代の「ボル ド ニュイ」、静かに漂うラグジュアリーな質感をゆっくり楽しむ香水だ。ある意味、ゲランのオリジナルよりも、その精神に忠実な仕上がりかもしれない。ヒントとなったサン－テグジュペリの小説は、トゥールーズとダカールの間の夜間飛行を描いた。パピヨン パフュームの抑制したオリエンタリズムはそのロマンティックな旅路を表現するのにぴったり合う。=LT

▷ ***Apéro***（アペロ）　**レンリン**　★★★　パウダリー フローラル
心地よく、複雑で、長持ちするフレッシュフローラルのアコード。全体としては魅力に乏しいが、ディテールのこだわりはいい。=LT

▷ ***Aprilis***（アプリリス）　**サンタ エウラリア**　★★　ウッディ ローズ
この数年、ウッディ ローズのジェネリックな香水がたくさん登場して、このジャンル全体が独自性を失ってしまった。サンタ エウラリアでさえ、何も引き出すことができずに、まったく中身のないものを作る始末だ。=LT

▷ ***APOM pour Femme***（プールフェム）　**メゾン フランシス クルジャン**　★★★　ネロリ ムスク
香水の名前は「A Part of Me（私の一部）」の頭文字をとったもので、オレンジの花の甘いデザートのような香り。=TS

▷ ***APOM pour Homme***（プールオム）　**メゾン フランシス クルジャン**　★★★　シベット ネロリ
女性用とほぼ同じだけれど、クマリンとアニマリックな香調が添えられている。セカンドオピニオンとして、「カモミールとココナッツみたい！」と私の娘。=TS

▷ ***Aqua Allegoria Bergamote Calabria***（アクアアレゴリアベルガモットカラブリア）　**ゲラン**　★★★　軽やかなシトラス
ゲランは「アクア アレゴリア」のシリーズを、誰にでもわかりやすく成り下がったゲランではなく、回りくどさのないハーブとシトラスの香りのオーデコロンのシリーズとして作り直した。この香水は泡立つようなシトラスが心地よいが、それ以上でもそれ以下でもない。=TS

▷ ***Aqua Allegoria Limon Verde***（アクアアレゴリアリモンベルデ）　**ゲラン**　★　ライム シトラス
1999年にゲランが「アクア アレゴリア」のシリーズを始めたときは大いに納得がいった。年配のご婦人向けっぽい雰囲気をとりはらってブランドを活気づけ、手軽なフレグランスで新しいアイディアを試そうとしたのだ。開発に時間をかけず、店頭にも長くは並ばない。このチープでチアフルな路線は、並外れて質の高い原料と調香技術がなければ、ただの下品な香水になるだけだ。けっきょく、長続きはしなかった。どうやらゲランは「チアフル」のパートをいつしか放り捨て、いまやイヴ ロシェのぞっとするシャンプーみたいな香りで金儲けしている。この「リモン ベルデ」はひどく露骨で粗削りで、あまりにケミカルくさく、なんの興味もわかない。だから、香りがまるで持続しなくても、文句を言う気にすらならない。20分もたてば、これにいくら払ったのかも忘れてしまうような香水だ。=LT

アクアアレゴリアペラグラニータ
▷ ***Aqua Allegoria Pera Granita*** **ゲラン** ★★★ オスマンサス(金木犀)洋ナシ
1999年の「アクア アレゴリア」シリーズの幕開けはすばらしかった。第一作はマチルド ローランの手がけた「パンプルリューヌ」。そのまばゆいグレープフルーツノートは、ゲランが重厚なだけのイメージを変えようと目指した「チープでチアフル」な軽い香水というレベルを超えていた。しかし、エスカーダの「シフォン ソルベ」(1993)にならって小さな幸せをみんなに振りまこうという当初のねらいは、LVMHの貪欲さと性急さにたちまち乗っ取られた。シリーズはフルーティ フローラルの波にのみこまれ、節操のないトップノートを持つ香水に落ちぶれた。たいてい、「トゥッティ キウイ」とか「グロセリナ」とかいうふざけた名前で、中身もひどかった。でもここへきて、ティエリー ワッサーがいい仕事をしているようだ。初期の「アクア アレゴリア」とは比べものにならないが、少なくとも広告でうたっている通りの香水にはなっている。この「ペラ グラニータ」は、15歳の子が学校につけていきそうな感じで、私のような年配者なら、ビーチで過ごしたあとバルコニーから海を眺めるときにつけるのがいい。親しみやすく、泡のようにはじけて消えていく、軽やかで陽気な、小さな傘をさしたフルーツカクテルみたい。ドライダウンも、スペアミントガムのようないい香り。嫌う理由はない。=LT

アクアアレゴリアローザポップ
▷ ***Aqua Allegoria Rosa Pop*** **ゲラン** ★★ 可愛らしいローズ
やけにクリーンなローズノートにはもううんざりだが、日本のマーケットでは定番らしく、超高層ビルに襲いかかるゴジラサイズの子猫みたいな、モンスター級に愛らしい「エバー ブルーム」(資生堂、2015)のような香水もある。この香水に関しては、興味を引くところはみじんもなく、新鮮で無臭の空気がほしくてむせるだけ。=LT

▷ *Aqua Allegoria Teazzura*（アクアアレゴリアテアズーラ） **ゲラン** ★★★ レモン カード

ゲランの新作発表のペース（過去５年で80本）は異常であり、その香水のコンセプトはロマン派からバロック派へと後退している。ゲランはかつて、ベートーベンとは言わずとも、香水界のサン＝サーンスとして、野心的で重みのある構成を数年ごとに打ち出してきた。そしてどの香水も（たとえ「サムサラ」以降、その秀逸さが薄れても）、必ず新たなインスピレーションをたたえていた。だがティエリー ワッサーも、締め切りの嵐に追われた調香師が使うトリックに頼らざるをえないらしい。つまり、限られた数のアイディアの組み合わせでバリエーションを増やすという裏技だ。この香水の場合、シトラスで締めくくるシャリマー風の構造が誇張され、オリエンタルな味わいがかき消されている。そこに添えられたおなじみのパウダリーなティーノートのベースは、この香りを楽しむのに高い知性はいらない、と言っているかのよう。それでも、さすがはティエリーの仕事で、30分も心地よく香りが立ちあがるし、駄作ぞろいだった最近の「アクア アレゴリア」シリーズのなかではずば抜けていい。とは言え、ゲランはペースを落として、もっといいものを作るべきだ。

=LT

▷ *Aqua Amara*（アクアアマラ） **ブルガリ** ★★★★ ビター シトラス

第二次世界大戦が終わって浮き立つ時代に、イタリアではパインとシトラスをベースにした魅力的なマスキュリンの香水がいくつも登場した。「シルヴェスター」（ヴィクター）がその代表格で、トップノートは強烈だが、勢いよく香りが飛んで静かなドライダウンに向かう。まぶしい太陽の光や、熱いシャワーをたっぷり浴びた瞬間の、肌で感じる昂揚感が表現されていた。あれから時は過ぎ、パインもシトラスも機能性フレグランスの範疇に追いやられ、軽快なマスキュリニティは時代遅れになってしまった。いま、陽気な男たちはどうすればいいのか？　その答えを、ブルガリと調香師のジャック キャヴァリエ――廃番となった名香、「ル フー ドゥ イッセイ」を手がけた――は見つけたようだ。ギ ラロッシュの「ホライズン」（1993）や、最近ではドルチェ ＆ ガッバーナの「ライト ブルー」などがすでにいい線までいっているが、この香水は実にみごと。「アクア アマラ」はウッディ シトラスのアコードをマイナー調で奏で、かなりドライなレモンノートはオーデコロンと思えない。そこに複雑で抽象的でウォータリーな香りが添えられて長く留まり、絶妙なボリュームに抑えていく。独創的で、興味深く、さりげない。服の上につけると特にいい。

=LT

▷ *Aqua Divina*（アクアディビーナ）　**ブルガリ**　★★★　日焼け止め

アルベルト モリヤスは明らかに、1980年代の自身の作品を現代のパレットで作り直しているようだ。この香水は、心地よく抽象的でなめらかな、なんの特徴もない淡いオリエンタルで、日焼けローションの匂いだと思われそう。ついでに言うと、古代ラテン文字を使ったブルガリの綴りと同じく、Uの代わりにVで "aqva" と綴るうぬぼれにも、そろそろうんざり。=LT

▷ *Aqua Maris*（アクアマリス）　**ナーゾ ディ ラサ**　★★　マリン フローラル

マリン フローラルは昔から好きじゃない（例外は1991年に発売されたカルバン クラインのオリジナルの「エスケープ」くらい）。なぜなら、マリンノートは船底の汚水かエーテルの匂いしかしなくて、私に言わせれば爽やかな海辺の香りとはほど遠いから。まあ、「ロードゥ イッセイ」を好む顧客を喜ばせたいなら仕方ない。=LT

▷ *Aqua Sextius*（アクアセクスティウス）　**ジュー エ マッド**　★★★★　ミモザ ミント

ラテン語の知識はあらかた忘れている私でも、女性名詞と男性名詞の主格を重ねたりしたらオックスフォード大学に入れないことぐらいわかる。とは言え、でたらめなラテン語（「アクア アレゴリア」）でおとがめなしのゲランもいることだし、まあいい。セシル ザロキアンが手がけたこの香水は、技術的に目をみはるものがある。きっと、どこの香料会社も構成を徹底分析し、調香師にコピーを作れと指示したに違いない。はかなく消えるトップノートかと思ったら、実はとてもしっかりしたハートノートだった、そんな構成を持つごく限られた香水のひとつで、その仲間には、チャーミングな「オー ド ゲラン」や、不快な「ライト ブルー」、ピュアで抽象的な「シーケー ワン」などがある。「アクア セクスティウス」がその一派だとわかるのは、肌に吹きかけた瞬間に、すでに演奏が始まっている、と感じるから。どんなに早く会場に駆けつけても、絶対に出だしの小節を聞くことができない魔法にかかったかのよう。だが、そもそも出だしは存在しない。私たちには、フレッシュなトップノートはすぐに消えるという強い思い込みがある。だから「アクア セクスティウス」のような香水が物理法則をねじ曲げると、たとえようのない強烈な驚きを感じる。この香水のすばらしさは、（愛らしい）シトラス ハーブのアコードではなく、取るにたらないと思えたものが実は壮大でゆっくりと立ちあがることだ。肌につければフレッシュでウォームな香り、服の上につければウッディ シトラスと、二つの楽しみ方ができる。ジュー エ マッドは1リットル入りのスプレーボトルも出したほうがいい。
香水の名前についてジュー エ マッドは「エクス-アン-プロバンス」のラテン語名だと主張しているが、ウィキペディアによると、それは「Aquae Sextiae」らしい。=LT

▷ ***Aqua Universalis***（アクアユニベルサリス） **メゾン フランシス クルジャン** ★★★ シトラス フローラル
シンプルなシトラスとホワイト フローラルのオーデコロン。気取らない心地よさは、よく冷えたスプライトと洗濯洗剤のタイドみたいなチープなときめき感がある。「フォルテ（オードパルファム）」版は、香りは同じで濃度が違うだけ。=TS

▷ ***Aqua Vitae***（アクアビタエ） **メゾン フランシス クルジャン** ★ ムスク シトラス
機能的な匂いのムスクと甘いウッディの不快でモダンなコアノートのおかげで、セロリっぽい異様な匂いがする安い柔軟剤のような香りのオーデコロン。フォルテ版は、キャベツ畑人形の匂いがする。=TS

▷ ***Arabian Nights Man***（アラビアンナイツマン） **ジェイ デル ポゾ** ★★★ メタリック スモーク
デル ポゾはマドリッドのブランド。スペイン語で魅惑の力を意味する「デュエンデ」（1992）で有名だが、それ以外はあまり知られていない。現在は、アラブ世界をターゲットにしたシリーズを手がけていて、アラブ地域と「レコンキスタ」でスペイン支配下になったマルベーリャのみで販売されている。「アラビアン ナイツ マン」はセリーヌ バレルとオリビエ ポルジュによる調香。スモーキー、ウッディ、ハーブ調の芯の通った埃っぽいドライなモノクロームのノートに、一風変わったマリン調のメタリックな香りがきらめく。肌につけても紙につけてもあまり香りが展開しないが、その陰鬱なダークさは悪くない。むしろ女性のほうが合いそう。「デュエンデ」をそなえていればなおよし。=LT

▷ ***Archives 69***（アルシーブスワサントゥヌフ） **エタ リーヴル ドランジュ** ★★★★ インセンス ローズ
サンフランシスコの科学博物館、エクスプロラトリアムに、目の錯覚を体験する展示がある。半透明の鏡を挟んで二人が向かい合い、光の加減によって自分が見えたり、相手が透けて見えたりする。興味深いのは、その中間に、相手と自分が少しずつ混じって見える段階があること。ほかにも素晴らしい作品をいくつも本書でレビューしたクリスティーヌ ナジェルは、その鏡と同じ仕掛けをこの香水で表現してみせた。それぞれに完成された2つの香りが、一方からもう一方へ、プラムっぽいローズのシプレからコショウっぽいインセンスの香りへと移り変わっていく。近づいたり離れたりすることで、かわるがわる魅力的な表情をのぞかせる。堪能するにはぜひ肌につけて。=TS

アークティックエレガンス
▷ ***Arctic Elegance*** **ノラ ノーランド** ★★ ウッディ フローラル

ノーランドはスウェーデンの上半分の地域でよくある名前で、ノーラは北という意味。とりたてて北極らしさもないし、とくにエレガントでもなく、すごくジェネリックな匂いの香水。ちょっといいホテルに置いてあるアメニティみたい。=LT

アリエル
▷ ***Ariel*** **サンマルコ** ★★★ 甘いチュベローズ

アンジェリカとチュベローズの甘くパウダリーなアコードは、ボリュームがあって、岩のように密度が高く、羽根のベッドのように心地よい。なかなかいい香水。=LT

アリエルショシャナ
▷ ***Arielle Shoshana*** **アリエル ショシャナ** ★★★★ 生ごみパッションフルーツ

トロピカルなフルーティ フローラルの香水もついに行くところまで行ってしまった。思わず顔を背ける人もいるだろう。ワシントンDCで香水店を運営するアリエル ショシャナは、トロピカルフルーツの香りのカギはパパイヤのかすかな（ドリアンならかなりの）ごみ臭さだと心得ている。だからこのパワフルなフルーツカクテルからは、腐ったような硫黄の匂いがつんと突き抜ける。LTに言わせれば、まるでモールにたむろする若者たちのゾンビ。大胆で楽しくていい。=TS

アーティスツスタジオ
▷ ***Artist's Studio*** **スメルベント** ★★ 濡れたセメント

リアリスティックな匂いがそれなりに面白い。濡れたセメントと鉛筆の削りかすの香り。=LT

アショーカ
▷ ***Ashoka*** **ニーラ ベルメール クリエーション** ★★★★ ジャスミン フィグ

美容、化粧品クチコミサイトのMakeup Alleyに携わっていたときから、ニーラ ヴェルメイルのことは知っていた。じかに本人に会ったことはないが、いいオンライン仲間だった。ユーモアがあり、快楽主義者で、洗練されていて、クラシカルなフランスの香水を好み、起業家精神に富んでいる。彼女ははじめ、オンラインのアートギャラリーを立ち上げ、のちにパリで香水ツアーを催し、やがて自ら香水を手がけるようになった。そして、神秘的なモダンスタイルでは最高の調香師、ベルトラン デュシュフールを口説き、優れた香水を数々作らせた。どれも、濃厚さと透明感、モダンとクラシック、西洋と東洋のバランスが絶妙で、トップからボトムまで素晴らしい。必要なだけ時間をかけたことがよくわかる仕上がりだ。スタイルとしては、ディプティックやラルチザン パフュームの全盛期に近いが、よりシックな印象。オーモンド ジェーンも彷彿させる。ヴェルメイルがいつパリに店を開くのか楽しみだ。一つ気をつけてほしいのは、彼女の香水は紙や布につけるのと肌につけるのでは、かなり香り方が違うこと。私は「アショーカ」を紙につけたほうが好きだが、肌につけてももちろんいい。紙につけると、人なつこくて抽象的な、トロピカルなホワイト フローラルと甘いラクトニックな芳醇さがあり、肌の上では、フィグの葉の香りのインセンス調で、寺院の周りのじめじめした庭園が思い浮かぶ。ニーラに拍手を。=TS

アタケルソレイユマルキドサド
▷ ***Attaquer le Soleil Marquis de Sade*** **エタ リーヴル ドランジュ** ★★★★ グリーン ラブダナム

調香師クエンティン ビスクによれば、この香水はシスタス（別名ラブダナム、あるいはロックローズの樹脂）に対する自身の偏見を克服するための、いわば暴露療法だったという。そして出来あがったのが、素材を活かした芳醇なグリーンと樹脂のハーモニーに、実はローズより好きだという人もいる塗料と糊の濃厚な匂いを合わせたこの香り。動物的な香り、ミネラルの香り、植物的な香りのすべてがひとつの不思議なアコードにまとめられ、まるで中世の神学的な問いに対する最終回答のよう。=TS

アティーク
▷ ***Attique*** **リュバン** ★★★ フィグ アンバー

昔からどうもフィグの香水は好きになれない。あの野暮ったさを思うと、古代遺跡のドキュメンタリーに決まってフルートのBGMが使われるのを嫌った父親の気持ちがわかる。とは言え、「アティーク」（ギリシャのアッティカのフランス語表記）はまだまし。リュバンならではのミルキーでパウダリーなベースで、なかなかいい仕上がりだ。=LT

オボールデロー
▷ ***Au Bord de l'Eau*** **ラルチザン パフューム** ★★ シトラス グリーン

麻痺しそうなほど単調で、粗削りで薄っぺらなクオリティのオーデコロン。チープと

いう以外に表しようがない。「4711」をつけるほうがいい。ずっとずっといい香りがするから。=TS

▷ ***Au Coeur du Désert***（オークールデュデゼール） **タウアー パフューム** ★★★★★ ウッディ スパイシー

「オー クール デュ デゼール」をかぐと思い出すのは、フランス領ポリネシアで2年間の兵役を終えて帰ってきた古い友人のことだ。兵役に行く前はとびきりのハンサムで彫刻のような体つきだったが、帰ってきたときには肌が焼けて体も細くなり、「日干し」にされたというのか、少しこけた顔つきが過酷な日々をしのばせた。オリジナルの「レール デュ デゼール マロカン」はアンディ タウアーの手がけた二つ目の香水で、2005年に発売された当時、私もTSも知人もみんながノックアウトされた。香りをかいだとたん幸せになれるこれ以上の香水を私は知らない。最初の香水ガイドを仕上げてTSと結婚したとき、私がアメリカに唯一持って行ったのもこの香水だった。新作は、オリジナルにヒッピーオリエンタルな表情をもたらしていたアンバーを捨て去りながらも、抽象的なウッディとスパイスの極上のアコードは失われていない。よりドライで埃っぽくなったが、輝きもいっそう増している。感動的。=LT

▷ ***Au Delà-Narcisse***（オデラナルシス） **ブルーノ ファツォラーリ** ★★★ ベルガモット ナルシサス（スイセン）

ラボラトリー モニーク レミー社が誇る伝説的なナルシサスで香水を作るなんて、よほど予算に恵まれているのだろう。その極上の香料が使われているおかげで、素直でひねりのないシトラス フローラルに、すべてを心得たエレガンスと複雑さがもたらされた。=LT

▷ ***Au Fil de Toi***（オフィルドトワ） **エマニュエル カーン** ★★★ フローラル アンバー

「アンソレンス」以降の最近の作品をかいで、モーリス ルセルは私の理解を超えたレベルに到達していると感じた。「オ フィル ド トワ」（似非フランス語なので翻訳不可能だが、「あなたと漂って」みたいな意味）はそのレベルにあと一歩という感じ。ルセルとピエール グエロスのコラボレーションのようだが、甘くパウダリーなメロンの香りとウッディのあいだを振り子のように揺れ動き、「ミッソーニ」（2007）を彷彿させるが、あれほど心地よくはない。むしろ、高級スポーツカーのＴＶＲがかつてボディに使っていた、見る角度によって色が変わるパールペイントを思い出す。技術的には素晴らしいのに、なぜか作り手の意図が形にできていない（コスト？　ユニセックス仕様にしているせい?）。結果、バカっぽい楽しさを失った、男性向けの「トレゾァ」みたいになっている。=LT

▷ ***Aube Pashmina***（オーブパシュミナ）　**ピエール ギヨーム**　★★★　ソルティ ジャスミン

ジャコモの不朽の——しかし生産終了した——名香、「サイレンス」（1978）を意識しているのは明らか。心地よいグリーン フローラルと、トマトの茎、そしてガルバナムというよりはゼラニウムの香りがする。（eBayで本物を買ったほうがいい）。=LT

▷ ***Aube Rubis***（オーブリュビ）　**アトリエ デ オール**　★★　シトラス パチュリ

歯がシュワシュワするような酸味のあるシトラスを、ヒッピーっぽいパチュリでくるむという勇気ある試み。足し算のはずが引き算になっている。=LT

▷ ***Autoportrait***（オートポートレート）　**オルファクティブ スタジオ**　★★★　レモン ジンジャー

オルファクティブ スタジオは、写真家とのコラボレーションや写真にちなんだネーミングで、香水作りに視覚芸術の要素を取り入れようと必死だ。彼らのいかにもヒップスター的な宣伝文句を読んだら、口数の少ないプロの職人が愛おしくなった。たとえばパリの片隅で、修道院のような静寂につつまれて究極の香水を作りだすジャン ケルレオのような。たしかに、オルファクティブ スタジオの香水のアートディレクションは行き届いている。香りはというと、前のめりのものが少なくなく、処方にかけたコストの90%は最初の10分で消えてしまいそうな勢い。まるで、高級フレグランスを装ったデオドラントスプレーだ。 創設者のセリーヌ ヴェルーレが好き好んでこういうスタイルにしているのか、あるいは売れると思ってそうしているのか、なんとも判断しがたい（本人はひそかに「ミツコ」をつけているし）。「オートポートレート」はペッパーを感じるバルサミックの複雑な香りで、どことなくアニック メナードの「ボワ ダルメニ」（ゲラン、2006）に似ているが、ずっとあっさりしている。=LT

▷ ***L'Autre Oud***（ロートルウード）　**ランコム**　★★★　水っぽいウード

「トレゾァ」から「ラ ヴィ エ ベル」にいたるまで、ランコムの売れ筋が臆面もなくけばけばしいフローラルであることを考えると、超高級ラインのメゾン ランコムの香水だってあやしいもの、と思っていたら違った。シリーズは今のところ、フローラル系４種、ラベンダー系１種、ウード系３種で構成されている。全体として野心的な作りで、資金と時間をたっぷりつぎ込んだのが香りでわかる。100mlのボトルで195ドルから205ドルだから、値段もびっくりするほど高くはない。じっさい、その半分の量でもっと高い無名ブランドの香水もある。「ロートル ウード」は、いまや膨大にあるウード系フレグランスのなかでは異色だ。スチームプレスしたランドリーや真新しい紙の束から匂う甲高いアルデヒド香を感じる「スポーティ」なウードを想像してみてほしい。そもそも、ウードはよどんだ香りだから、洗いたての香りと混ぜるのはかなり奇抜なアイディア。残念ながらうまくはいかなかったようで、シリーズのほかのウード系に比べると安っぽくて今ひとつ。ウードを試したいけど気おくれしている人にはいいかも。=TS

オータム
▷ ***Autumn*** **ダーザイン** ★★★ シダー コーヒー

ダーザインはロサンゼルスを拠点にする小さな香水ブランドで、オーナーのサム レイダーが調香も手がけているという。「少量生産、ハンドブレンド」というキャッチフレーズがじつに西海岸らしい。まるで少ししか売らないのがよくて、機械で攪拌するのがだめだと言いたいみたいだ。これを読んで私は、1920年代にコティが立派な工場であの「エメロード」を作り、世界中に売り出していたことを思い出した。でも、ダーザインの香水は好きだ。すべて天然由来などと主張しないし、それでいてそんな風に感じさせる。素晴らしいのは、天然をうたう香水ブランドにありがちなべちゃっとした曖昧さがないこと。たいてい、混じり合った原料がラタトゥイユと化し、落ち葉と古びたワインの匂いになる。ダーザインの澄んで切れ味のよい構成は、絵を描くために配置されたようにすべてが際立っている。原料の記載も誠実で、ブラックガーデニアだとか、神話の動物の名前はない。「オータム」はシナモン、ウード、インセンスの興味深い取り合わせ。とくに、思いがけず立ちのぼってくるシナモンがいい。この技は、ぜひほかの調香師にも学んでもらいたい。静かで心地よい。=LT

ラバンチュリエ
▷ ***L'Aventurier*** **フラゴナール** ★★★★ レザー フゼア

果たして今、ウッディ アンバーを使わないモダンな男性用香水があるだろうか？若き調香師、ジョルディ フェルナンデスは、私と同じくらいかつての（処方を変える前の）「アザロ プール オム」（1978）が好きにちがいない。あの傑作が持つハスキーでベルベットのような質感を、芸のない模倣に終わらせず、みごとに再現している。この香水は男っぽさに溢れているが、そのイメージはけっして上昇志向の神

経質そうなヒップスターではなく、ディナーの相手には悪くないふつうの男。もちろん、女性がつけても合う。=LT

▷ ***Aventus***（アバントゥス）　**クリード**　★★★★　シトラス フゼア

このところ、クリードの権威が弱まってきているようだ。かつて忠実だった信奉者も、移り気なファンになってしまった。私は昔からクリードの宣伝文句には懐疑的で（死んだ人々の御用達と言われても証拠がない）、最上級とされるその香水にもあまり感心したことがない。「アバントゥス」は大きな人気を呼んだ男性用香水で、ふだんは正気の女性たちからも、抗いがたいほどセクシーだと聞いていた。いざ、かいでみると、ドライなシトラス フルーティのとてもいい香りで、あたたかみのあるスパイシーなオーラが力強く広がる。なかなかの香水だ。=LT

▷ ***Avicenna Myrrha***（アビセンナミルラ）　**アネット ヌファー**　★★★★　ベルガモット ベンゾイン

このブランドは好きにならずにいられない。アネット ヌファーは著名なジャズトランペット奏者だが、ナチュラル系の香水ブランドを自ら立ち上げた。しかも、世界中から取り寄せた原料が届くミュンヘン空港のすぐそばで。税関はある意味でアーティストの味方だ。私も経験しているが、三つの書類にサインするのに20分も待たされ、アメリカから届いた12ドル相当の品物に1.71ユーロの輸入税を払わされるドイツの税関を一歩外に出ると、多幸感に包まれクリエイティブな気持ちになれる。「Avicenna」という名前は、バラの水蒸気蒸留を発明したという偉大な科学者、哲学者であり詩人のイブン シーナー（980-1037）にちなんでいる。その香りは完璧なまでに可憐で豊かな、心安らぐスパイシー オリエンタルで、部屋にもいい匂いが広がる。ドライダウンは極めて洗練されていて、食事やワインとも実に相性がいい。おみごと。=LT

▷ ***Azemour les Orangers***（アズムールレオランジェ）　**パルファム ド エンパイア**　★★★★★　シトラス シプレ

肌につけてこそ良さがわかるタイプの香水だ。そうしないと、香りの展開がゆるやかすぎて、巧みなアコードを感じとれない。マーク-アントワーヌ コルティキアットは、シトラス系コロンの構造に詩的な表情を加えようとしたのだと私は思う。シトラスは早く消えてしまいがちだから、かなり難しい試みだったはずだ。彼は複雑なシトラスのアコードを、樹脂っぽいグリーンとペッパー系の香料を合わせて長持ちさせ、キャンディのような香りからあたたかみのある芳醇なドライダウンへと絶妙に収束させていく。パトリシア ド ニコライの不朽の名作「ニューヨーク」にとても近いが、よりナチュラルなハートノートで、それもまた素晴らしい。極上のマスキュリン。=LT

アザロソラリッシモレバンゾ
▷ ***Azzaro Solarissimo Levanzo*** **アザロ** ★★ レモン バジル

アザロが似非イタリア語で香水の名前をつけるのは、創設者ロリス アザロ（1933-2003）がシチリア出身であることをアピールするためなのだろうが、日本車のおかしな名前（マツダのルーチェ レガートとか）に負けず劣らずひどい。この香水は悪くはないが、レモンとハーブ調のやや大衆向けの香りで、どことなく「オー ド ゲラン」風。本物を買いなさい、同じ値段で。=LT

ビーマジックアンバー
▷ ***B-Magic Amber*** **ブラッド コンセプト** ★★ シトラス アンブロキシド

あまりに貧弱でオリジナリティのない模倣品。クオリティはそっちのけで、ニッチな香水ブランドならなんでもいいという無知な欲望を餌にしたいだけ。=LT

ビーワンダートンカ
▷ ***B-Wonder Tonka*** **ブラッド コンセプト** ★★ フルーツ クマリン

ミニマルで、独創性のない、魂の抜けた香水だが、とくべつ不快でもないフルーティなクマリン。=LT

バビロンサンセット
▷ ***Babylon Sunset*** **4160 チューズデイズ** ★★ ジャスミン 洋ナシ

フルーティ ジャスミンの描きかけのスケッチみたい。それなりの素材を使ってはいるけれど、明確なアイディアなしに急いで作った感じ。=TS

バカラルージュ
▷ ***Baccarat Rouge 540*** **メゾン フランシス クルジャン** ★★★ フルーティ コーラ

私と同世代のアメリカ人なら、この香りをかいで間違いなくハワイアンパンチを思い出すはず。そう、あのブルーの缶に入った砂糖だらけのジュース。知らない人は、このオリエンタルがフルーティなシロップみたいなものだと思ってくれたらいい。格調高い香水を目指しているみたいだけど、遠く及ばず（エクストレは濃度が違うだけで香りは同じ）。=TS

▷ ***Bad Diesel***(バッドディーゼル)　**ディーゼル**　★★　野蛮なフゼア

世の中には「悪い」を意味するバッドもあれば、マイケル ジャクソンが歌うクールな「バッド」もある。この香水は、後者を目指したのに前者になった失敗例。顔をそむけたくなるアグレッシブなトップノートの後に残るのは、ドライなラベンダーとシトラスのニュアンスを感じる安っぽくて粗いフゼア。=TS

▷ ***Baiser Fou***(ベーゼフー)　**カルティエ**　★★★★　フルーティな硫黄

ニナ リッチの「レール デュ タン」をはじめとする20世紀半ばの壮大なフローラル系香水は、構成の大部分をサリチレートなどが占めていて、花屋というよりはドライクリーニング店を連想させ、入浴剤など現代人がまとうさまざまな非天然の匂いを思い起こさせた。このケミカル臭さをかつては「パフューム」と言ったが、今ではよく侮蔑的な意味で「パフューミー」と呼んだりする。マチルド ローランはそのリバイバルを試み、煙や汗、ゴム臭の衝撃的なほど不自然なケミカルノートを背景にしたフルーティ フローラルをみごとに作り出した。定番のフローラルやフルーツノートに、硫黄っぽいミルクの香りを感じるキャラメルノートが添えられている。それが焦げた髪の毛のような、かすかにつんとする匂いとなって溶け込み、実に巧妙で斬新だ。いかにも変な香りに思えるかもしれないけれど、本当に素敵。ともすれば退屈なガーリー香水で終わるところを、シックで予想を裏切るレベルに引き上げている。(LTは、キャラメルミルクの匂いはしても硫黄っぽさは感じないらしいから、人によって印象は違うかも)。=TS

▷ ***Ball***(ボール)　**スメルベント**　★★　ウッディ ハーブ

安っぽくて取るにたらないマスキュリン。=LT

▷ ***Bamboo Harmony***(バンブーハーモニー)　**キリアン**　★★★★　シトラス ティー

とても感じのいいシトラス、ティー、グリーンの構成で、わずかにカンファーやイチジク様のオキシムを感じる。朝日を浴びる瞬間にかぎたい香り。 このスタイルの香水では珍しく、ドライダウンも魅力的だ。=LT

▷ ***Baptême du Feu***(バテムデュフー)　**セルジュ ルタンス**　★★　スパークリング カレー

シュワシュワするレモン調のオスマンサスのアコードで、ドライオレンジとスパイスのカビ臭い重たさに軽さを出そうというねらいはわかる。仕上がりは異様で、炭酸入りジュースをインドカレーに投入したみたい。香水というよりはルームスプレー。最近はこのゴシック風の香水名が、セルジュ ルタンスのネーム生成機がはじきだすパロディに思えてきた。=TS

▷ **Basil & Neroli**（バジルアンドネロリ） **ジョー マローン** ★★★★ リッチなコロン

これはジョー マローンの原点に立ち返り、高そうな香りのオーデコロンを目指した香水だ。マイケル エドワーズの『Fragrances of the World』によれば、ヘッドスペース法で分析したネロリの香りが使われているという。ネロリの価格が高騰するなか、香料会社のＩＦＦも合成香料で天然の香りを再現し、コスト削減を図ったのだろう。その試みはとてもうまくいったと思う。調香師のアン フリッポは、クラシカルな路線にぐっと近づけながら、おどろくほど継ぎ目のないコロンにまとめあげ、甘くパウダリーなドライダウンでしめくくってみせた。このジャンルはライバルが多いし、たいていジョー マローンより値段も安いけれど、これは優れた一品だ。=LT

▷ **Bat**（バット） **ズーロジスト** ★★★★ 濡れた土

ズーロジストはカナダのニッチブランドで、その香水にはバット（コウモリ）、ビーバー、ハミングバード（ハチドリ）など、動物の名前がついている。「バット」を調香したエレン コヴィーは、コウモリの脳について興味深い研究を行う神経科学者でもある。ちなみに香水の世界は、（私にとっては）うれしいことに科学オタクが少なくない。1970年代半ばにニッチ香水の先駆けとなったのも、当時ディジョン大学の化学の教授だったジャン－フランソワ ラポルトだ。
ズーロジストのウェブサイトで、洞窟のようにミステリアス、と紹介されているこの「バット」は、エレガントかつマスキュリンなグリーン ウッディ フローラルと、ゲオスミン（雨上がりの草木の香り）らしき香りのコンビネーションが実に独創的。まさに雨が降ったあとの土の匂い、あるいは赤いビーツを茹でたときの匂いだ。力強いゲオスミンは、香料として扱うのはとても簡単ではない。アーシーな香りを出すにはパチュリのほうが使いやすいが、立ち上がりは鈍くなるし、カンファーやウッディっぽさが加わってしまう。この香水でゲオスミンは興味深い効果をもたらしていて、パチュリとウッディ アンバーの中間のような感じ。トップノートは濡れた地面を思わせるが、ドライダウンにかけてアーシーなノートが内側から輝き出す。以前、インスティテュート フォー アート アンド オルファクションの審査会で私がブラインドテストをした際、この香水を高く評価したそうだ。その評価をくつがえす理由はどこに

もない。=LT

▷ バトゥカーダ
Batucada **ラルチザン パフューム** ★ フルーティ グリーン
とても信じがたい。こんな粗野で甲高くてつかみどころのない香水を買う人がいて、しかもそれがかつては尖って独創性のあったラルチザン パフュームのものだなんて。=TS

▷ ボードレール
Baudelaire **バレード** ★ ウッディ オリエンタル
うるさくて安っぽい、出しゃばりなオリエンタル。=LT

▷ ビコーズイッツユー
Because It's You **エンポリオ アルマーニ** ★★★★ 砂糖漬けのパイナップル
めずらしく、フルーティ フローラルと呼ぶにふさわしいフルーティ フローラルの香水。ありがちな失敗を巧みに避け、わざとらしさがなく丁寧な仕上がりのよい香り。晴れ渡った青空に包まれる感じ。=TS

▷ ベージュ
Beige **シャネル** ★★ サンザシ プルメリア
香水に「ベージュ」と名づけるとはかなりの賭けだ。シャネルの大胆さが称賛されるか、その語感の悪さに絶望されるか、わかったものではない。だが真の問題は、名前と香水がマッチしていること。「ベージュ」は名匠ジャック ポルジュの手による、サンザシとプルメリアのノートが柔らかな香水で、取り澄ました「マホラ」(ゲラン、2000)といった印象だ。しかし熟練の技をもってしても、軸となる骨は作れず、それを補える肉づけもない。まさにぱっとしないベージュ。=LT

▷ ビガイルドプールフェム
Beguiled pour Femme **ロジャ ダブ** ★★★ ローズ ジャスミン
よくできているが、冴えないレトロなフローラル。=LT

▷ ベッラドンナ
Bella Donna **ジュー エ マッド** ★★★ ホワイト フローラル
ジュー エ マッド(ジュリアン ブランシャールとマダリーナ ストイカ ブランシャール)が新しい才能を見いだし、セシル ザロキアンや、ステファニー バクシェ、そしてこの香水でいえばルカ マッフェイを起用したのは神業だ。処方のコストについてとやかく言うのはよそう。何しろどの香水も本当にいい香りだから。欲を言えば、この香水がフェザーつきのルームシューズもシルクのドレッシングガウンも脱ぎ捨て

て、寝室から出てきてくれたらもっといい。=LT

▷ *Bell'Antonio*（ベラントニオ） **イルデ ソリアーニ** ★★ ローズ タバコ

ソリアーニのウェブサイトには「タバコとコーヒー以上に心惹かれるとびきりセクシーな香りはないに等しい。その二つが合わされば、うっとりするほど魅惑的な香水が生まれるはず」と書かれているが、期待するだけ無駄。ヴィタリアーノ ブランカーティの素晴らしい短篇小説にちなんだ名前の「ベラントニオ」は、飲めば必ず頭痛になるピラジンのカクテルみたいだ。以前、ある香水のサンプルをラボの冷蔵庫に入れておいたら、匂いが充満して冷蔵庫ごと捨てるはめになった思い出がよみがえる。=LT

▷ *Belle de Jour*（ベルドジュール） **エリス パフューム** ★★★ 海藻 フローラル

ライターで香水ブロガーのバーバラ ハーマンが2016年に立ち上げた香水ブランド。アントワン リーが調香したこの香水は、巧みで複雑で、少なくとも私の嗅覚にとっては、オレンジフラワーとシダー、そして海藻のようななめらかなアニマリックノートの入り混じる今までにないアコードだ。「ソルティ、セクシー、そしてダーティ」とうたうフェミニンな香りは、とてもいいマスキュリン フローラルとしても通用する。オリジナルの「アンサンセ」（ジバンシィ、1993）に通じるところも。ただ、ドライダウンがやや露骨。=LT

▷ *La Belle Helene*（ラベルエレーヌ） **パルファム MDCI** ★★★ 洋ナシ デザート

ウィキペディアによると、ポワール ベル エレーヌというのは「シュガーシロップに浸した洋ナシにバニラアイスクリームとチョコレートシロップを添えたデザート」だということで、味の良し悪しはパティシエの腕にかなり左右されそうだ。でもこの香水の作り手は心配ない。洋ナシとバナナのアコードは非常に秀逸で、トップにはクリームとチョコレートを散らしてある。自分がこんな香りをつけたいかは別として、とてもいい。=LT

▷ *Bergamask*（ベルガマスク） **オルト パリージ** ★★ ムスク調シトラス

粗っぽくてパワフルでドライなシトラスの香りは、感心するほど新鮮さに欠け、味わいもない。おもしろい匂いだが、わざわざこの香水をつけたい人がいるだろうか？=LT

ベルガモトソレイユ
▷ ***Bergamote Soleil*** **アトリエ コロン** ★★★★ 石鹸様フルーツ

ベルガモットがスーパーで売られているのを初めて見たのは、何年か前にギリシャに移り住んだときだった。見た目はくすんだオレンジみたいで、（忠告を無視して食べた）果肉はまずかった。でも皮を爪でひっかくと、そのすごさがわかる。ベルガモットには、未熟なレモン、オレンジ、ライムの青さがこれでもかと詰まっている。その独特の香りの主成分である酢酸リナリルは、その名の通り、酸味のしみる酢酸と、ラベンダー（リナロール）の石鹸のような甘さが合わさった匂いだ。たいていはフルーティなエステル香だが、口に入れたくない匂いとは紙一重。でも、香水の原料としては完璧だ。ラルフ シュヴィーガーは、ベルガモットが持つ不協和音をシトラスの喧騒に埋もれさせず、アンブレットシードとラベンダーのややオイリーなノートを重ねて際立たせた。実に巧みだ。=LT

ベルガマスト
▷ ***Bergamust*** **ギャラガー フレグランス** ★★ ドライ シトラス

今、若い男たちがやたら香水のことを気にしはじめている。香水は大量誘惑兵器で、娼婦のハンドバッグみたいな匂いをさせて街を歩けば、遠隔作用で女のパンツを脱がせられるとでも思っているようだ。これは長年の私の考えだが、男性用香水は誘引剤としての効果はほとんどなく、むしろ強力な忌避剤になることの方が多い。でもそのうち、派手な男に免疫があり、外見で相手を選ぶ女性による性淘汰で、美形だが聡明さに欠け、まともな嗅覚のない子孫が繁栄するかもしれない。
公式サイトやYouTubeのレビュー動画を見るかぎり、ギャラガー フレグランスの愛用者はその手の男たちだ。ブランドは2016年、ダニエル ギャラガーの「クリエイティブな衝動」によって生まれた。「ある日、家に帰ったら、新しくつけた香水の匂いを嗅いだガールフレンドに、職場の同僚も同じ香水をつけていると言われた」ことがきっかけらしい。四つ言わせてほしい。1）職場で香水をつけるな。2）同僚が同じ車に乗っていたら、こんどは車を造る気か？ 3）マイケル エドワーズの最新情報によれば、世界にはまだ5724種類もの男性用香水がある。そして、4）仮に君とガールフレンドの同僚が「アビ ルージュ」をつけていたとしたら、その同僚はダンディで天才的な名香に強く惹かれただけのこと。とはいえ、ギャラガー フレグランスがたいていのクリードの香水と同じくらいよくできているのは間違いないし、値段もそれほどぼったくりではない。「ベルガマスト」は クリードの「アベンタス」風のドライ シトラスで、悪くはないし、本家より安い。これをつけて、さあ、産めよ、増やせよ。=LT

▷ ***Berlin***（ベルリン）　**ガリヴァント**　★★★　レモンのアイシング
心地よいが、やや特徴に乏しいパウダリーなウッディ シトラス。=LT

▷ ***Beyond Rose***（ビヨンドローズ）　**クリニーク**　★★★★　バルサミック ローズ
最近、ウードが入っているといいつつそんな匂いのしない香水があまりにも多いから、原材料に書かれていないのにウードの匂いがするウッディ ローズの香りに出会えてうれしい。香水は音楽と同じで、優れた作品は初めから心に刺さって離れない。アリエノール マスネが手がけた「ビヨンド ローズ」は、とてもシンプルな構造に見せかけて、非常に入り組んだ対位法が用いられている。蜜のように甘ったるいドライダウンのオリエンタルが多いなか、ここでの甘さはローズのトップノートからくるもので、時とともに薄らいでいく。いったいこの香りはなんだろうと、つい手の甲をかぎながら歩いてしまうような香水だ。ウッディ バルサミックのハートノートは、美しく調えられた広がりのあるアコード。つねにきらめきを放ち、香りの正体をなかなかみせてくれない。アニック メナードの神秘的な「パチュリ 24」（ル ラボ、2006）にいくらか似ているが、もっとスケールが大きい。悩んだあげく、他の香水を連奏したら答えが出た。まず、オリジナルの「ディオレッセンス」（1969）を彷彿させるから、ラクトンを含んでいるはずで、「ラッシュ」（グッチ、1999）に近い感じ。ところが不思議と、「オピウム」（サン ローラン、1979）を初めて嗅いだときの感覚をよりシンプルにした印象も受ける。それで気がついた。「オピウム」も「ビヨンド ローズ」も、ココナッツと柿の中間のようなラクトンの香りを含んでいて、それがくさび石のようにしっかり差し込まれ、目立たず完璧に構造をまとめている。みごとな出来ばえ。男性がつけても素晴らしいと思う。=LT

▷ ***Bibliothèque***（ビブリオテーク）　**バレード**　★★　フルーティ バニラ
ウッディ調のイオノンを大量投入し、甘ったるいグルマンノートを引き締めようとしたらしいが、失敗だ。=LT

▷ ***Bigarade Jasmin***（ビガラードジャスマン）　**フラゴナール**　★★★　ビター グレープフルーツ
公正を期すために言っておくと、フラゴナールのオーナー、アグネス ウェブスターは私の友人だが、同社の香水は10年以上嗅いでいない。昔は、初期のディプティックでいい仕事をしていたセルジュ カルギーヌが調香し、地元で製造していた。今は大手の香料会社を使っていて、この香水はチューリッヒのジボダン社が手がけている。「ビガラード ジャスマン」には私の記憶にあるフラゴナールのスピリットが満ちている。楽しくて、心浮かれるシトラスとジュニパーのノート。ジャスミンはあまり感じないが、さしさわりはない。こうした香りを嗅ぐと、シトラスのトップノートを仕上げる技術がどれだけ進歩したのかがわかる。以前は、シトラスノートといえば5分も持たなかったが、今では1時間半。チューリッヒさまさまだ。=LT

ビジューロマンティク
▷ ***Bijou Romantique*** **エタ リーヴル ドランジュ** ★★★ シトラス アンバー
悪くはないけれど、「シャリマー」のかわりにこれをつけるべき理由はなさそう。=TS

ビントロング
▷ ***Binturong*** **オーフォリー** ★★★ アニマリック フローラル
ジャコウネコ科のビントロングの匂いはまったくしないのでご安心を。この濃密でラグジュアリーな、やや複雑すぎる香水は、エキゾチックな素材をふんだんに使っているが、20世紀初期のビターなひねりのあるアニマリックなブーケ フローラルとよく似ている。大ぶりでダークでハンサムな、わかりやすくはないがシリアスな趣の香水。=LT

バーチ
▷ ***Birch*** **アンドレア マーク** ★★ スモーキー ペッパー
またもヴィジュアルアーティストがミニマルなパッケージングの香水ラインを手がけた。「ソーシャルメディアと同じくらい、マークの香りの宇宙にオンラインでもオフラインでもどっぷり浸かりたい現代の香水愛好家」に向けたものらしい。その中身はコム デ ギャルソンの香水を弱々しくした感じで、型通りのスモーキー ペッパーが中心のうんざりする香り。=LT

バーチアンドブラックペッパー
▷ ***Birch & Black Pepper*** **ジョー マローン** ★★★★ スモーキー フレッシュネス
ジョー マローンの香水を立て続けに嗅いでこの香水にいきあたった瞬間、私は生き返った。ついにまともな、そして名前と中身がぴったりあう香水にたどりついた！ネットで調べると、調香したのはほかでもないクリスティーヌ ナジェル。長年にわたり、「テオレマ」（フェンディ、1998）や「イストワール ドー」（モーブッサン、2002）などの傑作をいくつも手がけていて、最近では「ギャロップ」（エルメス）が記憶に新しい。ナジェルこそウッディ オリエンタルの女王だとつねづね思っていたが、この香水は異色だ。極上のバルサミック スモーキーを、フレッシュにもダー

クにも、親しみやすくもよそよそしくも感じさせるのは、彼女だからなせる技。皆さん、これならお金を払う価値がある！ =LT

▷ *Bird of Paradise*（バードオブパラダイス） **ソーン ＆ ブルーム** ★★ マツリカ 乳香

天然香水は嗅覚における創造説だ。誤った前提に基づいて香水を作り、失敗すればばかげた正当化に走る。なかでも最悪なのが、クラシックな構成を模倣しようとして、骨抜きの駄作になること。「バード オブ パラダイス」は優れた香水のぬいぐるみ版だ。いい香料を使っているが、まとまりや深さに欠け、香りが展開するタイミングもおかしい。くだらない執着のためにこれほど時間と労力が無駄になっているとは情けない。これに1オンス200ドルも払うことが何よりの無駄だが。=LT

▷ *Black*（ブラック） **アザグリー** ★ 洋ナシ フローラル

漂白された骨のようなフローラルで、洋ナシのシュナップスのような印象的なトップノートと意外性のあるウッディ アンバー使いが独特だが、そのほかは極めて平凡。ドライダウンの糖蜜のような甘ったるさは、あの忘れがたくひどい「ラ プレリー」（1993）に匹敵する。=LT

▷ *Black*（ブラック） **ピュアディスタンス** ★★ カシュメラン ウッディ

標準の域を出ない、ウッディ カシュメランのニッチ香水で、似たものがいくらでもある。=LT

▷ *Black Gold*（ブラックゴールド） **オーモンド ジェーン** ★★★★ フローラル オリエンタル

公正を期すために言っておくと、リンダ ピルキントンは2004年からの友人だ。あるジャーナリストが私のところへ持ち込んだ新作20点のなかから、彼女の初期の作品「フランジパニ」をベストに選んだのがきっかけだった。調香師はこれまでずっとゲザ ショーエンが務めている。彼のほかの作品も知っているが、現代の香水界においてルタンスとシェルドレイクに並ぶ最高のコラボレーションの一つといっていい。リンダは自分の作りたいものがしっかり見えているし、ショーエンもそれをどう形にするか心得ている。「ブラック ゴールド」は、最近ではいちばんマスキュリンな仕上がりで、3層からなっている。バックグラウンドにあるのは、ベルベットのけばだちを感じるイソ E スーパーのベースノート。この合成香料をムスクやサリチレートの代用品として使ったのはオーモンド ジェーンが最初だろう。手前には、端正で親しみのもてるウッディ スパイシーのアコード。その洗練されたマスキュリンなエレガンスは、「エキパージュ」（エルメス、1970）に通じるものがある。そしてトップには、というよりむしろ全体と絡み合っているのは、並みの男が並みの香水をつけているんじゃない、とすぐにわかる味わい深いホワイト フローラルのアコードだ。とりわけ服の上につけると、ユニークな複雑さとバランスが感じられる。それがわかる遊びを教えよう。試香紙に５、６センチほどの長さに香水を吹きつけ、30分ほどおく。それから鼻の下に持っていき、息を吸い続けたまま端から端へ動かす。すると、鼻腔の気流の小さな変化によって、香りのレインボー効果が生じる。光の加減で輝きが変わるクリスタルのように、吸い込むスピードによって伝わる香りが変わるのだろうか。まさにマジック。=LT

▷ ***Black Heart***（ブラックハート） **マップ オブ ザ ハート** ★★★ パチュリ スモーク

マップ オブ ザ ハートはオーストラリアのブランドで、その気取ったうたい文句にはうんざりする。６種類のハート型のフレグランスを用意したのは、「私たちのハートは純粋で、善良で、邪悪なものすべて」だからで、「それは傷つき、切望し、それは私たちそのもの」だという。ボトルは気のきいたデザインで、大動脈から香水が出てくるしくみ。少なくとも、解剖学的には正しい。これまで、すべての香水はジボダン社の名調香師ジャック ユクリエが手がけている（1996年のミュグレーの「エイメン」も彼）。「ブラック ハート」は甘いパウダリーなゴムとスモークのノートで、基本的には「ブルガリ ブラック」（アニック メナード、1998）と同じだが、もう少し親しみやすくした感じ。とてもいい香りだから、廃番になった「ブルガリ ブラック」をeBayで見つけられなければ、これを買うといい。=LT

▷ ***Black Jade***（ブラックジェイド） **リュバン** ★★ カルダモン ローズ

強烈で複雑な、混乱しきったフレッシュ スパイシー フローラル。一度に色々なものを目指そうとしたせいだ。=LT

▷ ***Black Opium***（ブラックオピウム） **サン ローラン** ★ フルーティ フローラル

「Ｙ（イグレック）」や「クーロス」をはじめ、「リブ ゴーシュ」や「シャンパーニュ」、「パリ」、そしてもちろんオリジナルの「オピウム」を生み出したブランドが、こんな駄作を出したという事実にまず失望する。だが、これはＹＳＬにかぎった話ではなく、この世に「ブラック オピウム」のクローンは山ほどある。なぜこんな体たらくになったのか?
すべての始まりは1980年代、リニア香水なるものが登場してからだ。リニア香水とは、その原料(ほとんどが合成)が長時間かつ一定に香りを発するように作られたもの。つまり、トップノートとドライダウンの違いがほとんどない。こんなものがなぜいいのか? それは、香りを試した最初の30秒で人は香水を買い、香りが3時間持たないとなれば二度と買わないから。リニア香水は、香りの一定性を保つために、香水における時間の要素をとっぱらってしまった。クラシカルな香水の魅力だった、異なるアコードの連なりや移ろいは一切ない。問題は、単一のアコードを最後まで香らせるのが難しいこと。結果、やたら複雑に構成されたトップノートが、チューニングしていない楽器のような音色を奏でることになった。
香水分野において分析化学の応用が進んだことも、リニア香水の誕生を後押しした。今ではどこの香水会社も、大手ブランドの新作が発売された次の日には、その分析データを自社の調香師にばらまいている。手法としては、ガスクロマトグラフや質量分析計を用いて、すべての香りの分子を揮発度順に、トップノートからドライダウンへとソートする。ただ、天然の原料にこの分析を行っても、それぞれが多数の分子を持っているため、どの分子がどの原料とひもづくのか特定しづらく、香水のレシピを見破るのは容易ではない。おまけに天然香料は高価で香りも一定ではないから、リニア香水作りでは避けられがちだ。合成香料なら話は簡単で、成分は原料名そのもの。模倣しにくいのは、香料会社が独自開発して市場に出回っていない原料くらいだ。分析の結果、「ブラック オピウム」には37前後の合成香料が含まれていることがわかった。これとほぼ同じ構成の香水がもういくつも作られているはずで、そこには天然香料はほとんど、もしくはまったく使われていないだろう。
今や、凡庸の大嵐が吹き荒れる条件がそろっている。短い納期を押しつけられ、調香師は言われたことだけをこなしている状態だ。ライバル製品の処方をカット&ペーストして、中身はほとんど同じリニア香水を延々と作り続ける。「違い」があるとすれば、香りの配置を入れ替えるとか、中心となるアコードの配分を変えるとか、別の合成香料を加えることくらい。これを数十回繰り返し、そのたび高価な原料や扱いにくい原料をはぶいて、安くて扱いやすいものをコピーしていけば、盗品の盗品のそのまた盗品のできあがりだ。
この傾向はまだ続くだろう。リニア香水の構成はまるでスイス アーミーナイフだ。ナイフが2種類と錐、栓抜きしか付いていないタイプでも使いにくいが、ノコギリや拡大レンズ、ボールペンまでも付いた分厚いタイプはさらに使い物にならない。最悪なのは、あの巨大なプラスチックの展示用ナイフがショーウィンドウの中でくるくる回転していること。「ブラック　オピウム」はまさにそれ。うぬぼれて肥大化した、見せかけだけの使えない模造品だ。=LT

ブラックオーキッドオードトワレ
▷ ***Black Orchid eau de toilette***　**トム フォード**　★★　チョコレート キュウリ

2006年に「ブラック　オーキッド」が発売された当時、そのチョコレートと防虫剤とキュウリの壮大なアコードは、香水版「グランド　コンプリケーション」の頂点ともいえる巧みさがあった。でも今は、的はずれで時代遅れにしか感じない。=LT

ブラックオスマンサス
▷ ***Black Osmanthus***　**マリナ バルセニラ**　★★　ウッディ オスマンサス

本人のウェブサイトをみると、マリナ　バルセニラはスペイン生まれで、英国を拠点に主に天然原料を用いた香水を作っているそう。めずらしいのは、香水一つひとつについてすべての原材料を示していること。とても立派なことで、私は拍手を送りたい。ただ香水そのものは、天然にこだわらない香水と比較しても、あまり感心しなかった。たしかに「ブラック　オスマンサス」は、まぎれもない天然のオスマンサスの匂いがするが、そのロウソクっぽいアプリコットとレザーのノートは、むき出しでほとんど調整されていない。その他は、使われている原料の種類こそ多いけれど、スモーキー　ウッディ調の香りをかすかに添えるだけ。オスマンサスの魅力を引き出すために、これ以外の香水でいかに高い技術が注がれたかを実感させられた。=TS

ブラックバインズ
▷ ***Black Vines***　**ケロシン**　★★★★　原子力級のアニス

多くのニッチブランドは、人と違う物を求める顧客の気持ちにつけこみ、10セントで作れるアンブロキシドの香水に100ドルの値をつけ、これはママの香水とは違う、といって売り込む（ママの愛用品がエスティ　ローダーやゲランの名作で、ニッチ香水など足元にも及ばないことはさておき）。だがケロシンは違う。愛らしい香水名や、ランダムに切り出したような金属板をボトルに貼ったおしゃれなパッケージもいいが、何より素晴らしいのは香水そのもの。ニッチブランドと呼ぶにふさわしく、新しい何かを生み出している。調香師のクレジットはないが、すべての香水を手がけているのは創設者のジョン　ペグ。リチャード　ワグナーのように、ジョン　ペグもかつては香水のレビュアーで、その後、自らブランドを始めたようだ。

さて、この「ブラック バインズ」。立ち上がりのアコードの濃密さと異様さは、試香紙を鼻に近づけたり遠ざけたりしながら、アルペジオで奏でるようにコードを分解しないと十分にかぎとれない。マイケル エドワーズのデータベースが香りのピラミッドを示してくれなかったら、きっと私も解読できなかった。明らかに感じるのはアニス調のふくよかなノートだが、特有のフレッシュさはそこにない。アニスとリコリスのつんとするスパイシーさは、濃厚なグリーンのバックグラウンドと埃っぽいシナモンで和らげられ、地中の香りや薬の香りを思わせる。最近では、これほど隙間なく濃密なアプローチの香水はめったにない。アムアージュの「ウーバー」などがそれに近いが、どれもはじまりは分かりやすいアプローチから入っていく。いっぽう「ブラック バインズ」は、いきなり深みの底に引き込まれる。やがて激しい雨がやみ、原子力でパワーアップした「プワゾン」(ディオール、1985) みたいなモレロチェリーのシロップの香りが顔を出す。「ブラック バインズ」はいい香りか? そうともいえる。興味深い香りか? 間違いない。どんな人に合うか? すぐ思い浮かぶのは、火山のように感情の起伏が激しい私の10代の娘だ。あの子なら、この香水も「シーケー ワン」みたいに毒気なく爽やかにつけこなせるだろう。=LT

ブラックバイオレット
▷ ***Black Violet*** **アリソン オルドイーニ** ★★ フルーティ バイオレット

この会社は、オーナーのアリソン オルドイーニが正真正銘の貴族の血を引いていることをしきりに主張したがるが、まったくくだらない(爵位制度はイタリアで1947年に廃止されている)。パッケージングは素晴らしいが、ウェブサイトはいただけない。グーグル翻訳よりはるかにひどい英語のテキストが並び、ずっとジングルが鳴っている。「ブラック バイオレット」は安っぽいフルーティ バイオレットで、いやな香りというほどではないが、282ユーロを出す価値はない。=LT

ブラックメール
▷ ***Blackmail*** **ケロシン** ★★★ フルーティ ウード

親しみやすいスモーキー スパイシー調をベースした心地よい香り。トップにフルーティノートがあしらわれ、明らかにハートにはウードが感じられる。=LT

ブランシュ
▷ ***Blanche*** **バレード** ★★★ アルデヒディック フローラル

バレードによるアルデヒディック フローラルは、シャネルの「No. 22」とエスティ ローダーの「ホワイト リネン」のあいだといった感じで、前者ほど鼻につきはしないが、後者ほどのきらめきはない。使いやすいいい香水。=LT

▷ ***Bleu de Chanel eau de parfum***（ブルードシャネルオードパルファム） **シャネル** ★★★ シトラス フゼア

シャネルの最大の功績は、決して交わることのない二つの人生を奇跡的に歩んでいることかもしれない。ベントレーの後部座席でゆったりとくつろぐ人生と、夕方の帰宅ラッシュでつり革につかまる人生。「ブルー ド シャネル」はその二つを危ういほど近づけた。「クール ウォーター」と「ライト ブルー」の構成を悪びれず借用しているが、ともにバッドボーイ御用達の香水をさらなる洗練でうまく包み込んでいるので許せてしまう。貧乏男と贅沢男の両方の憧れを体現する男性用香水があるとすれば、まさにこれ。=LT

▷ ***Bleu Framboise***（ブルーフランボワーズ） **ジャン－ミッシェル デュリエ** ★★★★ フローラル シプレ

ジャン－ミッシェル デュリエのことは古くから知っている。「ヨージ オム」(1999)が出たときに大絶賛して以来ずっと、最も思慮深く、表現力のある調香師の一人だと評価してきた。その調香師としてのキャリアは花王で始まり、その後ジャン ケルレオに見いだされ、パトゥで花開いた。パトゥがプロクター&ギャンブルに買収された後も、そのまま活躍をつづけた。才能と経験を兼ねそなえたデュリエが自身のブランドを始めたと聞いて、私は大いに期待していた。ところが、試香紙でかいだサンプルはどれもぴんとこない。むき出しで、チープで、未完成な印象をうけた。二日ほど考えた末、私は感想を彼にメールした。数日して、事情を打ち明ける返事がきた。P&Gでは、四つの国の大規模なカスタマー フォーカス グループ（顧客を集めて行うマーケット調査）ですべてが決まり、それが香水作りのとてつもないフロントローディングにつながっている。ロケット発射さながら、はじめの数分で香料が燃え尽きてしまい、ドライダウンには煙しか残らないような香水になってしまう。そんなP&Gでの15年の経験を教訓に、デュリエはあえてドライダウンだけの香水を作ることにしたという（それを先に教えてほしかった）。私はその話を踏まえ、底に穴のあいたステムのないコニャックグラスを使い、彼の香水をすべて評価し直すことにした。試香紙を穴に差し込んでグラスを逆さにし、待つこと五分。すると、肌につけたベストの状態を、MRIスキャン並みの精度で嗅ぐことができる。結果として、はじめの印象はすっかりくつがえった。「ブルー フランボワーズ」は、味わい深く、透明感のあるフレッシュなミンティ シトラスとローズのノートにパチュリが添えられた、羽根布団のように心地よく、愛らしい香り。判定をしくじらないでほっとした。=LT

ブロンディーヌ
▷ ***Blondine*** **フラッサイ** ★★★★ 洋ナシ トンカ

フラッサイはブエノスアイレスを拠点にするジュエリーブランド。創設者であり経営者のナタリア オウテーダは、かつてニューヨークのクエスト／ジボダン社で働いていたようだ。おそらく、エバリュエーターやアートディレクターを務めていたに違いない。彼女の香水からは、はっきりした目標を持ち、細部にも手を抜かず、調香師の強みをよく理解している人物が手がけた印象を受けるからだ。まず、はじめから終わりまで香りがいい。豪華で目がくらみそうなトップノートから、ソリッドでローダー級（いったいいつになれば、キャリン コーリーがアートディレクションしたエスティ ローダーの香水がゲランのアメリカ版だとみんな気づくのか?）のみごとなハートノートを経て、最近はめったにお目にかかれない素晴らしいドライダウンへ向かう。どの香水も、アーティスティックな斬新さはないものの、クオリティは最高だ。「ブロンディーヌ」は、常に独創的なヤン ヴァスニエによる調香で、トリオの他の香水にくらべてはじめの印象は控えめだが、時間が経つとまるで引けをとらない。立ち上がりはくぐもった感じの不思議なフルーティ タバコのアコードで、ゆっくりとても興味深いオリエンタルに展開していく。なめらかで、リッチで、ありきたりさが一切なく、アンバーも主張しすぎない。砂糖漬けのようなハートノートとドライダウンの甘さは、ジャン－クロード エレナの忘れ去られた傑作、「グローブ」（ロシャス、1990）を彷彿させるが、ここではダークでミステリアスに、より上質の素材でよみがえっている。=LT

ブラッドスイートティアーズ
▷ ***Blood Sweat Tears*** **アトリエ ド ジェスト** ★★★ 砂糖漬けのオリエンタル

これほど不似合いな名前をつけられた香水はない。とても味わい深いドライフルーツ調のダマセノンのオリエンタルで、「エル アタリン」（セルジュ ルタンス、2008）に通じる、ダークで穏やかで芳醇な香りだ。=LT

ブラッドフラワー
▷ ***Bloodflower*** **パルファム クオルターナ** ★★ リコリス アンバー

ポション ファタル シリーズの香水は、そのコンセプト（というかジョーク）にちなんで有毒植物の名前がついている。こういう仕掛けには、つい私の中の学者気質が目覚めてしまう。植物の毒性はふつう、アルカロイドか、このブラッドフラワー（トウワタ）であればグリコシドで、どちらも水溶性で無臭のはずだ。さらに、ほとんどの有毒植物は香料の原料としては使われず、まともな会社ならブラッドフラワーのアブソリュートを作って認証するはずがない。こうなると、さまざまな香りのコンセプトの残骸がちらばるだけで、解釈の手掛かりのない広大な砂漠に取り残される。マイケル エドワーズのデータベースで調べたら、この香水にはシムライズ社の「ブラッド アコード」なる香料が含まれていると判明した。その他の点では、まったく興味をひかれないチープなアニス調オリエンタル。=LT

▷ ***Blouse***（ブラウス） **サン ローラン** ★★ 酸味のあるローズ

サン ローランはワードローブを意味する「ヴェスティエール」という名前の香水で、高級市場向けのコレクションに遅れて、深い考えもなしに参入した。新しい何かを提案するでもなく、「サン ローランはこのクラシカルな装いに、官能的で空気感のある現代的なひねりを加えました」という極めて退屈な宣伝文句をかかげただけだった。「ブラウス」はこれといった特徴のない、酸味のあるローズの香り。同じような香水は山ほどあるし、ほとんどが格段に安く買える。=LT

▷ ***Blue***（ブルー） **パフューム サックス** ★★ ウォータリー フローラル

ブランドの謳い文句はクリストファー ブローシャスの「CB アイ ヘイト パフューム」の二番煎じみたいだ。「私たちは香水を作らない――香水はつまらないから（サックス）。私たちが作るのはスプレーできるアルコール溶液。私たちは生の材料を選ぶ。ときには材料が私たちを選ぶ。私たちはそれらを一つにまとめ上げる」。そういうわりに、香水との違いは感じられない。じっさい、この「ブルー」は心地よいユニセックス向きのごくありふれたアクアティック フローラル。似たような香水のどれにもおとらずつまらない。=LT

▷ ***Blue Cypress***（ブルーサイプレス） **ゴールドフィールド & バンクス** ★★ アニス様ハーブ

ゴールドフィールド & バンクスの売りは「地球の裏側」というロケーションらしい。「私たちの香水はオーストラリアで作られ、つねに最高の品質を維持しています。一つひとつの香水は、グラース出身の調香師一族の5代目で、メルボルンを拠点にするフランス人調香師の協力を得て、丹念に仕上げられます」。ローカル色を押し出したいのか何なのかあいまいで、けっきょくは権威に弱いということか。「ブルーサイプレス」は悪くはないが、オリジナリティがなく、145ユーロを出して買う気にはまずならない。ボトルはいい。=LT

▷ ***Blue Hyacinth***（ブルーヒヤシンス）　**ジョー マローン**　★★　ウッディ フローラル

ヒヤシンスは天然の香りのなかで最高に強烈なものの一つだと私は思う。それをブロモスチレンという脅威的な合成香料（今は使われていない）だけで再現できてしまうのもすごい。幸いにも、「ブルー ヒヤシンス」はヒヤシンスの匂いではなく、むしろウッディ フローラルの香り。うまくまとめられているが、退屈きわまりない。=LT

▷ ***Blues***（ブルーズ）　**アトリエ ド ジェスト**　★★★　ウッディ シプレ

ものすごい迫力ではじけるシトラスと海藻、ウッドの香り。心地よいとは言えないが、分厚いコードを奏でる大聖堂のオルガンやウィートグラスジュースのショットのように、強烈に押し寄せてくる感覚それ自体は楽しい。=LT

▷ ***Blyss***（ブリス）　**パフューモロジー**　★★★　グリーン ローズ

ローズのソリフロールはあまり好みではない。園芸っぽくて鼻につくことがほとんどだからだ。だが、魅力あふれるこの香水は例外にしよう。ノエル カワード作の喜劇「私生活」にでてくる台詞を思い出させる。「君は本当に可愛らしく見えるね、ほら、この月明かりの下だと」=LT

▷ ***Boccanera***（ボッカネーラ）　**オルト パリージ**　★　カシュメラン アンバー

ほんのひと嗅ぎで、ニッチ香水の大失敗作だとわかる香水があるとしたら、まさにこれ。50mlで138ユーロするその香りは、特急列車のトイレ用洗浄剤の匂いだ。=LT

▷ ***Bohemian Spice***（ボヘミアンスパイス）　**エイプリル アロマティクス**　★★　アンバー ウッド

悪くはない、いたってふつうのアンバー。=LT

▷ ***Bois d'Ascese***（ボワダセーズ）　**ナオミ グッドサー**　★★★　ウッディ スモーキー

数年前に大流行したスタイルの、タールっぽいシダーウッドの香りで、なかなか素晴らしい。ただし、このジャンルの最高傑作（「スカイブ」「ランプブラック」）にはあと一歩及ばない。=LT

▷ ***Bois Froissés***（ボワフロワセ）　**ジャン－ミッシェル デュリエ**　★★★　シダー インセンス

自分はドライダウンに的をしぼった香水を作っているとデュリエ本人が教えてくれたとき（「ブルー フランボワーズ」を参照）、どうかもう一度「ボワ フロワセ」（くしゃくしゃの森）を試してほしい、と言われた。たしかに、シダー インセンスのアコードは立ち上がりこそ酸味が強く粗削りだが、ドライダウンは味わい深く新鮮で、グラスを逆さにかぶせてとらえた香りは魔法のようだ。いまやインセンスはニッチ香水のお決まりの素材になっているが、さすがはデュリエ、ナツメグに似たシトラスとナッツの独特なニュアンスをたたえるアコードを作り出した。香水の広告のモデルになる男といえば、30代以上で、シャツのカフをつまみ、バカそうな顔ではなく物憂げな顔をしていた時代を思い出させてくれる。上出来だ。=LT

▷ ***Bombay Bling***（ボンベイブリング）　**ニーラ ベルメール クリエーション**　★★★　クマリン フルーティ

「ボンベイ ブリング」は、ウッディなタバコとバニラ調のオリエンタルをラフに仕上げた最近よくあるスタイル（「ディオール アディクト」もそう）と、トロピカルフルーツのネオンカラーのカクテルを結婚させたような香水。肌につけると粗っぽいオリエンタルが鼻につくけれど、紙につけると陽気で俗っぽい、きらめきのあるフルーツのアコードが光る。この香水に欠けているのは、わずかな泥臭さかもしれない。でもそれは香水をつける人がおぎなえる。静かな部屋でシャワーを浴びたての肌につけると、まるで朝10時のスーパーマーケットで大音量で鳴り響くダンスホールミュージックみたい。=TS

▷ ***Bonbon***（ボンボン）　**ヴィクター & ロルフ**　★★　骨だらけのオリエンタル

偉大な調香師、ルネ ラリュエルが言うように、合成香料は香水の骨で、天然香料が肉だとするならば、この「ボンボン」は自然史博物館のメインホールに鎮座するブロントサウルスだ。小惑星が地球に衝突し、肉が消えて骨だけになったその姿は、巨大でびくともしない。「グルマン系」と呼ばれる骨だらけの仲間とは違い、キュートさを目指していないのは救いだ。ひとことでいえば、「エメロード」（コティ、1921）のレントゲン写真をIMAXのスクリーンサイズに拡大したような感じ。あの騒々しい「ルールー」（キャシャレル、1987）ですら、これに比べれば繊細で、しかも何万倍もましだ。空襲が近づけばサイレンが鳴り響くように、この手の香水が求められる差し迫った場面もあるのだろう。でも、お願いだから、ディナーやコンサートの席ではつけないでもらいたい。=LT

▷ *Bond-T*（ボンド） **サンマルコ** ★★★★ チョコレート パチュリ

パチュリの香水もチョコレートの香水もさんざん作られているし、チョコレートとパチュリの組み合わせだって、すでにクリス シェルドレイクが印象的な香水を二つ、「ボルネオ 1834」（セルジュ ルタンス、2005）と「コロマンデル」（シャネル、2007）を手がけている。でも嬉しいおどろきで、サンマルコのチョコレート パチュリは新しくて心躍る仕上がりだ。同じ系統の香水にくらべると、重みがあり、ダークで、粉っぽさがないだけでなく、はるかにアニマリックな香り。サンマルコはそれをグルマンと表現しているが、私はどことなくナルシサス アブソリュートの味わい深さを感じる。いい香水だ。=LT

▷ *Boris Bidjan Saberi*（ボリスビジャンサベリ） **ボリス ビジャン サベリ** ★★★★ ルバーブ レザー

ボリス ビジャン サベリは、バルセロナで活躍するペルシャ系ドイツ人のファッションデザイナー。その香水を調香したのはゲザ ショーエンで、ルバーブをソルティなレザーのコンテクストで表現するみごとな手腕をみせた。この香りで、あることを思い出した。25年前、私はクエスト社（現在はジボダン社傘下）から同社の合成香料のラインナップを評価してほしいと頼まれ、そのうちの一つがガルダマイドだった。アミド類のフェニル誘導体で、人体のプロテインを接ぎ合わせている化合物そのものだ。初めて嗅ぐガルダマイドは、ルバーブと馬の毛のあいだのような、思いもよらない匂いだった。その驚きをクエスト社に報告すると、相手は控えめに感心していた。今ではルバーブが大流行しているが、たいていはフルーティ ハーブ系の香調に用いられ、レザーのコンテクストでは使われていない。本来の持ち味が生かされているのを見るのはいつだって気持ちがいいものだ。=LT

▷ *La Botte*（ラボッテ） **バレード** ★★★★ ジャスミン スエード

すばらしく独創的で入り組んだ、ジャスミン、レザー、ムスク、キュウリ、そしてバイオレットのアコード。新鮮な花の香りと、よどんだシガーの香りのあいだを絶えず揺れ動いている。小説家コレットと夫のウィリーが同時に部屋に入ってきたら、きっとこんな匂いがする。コレットはパープルのベルベットの服に身を包んでいるだろう。美しい。=LT

▷ *Bottled Tonic*（ボトルドトニック） **ヒューゴ ボス** ★★ アクアティック シトラス

淡く、異様なほど透き通っていて、偉大なアニック メナードが調香したというからなおのこと不思議だ。マスキュリンに装った「ロードゥ イッセイ」（イッセイ ミヤケ、1992）といった感じで、「マリン」っぽさはあるものの、あのフローラルのアコードはない。=LT

ブーケドラマリエ
▷ ***Bouquet de la Mariée*** **ゲラン** ★ 砂糖バニラ

まずは良いニュースから。ゲランはこれ以上落ちようがない。悪いニュースは、この香水が売れれば、まだまだ落ちようとするかも。「エンジェル」（ミュグレー、1992）がよくできたジョークだとすれば、これは23年後に、「エンジェル」のぱっとしない恥さらしのいとこが繰り返す古びた笑い話だ。「ブーケ ド ラ マリエ」は、「グルマン」をうたうありとあらゆる香水のけばけばしい悪夢のクリシェがひとまとめになった不快な匂い。有効な使い方を一つだけ思いついた。これを腕につければ食欲が抑えられ、チョコレート依存を断ち切れそうだ。=LT

ボーイシャネル
▷ ***Boy Chanel*** **シャネル** ★★★★ アロマティック フゼア

1880年代に合成香料の技術が一気に広まり、パーキンの合成した安価なクマリンを用いたウビガンの「フジェール ロワイヤル」が生まれなければ、今のフゼア系香水は存在しない。そうした産業的な成り立ちゆえか、フゼアの傑作はマッスルカーのような進化を遂げてきた。「アザロ プール オム」、「バラフレ」、「ブルー ストラトス」、「ドラッカー ノワール」など。それが行き過ぎて、今や「ベントレー モメンタム アンリミテッド」や「フィアット 500 フォー ヒム」が出てくる始末だが、私はこのどちらもレビューする気はない。シャネルは、若者に大人のたしなみを教えようというアプローチで、フゼアの源流に立ち返った。バート レイノルズが熊の絨毯に裸で寝そべっていた時代よりはるか昔の、フゼア本来の抑制された魅力をうまく引き出している。素晴らしい。=LT

ブリタニア
▷ ***Britannia*** **ロジャ ダブ** ★★ ローズ バニラ

混乱していて、ハイカロリーなスパイシー フローラル。=LT

ブリタニーブリーズ
▷ ***Brittany Breeze*** **リュバン** ★★★★ マリン ミント

「ブリタニー ブリーズ」と同じ主張の強いミントノートを最初に手がけたのは、2004年にヒーリーの「マント フレッシュ」を調香したデヴィッド マリュートだろう。カリス ベッカーが調香した（過小評価されている）「ビヨンド パラダイス フォー メン」（エスティ ローダー、2004）の新感覚のフゼアや、その立ち上がりのミントにも通じるものがある。シソにバイオレットリーフ、ガルバナム、オークモスの香りも用いた「ブリタニー ブリーズ」は、全てが美しく絡み合い、ドビュッシーのコードのように混沌としている。とても素晴らしい。=LT

ブロークンセオリーズ
▷ ***Broken Theories*** **ケロシン** ★★★★ スモーキー スパイシー
スモーキーさが今や香りの構成において重要な要素となっていることを反映し、フレグランスホイールに「焦げた匂い」のカテゴリを加えるべきかもしれない。かつては、カボシャールやアラミスを手がけたベルナール シャンが、暖炉で燃える薪のような焦げた匂いをバックグラウンドによく用いていた。シプリオール（ナガルモタ）が登場してからは、ドゥショフールやバクストンが先駆けとなって、スモーキーはニッチ香水を代表するジャンルになった。冬っぽくダークで、殺菌力を感じるスモーキーなアコードはとても魅力的だと思う。この香水はそのジャンルでベストの一つ。バックグラウンドのタバコとスパイスのバランスが絶妙で、控えめなシトラスが陽射しのように映える。おみごと。=LT

ブロンズゴッデスオードパルファム
▷ ***Bronze Goddess eau de parfum*** **エスティ ローダー** ★★ バニラ アンバー
「ブロンズ ゴッデス」は、トム フォードとのコレボレーション「アジュリー ソレイユ」の流れをくみ、毎年限定版が出ている。いつもは「オー フレッシュ」として売られているけれど、ある年に誰かがオード パルファムで出そう、とひらめいたらしい。心地よくあたりさわりのなかったココナッツとヘリオナールの香りが、悪夢のような頭痛を引きおこすアンバー、焦げた砂糖と消毒用アルコールのカクテルに変わってしまった。手を出してはだめ。=TS

ブロンズゴッデスオーフレイシュ
▷ ***Bronze Goddess eau fraîche*** **エスティ ローダー** ★★★ フローラル ココナッツ
ジェームズ フレイザーの大著『金枝篇』で犠牲になる王たちのように、「ブロンズゴッデス」も毎年新作が生まれては、次に座をゆずるために殺される。新作が出るたび、香りの説明がちょっとずつ変わるけれど、私の感じたかぎりでは、あのヘアスプレーと日焼けオイルっぽい匂いはまるで同じ。だから心配しないで。=TS

ブルックリン
▷ ***Brooklyn*** **ガリヴァント** ★★★ フローラル カルダモン

ガリヴァントは不思議なブランドだ。その香水は外見こそいかにもニッチだが、構成は不思議なほどスケールが大きい。始まりから中間、終わりまで変化があり、香りが平坦につづいたり、儚く消えてしまうこともない。また、奇抜でも素朴でもない、フュージョン香水のような趣がある。たとえるなら、強い外国語訛りで話すエスティ ローダーの香水。こんなやり方だってあると、王道路線をわざとはずしてみせるような感じだ。ガリヴァントは、経済レベルも出身地も異なる人々の居住区がモザイク状に隣り合うロンドンの町を体現している。「ブルックリン」は、モダンなフローラルとパキスタン料理のカルダモンが混じり合った香り。恋人とのランチを思わせる雰囲気はチャーミングだが、もっといい仕上がりにできた気もする。=LT

ブルームディベール
▷ ***Brume d'Hiver*** **ヴォルネイ** ★★★ ジュニパー ローズ

アメリー ブルジョアが、またも美しく詩的なトップノートを生み出した。立ち上がりは、乾いた樹脂のようなペッパーとジュニパーの香りと、柔らかなローズの香りのあいだを揺らいでいるが、1時間もすると、貧弱なウッディのバックグラウンドが顔を出す。=LT

ブラッセルズスプラウテッド
▷ ***Brussels Sprouted*** **スメルベント** ★ 鼻につくムスク

実に不快な甘ったるさ。1950年代の安っぽいヘアジェルみたいな匂い。=LT

ブルータス
▷ ***Brutus*** **オルト パリージ** ★ シトラス オリエンタル

おぞましい。=LT

バブルガムシック
▷ ***Bubblegum Chic*** **ヒーリー** ★★★★ ジャスミン バナナ

レーダー探知機のない時代は、戦艦に大きくくっきりした模様を描き、遠くから見たときに背景にまぎれ込むようにしていたとか。このドレッドノート型軍艦ばりに大きなジャスミンには、アーモンドや虫よけ玉、バナナの皮といったあらゆる香りのカムフラージュができるだけ長持ちするよう施してある。入りくんだ迷彩も、近くで見れば数分で各パーツを見分けられるようになるが、遠くから見れば実にいい効果を上げている。巧みで、遊びがあり、スタイリッシュ。=LT

▷ *Bucoliques de Provence*（ブコリクドプロバンス） **ラルチザン パフューム** ★★ 石鹸様レザー
不快ではないが、ラベンダーとレザーの混乱した香り。=LT

▷ *Bullion*（ブリオン） **バレード** ★★★ プラム オスマンサス
素晴らしいオスマンサスのアコードになるはずが、プルノール風のプラムのベースでだいなしになっている。似たようなアイディアでも、「ティアン ディ」（フラッサイ）や「フィグ ティー」（ニコライ）は成功している。=LT

▷ *Buonissimo*（ブオニッシモ） **イルデ ソリアーニ** ★ ヘーゼルナッツ ココア
むかむかするフレーバーコーヒーみたいな、ココア入りヘーゼルナッツペーストのヌテラの匂い。=LT

▷ *Burberry Brit Rhythm for Him*（バーバリーブリットリズムフォーヒム） **バーバリー** ★★ ウッディ アップル
「クール ウォーター」（ダビドフ、1988）の何億兆回目かの焼き直しだが、そんなことに使うにはもったいない高い技術と細かな配慮が注ぎ込まれている。スプレッドシートに匂いがあるならこんな感じだろう。=LT

▷ *C eau de parfum*（シーオードパルファム） **ザ パフューマーズ ストーリー バイ アッツィ** ★★ イソ E ムスク
大量のイソ E スーパーと騒々しいムスクで作った貧相なペッパー調ウッディ。=LT

▷ *Cacti*（カクティ） **レジーム デ フルール** ★★ キュウリ 紅茶
レジーム デ フルールは、名前はフランス風でもロサンゼルスのニッチブランド（モットーは「みんなのための香水」と言いつつ、100ml入りボトルに200ドルも出さないといけないみたい）。あいにく、はじめの20分が過ぎたあとも面白みがある香水を作る気はなさそうだけれど、第一印象のいいトップノートはいくつかあった。キュウリの香りはニトリルを含むから、気をつけないと恐ろしいほどメタリックになってしまう。この香水は、立ち上がりではフレッシュさが軽やかに引き出されている。肌につけるのはお勧めしないけれど、紙や布の上では、キュウリとハーブ、そしてミントのさわやかなハーモニーがしばらく続き、やがて噛みつくような匂いに変わる。=TS

▷ ***Caban***（キャバン）　**サン ローラン**　★★　クリーミー インセンス
巧みな作りだが、ミルキーなノートとインセンスのアコードが安っぽい（そして値段はバカ高い）。=LT

▷ ***Cadavre Exquis***（カダブルエクスキ）　**ボグ**　★★　チョコレート レーズン
「Cadavre Exquis（優美な死骸）」という香水の名前は、複数の人が持ち寄った言葉を連ねて詩を作るシュルレアリスムの手法にちなんでいる。ともに視覚芸術家から転身した調香師、アントニオ ガルドーニとブルーノ ファツォラーリが手がけたのは、素材どうしがほとんどそっぽを向いているような香水。おもしろいが、やかましい。=LT

▷ ***Café Rose***（カフェローズ）　**トム フォード**　★★★　ウッディ ローズ
とくべつ惹きつけられもしないが、とても感じのよい、豊かで透明感のあるスパイシー ローズが、控えめでドライなウッディのバックグラウンドに映える。=LT

▷ ***Caftan***（カフタン）　**サン ローラン**　★★　バルサミック ウッディ
古い本と濡れた木の心地よい匂いだが、この金額を出すほどの面白みはまるでない。=LT

▷ ***Calice de la Séduction Eternelle***（カリスドラセドゥクシオンエテルネル）　**ダリ オート パフュメリ**　★★　フローラル オリエンタル
ダリのブランドは二つあり、古いほう（サルバドール ダリ）は1983年から56の香水が出ていて、こちらはすべて2016年に、アルベルト モリヤスの調香で五つ出ている。香水にダリっぽい大げさな名前をつける口実にはなるだろうが、このプロジェクトのそもそもの意図はよくわからない。ブランド名を「オート パフュメリ」としたのは、通常の「サルバドール ダリ」は二流だとほのめかすためだろうか（なかなかの香水もいくつかあるのだが）。それにしては、ガイ ロバートが「アムアージュ ゴールド」を調香したときのように、調香師に好きなだけお金をかけさせたプロジェクトとは思えない。どれもクオリティはまともだが、アーティスティックな面では中途半端に終わっている。この香水は、ローズとパチュリが香るソリッドなアンバー。しいて何か言うとすれば、この数年でこれよりはるかにひどい香水も（しかもモリヤスの作品で）あったことぐらいだ。=LT

▷ ***Caligna***（カリーニャ）　**ラルチザン パフューム**　★★　ハーブ調フローラル

調和のくずれた、酸味のあるチープな匂い。そもそも今ひとつだった「ロー ブルード イッセイ プールオム」のセージのコロンの焼き直しなんて、誰も欲しがらないと思うけど。マーケティング資料に記された、ミステリアスな「ジャスミン マーマレード」の香りはかぎとれなかった。ラルチザン パフューム、最近どこかおかしい。=TS

▷ ***Calling All Angels***（コーリングオールエンジェルズ）　**エイプリル アロマティクス**　★★★　アンバー インセンス

インセンスとエレミ、そして上質なバニラを注ぎ込んだ、とてもいいウッディ オリエンタル。ウッディ、スパイシー、スイートのバランスがほどよく、味わい深い。=LT

▷ ***Camel***（キャメル）　**ズーロジスト**　★★　フルーティ ムスク調

調香師への注文を文字通り形にすることもある、とわかるいい例。これはヒトコブラクダを表現するためにナツメヤシの実とシベットが使われている。フルーティなパートはジャン＝クロード エレナの傑作「グローブ」（ロシャス、1990）を思い出させる。そしてシベットは、ラクダについて私があまり好きではないところを思い出させる。=LT

▷ ***Camélia Intrépide***（カメリアアントレピド）　**アトリエ コロン**　★★★　レザー バイオレット

「ミモザ インディゴ」と同じく、ジェローム エピネットによる調香。手法は似ていて、レモンとナツメグ、バイオレットのぎこちない不協和音を、なめらかでクリーミーなスエード調のベースでまとめている。バイオレット レザー系の香水はたいていそうだが、これも私にはしっくりこない。とりわけ、ドライダウンがイオノンのグリーンノートで埋め尽くされるあたり。とはいえ、アイディアは素晴らしい。=LT

▷ ***Caméllia 3.2***（カメリア）　**コキレート**　★★　ウォータリー フローラル

ちぐはぐでオリジナリティのないウォータリー フローラル。どのベストセラーの真似をしようとしたのか考える気にもならないが、どうせ広告はグリーンっぽい色合いで、素肌にしたたる水滴とかそんな感じのビジュアルだろう。=LT

▷ ***Canfield Cedar***（キャンフィールドシダー）　**ケロシン**　★★★　シダー ムスク

私の妄想かもしれないが、この香水から思い浮かぶのは、船底にたまった水の匂いに似たソルティで愛らしいアンバーグリスだ。しかし、原材料には記されていない。となると、ジョン ペグが原料について謙遜しすぎているか、とてつもないアコードを作り出したかのどちらかだ。ややくぐもった暗さがあり、雨の日に最高の香り。=LT

カントデルアンジェロ
▷ ***Canto dell'Angelo*** **アルス ミラビーレ** ★★ 甘いチュベローズ
思いもよらないところで、たしかにチュベローズらしい香りがする。ミラビーレ ディクトゥ（語るも不思議なり）。=LT

キャップネロリ
▷ ***Cap Néroli*** **ニコライ** ★★★★ トウガラシ インドール
樹脂っぽさのあるシトラスの明るい立ち上がりだけれど、いわゆるオーデコロンとはまるでちがう。香りはやがて濃密なインドールのオレンジブロッサムに落ち着き、家庭用の祭壇に使われるジャスミン風のお香を思わせる。白くみずみずしい花の香りではなく、薬瓶に入った黒いシロップを連想するダークで控えめな匂い。背景にある独特のペッパーの香りが、ミステリアスな雰囲気をいっそう引き立てる。パトリシア ド ニコライの香水にはよくあることだけれど、これもいい意味で期待を裏切ってくれる。素晴らしいトップノートを長持ちさせるには、服の上からつけて。=TS

ケープハートエイク
▷ ***Cape Heartache*** **イマジナリー オーサーズ** ★★ ウッディ グリーン
イマジナリー オーサーズはアートディレクターのジョシュ マイヤーズによるブランド。彼は「ウイスキーであれ、文学であれ、葉巻であれ、音楽であれ、あらゆる極上のもの」を愛するが、「もったいぶった仰々しさは大嫌い」だそう。それが多少は香水作りに表れていて、ストレートな仕上がりだが、深みやミステリアスな味わいには欠けるかもしれない。とくに極上というわけでもなく、むしろチープで軽快な感じがする。「ケープ ハートエイク」はニッチスタイルにありがちなウッディ グリーンのアーシーな香水で、都会人が思い描く森のイメージ。アルバート ビアスタットの風景画を嗅覚で再現したらこんな香りだろう。ただし、あの抒情的な感動はないが。=LT

カルダモンコーヒー
▷ ***Cardamom Coffee*** **ゴリラ パフューム** ★★★ トンカ カルダモン
大きくて、濃くて、ストレートなカルダモンのオリエンタル。=LT

▷ ***Carpathian Oud***（カルパティアンウード）　**ソイボール**　★★　フルーティ ウッディ

カルパティア山脈の匂いもウードの匂いもしない。やたら複雑な構成で、私の苦手なベイリーフとおなじ匂いがする。=LT

▷ ***Carpe Cafe***（カルペカフェ）　**ギャラガー フレグランス**　★★★　バニラ コーヒー

コーヒーの香水には懐疑的な私でも、これはなかなかいいと認めざるをえない。上質な素材を使っているからフレーバーコーヒー風のえげつなさがないし、アンバー調のドライダウンもいい匂いだ。=LT

▷ ***Carrot Blossom Fennel***（キャロットブロッサムフェンネル）　**ジョー マローン**　★★　ニンジンではない

まったくの駄作。ニンジンでも、フェンネルでもなく、ただの酸味のあるフローラル。いったい何を考えていたのか？ =LT

▷ ***Carved Oud***（カーブドウード）　**タミーン**　★★　シトラス ウッディ

心地のよい、タミーンとしては驚くほどおとなしい香水だ。ウードを含んではいるが、ウードを魅力的な（そして高価な）ものにしている要素がすっかり取りのぞかれ、ぼやけたウッディの気配が漂うだけ。=LT

▷ ***Cashmere Musk***（カシミアムスク）　**40 ノーツ**　★★　カシュメラン ムスク

40 ノーツの香水は、老舗のテラ ノヴァ社のオイル（1ボトルが 18 ドルくらいで買えて、安っぽく陽気な石鹸の香りがする）と、ラベルに記された通りの香りがするとされるジョー マローンの香水を足して割った感じ。何よりクリエイティブなのはその価格設定で、びっくりするほど薄い香りの入った小さなボトルが 135 ドルもする。「カシミア ムスク」は灰色っぽくどんよりした、ありふれた合成香料のカシュメランとムスクのアコード。これを嗅いで思い出したのは、独学で調香している友人が、あやまってカシュメランの小瓶を食品用の冷蔵庫に入れてしまったときのこと。中に入れていた食べ物すべてにその匂いが移り、いつまでたっても消えないので、冷蔵庫を捨てるはめになったそう。いい思い出をありがとう。=TS

▷ ***Castaña***（カスターニャ）　**クルーン キーン アトリエ**　★★★★★　フローラル チェストナット

19 世紀から 20 世紀への変わり目に、フランス人は素晴らしいものをいくつも私たちに残してくれた。1885 年に生まれたクレーム ド マロンもそのひとつ。マロングラッセの残りをバニラフレーバーのペーストにするという、クレマン フォンジェの天才的発明だ。「カスターニャ」はスペイン語で栗の意味。デルフィーヌ ティエリー（リュバンの「アッカド」と「ガラード」も参照のこと）がフォンジェのことを頭に入れて調香したのは明らかで、それもきわめて巧妙に、そして驚くほどシュガーフリーに仕上げている。あの砂糖漬けの栗が実はウッディでレザー調の香りをそなえていること、そしてクレーム ド マロンの香りからシルキーで華奢なアールデコの亡霊のような香水を作り出せることを、この香水は気づかせてくれた。ヴァンサン ルベールの「クニーシェ テン」（1925）に通じるところもあるが、あのレザーとジャムのコントラストはない。かわりに、フローラルとウッド、スモーク、そしてベンゾインのなめらかで均整のとれた甘くビターなモノクロームが印象的。トップノートからドライダウンまで秀逸で、次の日になっても素晴らしい香りがする。=LT

キャッスルインジエアー
▷ ***Castles in the Air*** **ウォルデン** ★★★ レモン イランイラン

どんな天然系香水も意外なほど魅力的になる手法の一つが、ペストリーやアイスクリームを連想させるシンプルなアコードを用いることだ。そうすれば、天然素材の複雑さにつきものの、茶色くくすんでぼやけた印象を防げる。この香水は、イランイランが持つバナナ香と、レモンの皮の香りが愛らしいコードを奏で、雪景色に陽射しが溶けこむメレンゲのよう。とても心地よくて、つけやすい。=LT

セードルイリス
▷ ***Cèdre-Iris*** **アフィネッセンス** ★★ シダー アイリス

アフィネッセンスは、イヴ ロシェやいくつかの香水会社でマーケティングの責任者を務めたソフィー ブリュノーが所有し経営する会社だ。キャッチフレーズは「ドライダウン オンリーの香り」。揮発性に幅がある天然香料を使ってそんなことを目指す意味がわからないが、まあいい。「セードル イリス」は、名前通り良質なシダーとアイリスの異様なほど暗澹たるコンビネーション。その匂いは許せるとしても、100mlで335ユーロもするのは許せない。=LT

セードルサクレ
▷ ***Cèdre Sacré*** **センティフィック** ★★★ シトラス インセンス

心地よいが、平凡なシトラスとシダーとインセンスのノート。=LT

チェドロディタオルミーナ
▷ ***Cedro di Taormina*** **アクア ディ パルマ** ★★★★ シトラス ラベンダー

フランソワ ドゥマシーの並はずれた調香の巧みさがもっとも光るのは、たとえるなら、歴代のオーナーにろくに手入れされてこなかった大衆車を整備させたとき。この香水のアロマティック フゼアは、いわば男性用香水におけるファミリー向けセダンだ。きっとフェラーリのワークショップのように磨かれたオフィスで、偉大なドゥマシーの手により美しく整えられたチェドロ（イタリア語でシダーウッドとシトロンの両方を意味する）のフゼアは、まばゆいほどに完璧。朝、鏡の前に立ち、少なくともジョージ クルーニーになったような気分になりたいなら、これしかない。=LT

ラシェーズビド
▷ ***La Chaise Vide***　**ナーゾ ディ ラサ**　★★★　ドライ シトラス

すがすがしく明るいシトラスのテルペン香を感じるアコードは、同じくセシル ザロキアンが調香した「アクア セクスティウス」（ジュー エ マッド）に通じるものがあるが、こちらのほうがややナチュラルで、私に言わせると、おもしろみにかける。=LT

シャンブルノワール
▷ ***Chambre Noire***　**オルファクティブ スタジオ**　★★★　バイオレット アンバー

意表をつく独創的な構成を手がけたのは、さすがのドロシー ピオ。はじめは、またもシャリマー風の大ぶりなオリエンタルか、と早とちりしそうになるが、数分して鼻が慣れてくると、いくつかの風変わりなタッチをかぎとれるようになる。かすかなイオノンのウッディ フルーティが放つぴんとはりつめた匂い、そしてふいに香り立つレザー。スケールの大きいオリエンタルを試したいけれど、お決まりのあざとさは避けたいという人は、これを試すといい。=LT

シャンルベ
▷ ***Champlevé***　**エバン アイザー**　★★★★　ラベンダー カモミール

エバン アイザーは私の友人のアーティスト。私も彼も黒のウェッジウッドやフォルセナッティが好きだが、憧れているだけの私と違って、彼は本当に深掘りして収集する真の美の愛好家だ。そんな彼が何年か前、香水作りを始めたと言っていた。それからしばらくして、グリーンの液体が入った1オンスの瓶が届いた。ラベルには「シャンルベ 19%」と書かれてあった。シャンルベとは、金属の表面にエナメル加工を施す技法の名前だ。エバンはどうやら、ほとんどの調香師が一生かけても見つけられないようなアコードを作り出してしまったらしい。「シャンルベ」は、くせになる巧妙なパズルのようだ。吸い込めばぬくもりを感じるカモミールと、ラベンダーのキャラメル香、そしてキャンディのようなローズの甘さが、互いをじゃますることなく組み合わさっている。これまで嗅いだことのない、そして一度嗅げば二度と忘れない、そんな香水。あいにく市販されていないが、この香りを嗅ぐ幸運がいつか

他の人たちにも訪れますように。=LT

▷ ***Chance Eau Vive***（チャンスオーヴィーヴ）　**シャネル**　★★　シトラス フローラル

私のまちがいでなければ、これはオリビエ ポルジュが父親の跡を継ぐ前の、シャネルにおける初仕事だったはず。まったくおもしろみのない、陰気で酸味の強い匂い。忘れ去られた方がいい。=LT

▷ ***Charlatan***（シャーラタン）　**フォート & マンル**　★★★★　ジャスミン バニラ

熟したバナナを思わせるジャスミンと、スモーキーなバニラ、そしてアーシーなチョコレートのタッチがみごとなアルペジオを奏でるアコード。なにげないソリフロールと思わせて、実はすご腕のメイクアップアーティスト並みのテクニックで仕上げられている。=LT

▷ ***Chic et Bohème***（シックエボエーム）　**シャボー**　★★　キャンディ フローラル

これはシャボーが複雑な香りに挑んだ最初の、そして私の知るかぎり、最後の試みだと思う。綿菓子のグルマンノートとチープなホワイト フローラルが心地よい不協和音を鳴らし、そこにユーモアも感じるから、最近の目を覆いたくなるフルーティフローラルの大群よりはいくらかまし。=LT

▷ ***Chloé eau de toilette***（クロエオードトワレ）　**クロエ**　★★　ローズ マグノリア

すばらしかったオリジナルの「クロエ」（1975）の三度目の焼き直しらしいが、匂いはまったくの別物。なんとも嘆かわしい慣習だ。オリジナルと同じ香りを期待して買ったのにどうもおかしい、と首をかしげるマダムたちは、顔にしっくいを塗りたくった小娘から「何も変わってませんけど」と正気を疑われる始末。確かによくできた香水で（ミシェル アルメラックとシドニー ランセスールによる調香）、ロマンス小説家のバーバラ カートランドのクローゼットをかき回したような、刹那的なけばけばしさを表現している。私は、カティリナを弾劾したキケロの問いを繰り返したい。「おお、クロエ、いったいいつまで我々の忍耐をもてあそぶつもりか?」と。=LT

▷ ***Chloé Love Story***（クロエラブストーリー）　**クロエ**　★★　酸味のあるフローラル

引きちぎったロマンス小説でできた香水。紙の切れはしを動物の脂をしきつめた上に数週間置き、中性溶媒でアブソリュートを抽出したあと、そこから常識という名の不純物を冷却と沈殿によって取りのぞいた。それを稀釈して、考えうるかぎりもっとも趣味の悪いボトルに詰めて売っている。=LT

チョックマンミント
▷ ***Chocman Mint*** **アリソン オルドイーニ** ★★ ラベンダー チョコレート

キャロンの「プール アン オム」をコーヒーとチョコレートの香調にアレンジするという、ブノア ラプーザによるおもしろい試み。私からすると、これは失敗だ。石鹸風のラベンダーと食べ物のフレーバーのぶつかり合いは、おもしろいどころか間違っている。こうした試みはほかにもたくさんあるが、どれも成功していない。=LT

ショコラティリセ
▷ ***Chocolat Irisé*** **アネット ヌファー** ★★★ シトラス ココア

アネット ヌファーの香水を立てつづけに嗅いではっきりわかるのは、ほかの調香師と違い、彼女が独自のスタイルを確立していることだ。どの香水にも、シトラスのトップノート、フローラルなハートノート、そしてスパイシーなアンバー調のドライダウンが織りなす独特のバランスがある。しかも、それらがいっぺんに感じられるのが不思議で、まるで珍しいペルシャ料理の鍋の蓋を開けたとたんに香り立つ湯気のよう。「ショコラ ティリセ」は、私のいちばんのお気に入りではないが、彼女らしい作風がよく表れた香水。=LT

チョイータ
▷ ***Choyita*** **パフューメラ クランデラ** ★★★★ グアヤク バニラ

「チョイータ」はサボテンの花にちなんだ名前だが、マダガスカル バニラが入っているようだ。立ち上がりは、バニリンの親分子でアルデヒドを除去したグアヤコールがパワフルに香る。咳止め薬として飲んでいた子どものころから、グアヤコールの匂いは好きだ。効き目はほとんどないが、なかなかおいしい。「チョイータ」はいわゆるバニラっぽさはまったくなく、むしろゴリラ パフュームの「スマグラーズ ソウル」に似ていて、花火の匂いの活気あるハートノートが素晴らしい。ドライダウンはソフトなウッディノートで、濡れた木の枝や古い本の匂いがする。とてもいい。=LT

クロームピュア
▷ ***Chrome Pure*** **アザロ** ★★ ベルガモット トンカ

フランスにはこれにぴったりの言葉がある。「rien à signaler」の頭文字をとって、RAS。取るにたらない、という意味。=LT

▷ *Citric*（シトリック）　**サンタ エウラリア**　★★　シトラス カルダモン

上質な、ややビターなコロン。=LT

▷ *Citrine*（シトリン）　**ソーン & ブルーム**　★　蜂蜜 シトラス

申し分ない原料でできたシンプルなアコードをめちゃくちゃにしてしまうソーン & ブルームの才能は、もはやコミカルの一歩手前。=LT

▷ *Citron Boboli*（シトロンボボリ）　**ル ジャルダン ルトゥルベ**　★★★　シトラス サンダルウッド

ユーリ グツァッリ（1914-2005）はルール社の調香師で、オスモテックの創始者の一人であり、また長年にわたりフランス調香師協会のプレジデントを務めた人物。香水が芸術作品から消費物へと移り変わっていく悪しき傾向に、いち早く警鐘を鳴らした一人でもある。いまいちど格調高い香水作りをしようと、ル ジャルダン ルトゥルベを創設したのが1975年。ジャン－フランソワ ラポルトのラルチザン パフュームより1年早いため、最初に生まれたニッチブランドとする説もある。時系列では確かにそうだが、その順番付けに意味はない。80年代初頭に両ブランドのラインナップを嗅いだことがあるが、その方向性はまったく異なるからだ。
ラポルトが手がけていたのは、マリークヮント的なポップな世界観の香水だ。「ロード ナビガトゥール」や「ミュール エ ムスク」、「バニラ」（すべて1978年）は実に斬新だった。ディジョン大学の化学教授でもあるラポルトは、合成香料（ガラクソリドやエチルマルトールなど）もふんだんに使っていた。それとは対照的にジャルダンのグツァッリは、レトロな香水をクラシカルなスタイルで手がけていた。今でも不思議に思うのは、そのクラシカルな香水が50年代の名品を思わせる瓶ではなく、南仏の土産物店にあるジャムのようなパッケージで売られていたこと。香水自体は私みたいなマニアからすればまずまずで、代表的な香水のスタイルをうまくとらえ、できはいいが、オリジナリティに欠ける印象だった。
あれから35年。香水の世界はものすごいスピードで変化しているが、グツァッリが大切にしていたクラシックな香水が、処方を変えられ、安っぽくなり、原形をゆがめられている状況は変わっていない。今日、歴史的な名香を再現しようとすればIFRA（国際香粧品香料協会）の規則を破り、瓶にドクロマークをつけるしかないだろう。数年前に彼の息子、ミケルがリバイバルさせたル ジャルダン ルトゥルベのラインナップには、香水の黄金時代と、香水文化の不可欠な要素が反映され、まさにユーリの意図を体現している。さて、この「シトロン ボボリ」。グツァッリ自身による調香かどうか定かでないが、そうであれば、ジェルメーヌ セリエとかつて仕事をしていたことも考えあわせると、彼女の「ムッシュ バルマン」（1964、カリス ベッカーが 1990 年に作り直した）と作風が近いのも納得がいく。濃密でパウダリーなシトラス、そしてサンダルウッドのドライダウンがいつまでもつづく。=LT

▷ *A City on Fire*（アシティーオンファイア） **イマジナリー オーサーズ** ★★★ スモーク カンファー

かつてはスモーキーな香水の登場をしきりに願ったものだが、神様はその願いを 1000 倍にして叶えてくれた。いまや、ラインナップにスモーキー系がなければニッチブランドを名乗れないような状況だ。とはいえ、今でもスモーキーが好きだし、この香水もいい匂いがする。=LT

▷ *Civet*（シベット） **ズーロジスト** ★★★ スモーキー シプレ

「バット」を試したあとで、しかもジャコウネコの匂いの効力を知っているだけに、私はしぶしぶこの香水を手に取り、屋外へ出て、できるだけ体から離して試香紙にスプレーした。結論から言うと、アニマリックさはリキエルの「セッティエム センス」など 70 年代後半の大味なシプレと大差なく、砂糖漬けフルーツの香りが際立っていた。「シベット」は昨今のシプレのリバイバル（ロジャ ダブの「ディアギレフ」やボグの「マーイ」など）の流れをくんでいて、深みがありダークで、リッチな質感のある仕上がりだ。その分、明瞭さが犠牲になっているかもしれない。たとえるなら、ラフマニノフのピアノ協奏曲第 4 番から、楽器の練習用にソロパートを省き、旋律がぼやけた演奏を聴いている感じ。とはいえ、とても心地のいい香りだ。=LT

▷ *CK One Summer 2016*（シーケーワンサマー） **カルバン クライン** ★★★ ウォータリー アップル

2004 年以来、毎年新しい「シーケー ワン サマー」が出ているが、ワインの大会みたいに、何年物かを香水の専門家にあてさせる国際大会でもやればいい。このシリーズに目もくれていなかった私はあいにく参加できないが。この香水は、わざとらしくブルーがかったグレーの、目立つところのないウォータリーなアコード。調香したのはかのハリー フレモン（エスティ ローダーの「チュベローズ ガーデニア」など）で、シリーズのうち九つを手がけている。まるで壁紙みたいな存在感の香水で、どんなに近づいても誰も不快にはしない。メロンを感じさせるドライダウンはとりわけいい。=LT

▷ ***CK One Summer 2017***（シーケーワンサマー）　**カルバン クライン**　★★★★　ライム キュウリ

延々つづく「シーケー ワン サマー」シリーズにたかをくくっていたら、これの登場で目が覚めた。この美しくフレッシュで虹色に輝く構成はピエール ネグリンによるもので、香水の雰囲気と香りとはいかに独立したものかを教えてくれる。それは、一つの考えが異なる言葉で表現されるのと似ている。ラベンダーは含まれていないはずなのに、ふと、祖父がつけていたアトキンソンの「イングリッシュ ラベンダー」を思い出した。当時、自分の手にこっそりと数滴振りかけたりしたものだ。その香りは、嵐が過ぎ去ったあとの静けさのような、物思いにふけりたくなる平穏をもたらしてくれた。CKOSの2017年版は、まさに同じ雰囲気だが、言葉遣いが違う。トップのアコードがもっと長続きするとよかった。いい香水だ。=LT

▷ ***CK2***（シーケーツー）　**カルバン クライン**　★★　灰色の水

1994年の傑作「ワン」から始まったCKシリーズは、そのオリジナルの美学に感心するほど忠実であり続けてきた。つまり、静かに語りながらも注目を集める香り。シリーズのどれをとっても、好き嫌いは別として、熟考と努力のあとが感じられ、コティを基準にすれば皮肉っぽさが実に少ない。「シーケー 2」は、車のボディカラーで最近流行っているウォームグレーを香りで表現した勇気ある試みだが、私に言わせると失敗だ。ただ、そのアコードがほかのどんな匂いにもたとえられない、という点ではおみごと（香りのピラミッドで「濡れた石」と表現されているのには苦笑い）。また、静かだがいつまでも香りが続くという「ワン」の醍醐味も、形としてはできている。問題は、それがささやきというよりつぶやきで、何を伝えたいのかはっきりしないこと。=LT

▷ ***Clean Air***（クリーンエアー）　**クリーン**　★★　洋ナシ 石鹸

この無味乾燥な匂いで思い出したのは、ほぼ忘れ去られたピーター トラースの多環式ムスク、トラセオリドR（ナールデン）だ。専門家の間では1-1,1,2,6-テトラメチル-3-プロパン-2-イル-2,3-ジヒドロインデン-5-イル）エタノンとして知られ、洋ナシのとてもいい香りだった。=LT

▷ ***Clean Blossom***（クリーンブロッサム）　**クリーン**　★★　フローラル 石鹸

こういう香水を作るときのいちばんの苦労は、眠気をこらえることだと思う。=LT

▷ *Clean Cashmere*（クリーンカシミア）　**クリーン**　★★　ウール 石鹸

冷たい水でデリケートなウールの服を洗った洗剤の匂い。つまり、悪くはない。お値段は70ドル。=LT

▷ *Clean Summer Sun*（クリーンサマーサン）　**クリーン**　★★　アップル 石鹸

瓶に入った歯磨きペースト。=LT

▷ *Clear Heart*（クリアハート）　**マップ オブ ザ ハート**　★★　メロン フローラル

クリーミーなメロンとフローラルのありきたりな香りで、すごくいいシャワージェルみたいな匂い。=LT

▷ *Close Up*（クロースアップ）　**オルファクティブ スタジオ**　★★　フルーティ オリエンタル

アニック メナードが作ったつまらない香水、というレア中のレアな一品。「マスト ドゥ カルティエ」風の単調なフルーティ オリエンタルだが、ドライダウンはアンバーというよりバルサミック。神様だって休みたいときはある。=LT

▷ *Clémentine California*（クレメンティーヌカリフォルニア）　**アトリエ コロン**　★★　マンダリン ペッパー

とびきりまばゆいシトラスを表現しようとして、淡くて特徴のない匂いになった。=LT

▷ *Close to My Heart*（クローストゥマイハート）　**ベラ フロイド**　★★★　ウッディ チュベローズ

ちょっとレトロな構成で、「オスカー」（オスカー デ ラ レンタ、1977）を彷彿させるいい香り。フローラルが敬遠される最近の風潮にあてはめると、ボンドから相手にされないミス マネーペニーみたいな立ち位置のスタイリッシュさ。=LT

▷ *Club Design*（クラブデザイン）　**ザ ズー**　★★★★★　ゴム 蜂蜜

クリストフ ロダミエルはMIT仕込みの化学者で、とてつもなくエネルギッシュな人物だ。そして今、もっとも独創的なアコードを作り出す調香師かもしれない。元雇用主のIFFは、ロダミエルに計りしれぬ恩がある。長年にわたり、どの展示会でもIFFのブースには自社の香料を使ったアコードが10数種並んだが、すべてロダミエルの手がけたもので、どの香りも斬新だった。その挑発的なアプローチは、業界内で賛否両論だったはず。そんな彼が、ついに自身のブランドを立ち上げた。

ぜひとも成功してほしい。
立ち上がり、強烈な印象を残すのは、「ブルガリ ブラック」に似たゴムの匂いだが、あの濃密で甘いバニラが香るサリチレートのハートノートとは違う。ダークグリーンというより、ゴールドを思わせるバックグラウンドで、よく耳をすませると、二つの渦巻くコーラスが聞き取れる。蜂蜜っぽいバックグラウンドとミステリアスで透明感のあるグリーン フローラルのハートノートだ。不思議と、太陽の明るさと、閉じた空間を同時に感じさせる。まるで、閉じているのに輝きが溢れる、フランク ロイド ライト設計の大きなガラス張りのリビングルームだ。こんな香水は類がない。
補足。ロダミエルはラベルに「ガーメント フレグランス（衣服の芳香剤）」と記している。こうしておけば、IFRA が未認可の香料もすべて使えるからだろう。くだらない規制が気がかりな人は服の上からつければよい。この香りが「セント タトゥー」とまったく同じ、というロダミエルのいたずらも冴えている。=LT

ザコブラアンドザキャナリー
▷ ***The Cobra and the Canary*** **イマジナリー オーサーズ** ★★★ シトラス レザー
クリストフ ロダミエルによる素晴らしい「エス エクス」にヒントを得たであろう、モダンなレザー系香水で、ファーのような贅沢さはない。「キュイール ドゥ ルシー」に比べたら、新車の匂いに近いけれど、パッケージにレーシングカーと鍵がプリントされているから、あえてそれを狙ったのかも。=TS

ココノワール
▷ ***Coco Noir*** **シャネル** ★★ ウッディ フルーティ
「ココ」（1984）と「ココ マドモアゼル」（2001）はだれもが納得する大作だった。前者は「オピウム」のみごとなフルーティ バージョンで、後者は性別を問わないオリエンタルの先駆けになった。でもそれにつづく「ココ ノワール」にはがっかり。トップノートはシャネルの素晴らしい「アンテウス」からの引用で、一瞬、これはかなり独創的な女性用香水かもと期待させる。でも、それはすぐに消えてしまい、残るのはフルーツとパチュリの混じった匂い。ぼんやりとしたあたたかみのあるベージュっぽい構成は、「アリュール」の陰鬱さを思わせるが、あれほど際立ちはしない。買わなくてよし。=LT

クールドノワール
▷ ***Coeur de Noir*** **ビューフォート** ★★★ ラム スモーク
ボーフォールの「ヴィー エ アーミー」（該当レビューを参照のこと）から遠くかけ離れてもいないが、こちらはもっと質素。ボーフォールの代名詞であるスモーキーなア

コードのバリエーションの一つ。=LT

▷ ***Cologne***(コローニュ) **エタ リーヴル ドランジュ** ★★★ ネロリ ジャスミン
とてもよくできたシトラスのオーデコロン。砂糖漬けのオレンジピールの立ち上がりは、「オードランジュ ヴェルト」(エルメス) のトップアコードを思い出すけれど、あの陳腐でウッディなドライダウンとは違う。=TS

▷ ***Cologne***(コローニュ) **ル ガリオン** ★★★ シトラス セージ
これぞ香水でできた氷山だ。姿を見せているフレッシュレモンがすべてと思わせて、実は水面下に、残りの9割にあたる贅沢で洗練されたハートノートと、何時間もつづくドライダウンが隠れている。=LT

▷ ***Cologne Indélébile***(コローニュインデレビル) **フレデリック マル** ★★★ 重厚なコロン
コロンとはそもそも、香りが消えやすく、軽やかにさっと移ろうところに良さがあるのに、わざわざこんなに遅いテンポで仕上げる意味がわからない。大御所のドミニク ロピオンは、とにかく技術的なチャレンジが好きなのだろう。コロンにモダンなムスクをふんだんに注ぎ込んだはいいが、香りのホワイトノイズに埋もれてしまっている。=LT

▷ ***Cologne Nocturne***(コローニュノクトゥルヌ) **ル ガリオン** ★★★★ シトラス ラベンダー
ロドリゴ フローレス ルーが、ル ガリオンの過去の名作にとらわれずに調香した「コローニュ ノクトゥルヌ」。ラベンダーとシトラスの巧妙でオリジナルなアコードが、バイオレットリーフのトップノートと、心地よい粗さのウッディと理髪店のようなムスクのベースノートに挟まれている。とてもいい。=LT

▷ ***Cologne pour le Matin***(コローニュプールルマタン) **メゾン フランシス クルジャン** ★★ ネロリ バイオレット
レモン調のオーデコロンにグリーンがかったバイオレットを軽く添えているけれど、あまりぱっとしない。=TS

▷ ***La Colonia***(ラコロニア) **オリベル** ★★★ ドライ シトラス
渋くてドライな、クラシックなコロンを実にうまく解釈している。やや機能的な香り

がするが、シトラス系の調香にありがちな柔らかさが苦手な人にはおすすめ。=LT

▷ **Community**（コミュニティ）　**ザ ズー**　★★★★　おどけたシトラス
クリストフ ロダミエルにはピカソ的な落ち着きのなさがある。どんなものにも、まさかと思うような、でも後から考えるとすごく納得のいくひねりを加えずにいられない。その対象が退屈であればあるほど、結果はおもしろいものになる。「コミュニティ」では、オーデコロンの構成が題材になった。立ち上がりは濃密なテルペン系のライムのアコードで、ほっとする素朴な雰囲気を醸しているが、しだいに不思議な洗練されたアクセントに変わり、都会的な表情をのぞかせていく。「エンヴィ」（グッチ）を彷彿させるフローラル グリーンのハートノートになめらかに移ろうと、太陽のように明るくソリッドなドライダウンが待っている。ロダミエルに頼んでいれば、「ライト ブルー」もこんな風にできたのに。=LT

▷ **Concrete Flower**（コンクリートフラワー）　**アトリエ PMP**　★★★★　ウッディ スパイシー
まさに現代香水のお手本だ。「コンクリート フラワー」をかいで最初に感じるのは、ペッパー、カルダモン、ジンジャーのトップノートのうっとりするフレッシュさ。でもふいに、その質感を通じて構造が透けてみえる瞬間がおとずれる。ともすれば、ただ単にモダンでふくよかさのない、酸味のある女性向けフローラルで終わっていたはずが、骨組みに美しい素材を重ねてドレスアップさせるマーク バクストンの巧みさが発揮されている。マットなウルトラマリンにゴールドをちりばめたニキ ド サンファルの天使像みたい。素晴らしい。=LT

▷ **Confessions of a Garden Gnome**（コンフェッションオブアガーデンノーム）　**フォート ＆ マンル**　★★　グリーン フローラル
興味深く、複雑ではあるが、どこか抑揚のないグリーン ウッディ調のフローラルのアコード。「シャマード」（ゲラン、1969）や「マ グリフ」（カルバン、1946）を思い起こさせる。終わりは悪くないが、この香水には始まりが必要だ。=LT

▷ **Cookiecrunch**（クッキークランチ）　**コキレート**　★　オレンジ バニラ
限定版が嫌いな私でも、この香水が短命に終わると聞いてほっとした。ありえないほどチープで貧弱で、オレンジ味のクッキーみたいな退屈な匂いの代物が130ユーロもする。いいかげんにしてくれ。=LT

▷ ***Copper Skies***（コッパースキーズ）　**ケロシン**　★★★★　バジル タバコ

スケールが大きくてハンサムな、イソップやアヴェダの香水にも通じるハーブ調のヒッピーっぽい甘い香り。魅力的なひねりのあるバジルとラベンダーのトップノートが、あたたかみのあるタバコのハートノートに味わい深いフレッシュさを添えている。=LT

▷ ***The Cora***（ザコラ）　**タミーン**　★★　ローズ ムスク

「コリアンドレ」（クチュリエ、1973）と「ノウイング」（エスティ ローダー、1988）のあいだのような、クラシックなウッディ ローズ系シプレを強く彷彿させるが、素材どうしのギャップがひらきすぎている。大ぶりで、押しの強い、繊細さのかけらもない香りは、むしろおもしろい。=LT

▷ ***Corsica Furiosa***（コルシカフュリオサ）　**パルファム ド エンパイア**　★★★　レンティスク ウッド

ギリシャではおなじみのマスティハは、地中海沿岸に生育するレンティスクという低木の樹脂で、ヒオス島で生産され、リキュールやガムに加工される。同類のガルバナムに近いが、もっと柔らかな印象。一般にはグリーンノートで知られるが、ここではアーシーでウッディな表情をみせている。=LT

▷ ***Couleur Kenzo Violet***（クルールケンゾービオレ）　**ケンゾー**　★　吐き気のするフルーティ

私がフルーティな香りに弱いのはご存知の通り。発売当時（1998年）、ジャコモの「パラドックス ブルー」をべたぼめしたので、私の感覚がどうかしていると思った人もいたようだ。でも、あの香水を先駆けに、ますますどぎつくなるフルーティ フローラルの大群が生まれるとは予想もしなかった。最近ではフローラルっぽさも捨て去られ、クレーム ド カシスにひたした蛍光ピンクの巨大な綿菓子となって膨れあがっているありさまだ。この香水をはじめとするいわゆる「グルマン系」の不思議なところは、まったく食欲をそそる匂いがしないこと。香りを楽しむより、むしろダイエットの役に立ちそう。=LT

▷ ***Coven***（カブン）　**アンドレア マーク**　★★★　グリーン アーシー

アンドレア マークのラインのなかでは抜群にいい。「アリアージュ」（エスティ ローダー、1972）を荒々しく再解釈した、心地よく湿りけのあるグリーンかつアーシーなアコードで、花屋と切りたてのイモのあいだのような匂い。バルサミックとアンバー

調のバックグラウンドが絶妙にまろやかさを与えている。上出来だ。= LT

▷ ***Coven***（カブン）　**パルチザン パルファム**　★★★　フローラル シプレ

新たな才能を見つけるのはいつだって嬉しい。アレクサンドラ ペロベルタイロはまさにそんな逸材。ウクライナの都市ドニプロを拠点にし、物書きが追い求める「声」に相当するような、香水の世界におけるとらえがたいものを心得た調香師だ。「カブン」は彼の手がけたなかで最もクラシックで、とてもソリッドな仕上がりの香水。バターを感じるフローラルな香りは、廃番になって久しいモリヌーの「ビーブ」を濃くしたような印象を受ける。=LT

▷ ***Cozé Verde***（コゼベルデ）　**パルフュメリ ジェネラール**　★★　ウッディ アンバー

10年前に出たオリジナルの「コゼ」は、愛らしくて複雑で、ナチュラルでヒッピー風なところがあって好きだった。でも最近、ピエール ギヨームの仕事ぶりがどうもおかしい。かつての独創的な、上質な素材で丹念に調合された作品をオリジナルとしたら、粗削りでチープで模倣の域を出ない不要な続篇とのギャップがすさまじい。この香水も、いいアイディアは込められているけれど、香りは未完成で、十分な予算もかけられていない感じ。=TS

▷ ***Craft***（クラフト）　**アンドレア マーク**　★★　スモーキー アンバー

取るにたらないアンバー オリエンタル。おもしろいことにウェブサイトには、「個人用の香水として作られたものでは決してない」と書かれている。=LT

▷ ***Craquelé***（クラクレ）　**マーチャント オブ ベニス**　★　ウッディ グリーン

マーチャント オブ ベニスは、「ピノ シルヴェスター」などで50年代を風靡したヴィダル社を受け継いだマヴィヴ社の所有するブランド。タバックやジッポ、4711など多くのブランドをライセンスも含め手がけているマヴィヴ社だが、マーチャント オブ ベニスの市場での位置づけは「マスティージ」のセグメントだそう。マス向けの高級品（プレスティージ）という意味らしいが、なんて気持ちの悪い造語だろう。この「クラクレ」は、パッケージングにお金をかけすぎて、香水そのものにあてる予算がプアティージになったとみえる。結果として、立派なボトルに入っているのは、格安スーパーの歯みがきコーナーのとなりに置いてある男性用香水みたいな匂い。ちなみに、これは女性用として売られている。=LT

クリエーションイープールフェム
▷ ***Creation - E pour Femme*** **ロジャ ダブ** ★★ フローラル オリエンタル
お決まりのフローラル。=LT

クリエーションイープールオム
▷ ***Creation - E pour Homme*** **ロジャ ダブ** ★★ ベルガモット カルダモン
「デクラシオン」もどきのごたまぜ。=LT

クリエーションアールプールフェム
▷ ***Creation - R pour Femme*** **ロジャ ダブ** ★★ ウッディ シプレ
「ジバンシィ Ⅲ」(1970) 風の1970年代っぽいウッディ シプレ。=LT

クリエーションアールプールオム
▷ ***Creation - R pour Homme*** **ロジャ ダブ** ★★ ウッディ シトラス
お決まりのウッディな男性用香水。=LT

ルクリドラリュミエール
▷ ***Le Cri de la Lumière*** **パルファム ド エンパイア** ★★★★★ ローズ アイリス
信頼する知人の評判も聞いていたし、パルファム ド エンパイアの色彩豊かでパノラミックなスタイルがもともと好きだから、「ル クリ ド ラ リュミエール」を試すのがとても楽しみだった。マーク-アントワーヌ コルティキアットの香水を嗅ぐのは10年ぶり。分析化学に通じ、ベルサイユ香水学校で教鞭をとった経験もあるコルティキアートは、いい原料と最高の原料の違いがわかる調香師だ。「ル クリ」を紙にスプレーして、私は思わずのけぞった。アイリスとローズのあいだを行き来する最初の5分は、昨今では最も美しいはじまりのメロディーの一つ。これを単にトップノートと呼んだら侮辱になる。まるで魔法をかけたように、分子が開いたり閉じたりして、ゲラニオールとイロンのあいだを原子が躍っている。極めて上質なローズとアイリスが、詩的な表現をみごとに叶えた。イオノンでくらくらする感覚もあり、その優雅さの全容はトップノートだけでは計り知れない。試香紙を持ったまま娘を学校に迎えに行ったら、車を降りた瞬間に風が吹いて、校門にいた児童の母親たちが「この素敵な香りはいったい何?」と驚いた。紙につけた香りでも、彼女たちは男性用香水だと思ったそうだ。これはフローラル香水に向けた最高の賛辞だろう。はるか遠くできらめくドライダウンにいたるまで、変化のタイミングが絶妙で、スケールの大きな風格ある香水だ。紙につけて15分ほどたち、フローラルの下に隠れていた香りに気づく瞬間は、マジックとしか言いようがない(ネタばれだが、あたたかみのあるウッディだ)。最近のほかのレビューを見直して、評価を下げなくてはいけないかも。=LT

▷ *Crystal Oud*（クリスタルウード） **アリソン オルドイーニ** ★★ ウッディ シトラス

ありきたりのドライなシトラス ウッディの男性用香水。記憶にも残らない。=LT

▷ *Cuir*（キュイール） **サン ローラン** ★★ サフラン スパイス

「ヌ」（2001）以降、香水の低迷が続くYSL。この洗練されたパッケージのコレクション ド ニュイで名誉挽回のチャンスがあったのに、それをふいにした。親会社のロレアルは素晴らしい調香師を雇い、おそらくは興味深い香りを依頼したのだろうが、まともなものを作るのに必要な予算を与えなかった。ちなみにこのコレクションは、やたら薄めたジュースが100ml入って、250ドルで売られている。こういうぼったくりを「キュイール」のような香水でやられると特に腹立たしい。調香師のイリアス エルメニディスが、本当にいいものを作ろうと、エアリーで、スパイシーで、フレッシュなサフランとレザーのアコードを目指していたのは明らかだからだ。ボトル1本につきあと1ドルでも予算を足してくれていたら、最高の香水になったかも。でも、そろばん係はそろばんの目しか数えない。=LT

▷ *Cuir Andalou*（キュイーランダロ） **ラニア J.** ★★ ウッディ レザー

ドライでけっして悪くないはずのレザーの構成が、おそろしいウッディ アンバーの匂いでだいなしになっている。調香師の嗅覚が麻痺しているのだろう。残念。=LT

▷ *Cuir Cannage*（キュイールカナージュ） **ディオール** ★★★★ なめらかなレザー

花やスパイス、樹木、果実などの比喩をこばむレザーの香りは、香水愛好家にとって異端な存在だ。合成香料ができるまで、レザーは香水の世界で唯一の人工の香りだった。バーチの樹液を煮詰めてできるタールが主な原料で、レザー特有のスモーキーでビターなケミカル臭を生み出す。レザー系香水の誕生した時期が、ヨーロッパの芸術が今よりはるかに斬新だった男女両性的な1920年代にさかのぼるのは偶然ではない。その香りのスペクトラムの両端にあるのが、「キュイール ドゥルシー」（シャネル、1927）と「クニーシェ テン」（クニーシェ、1925）だ。前者は、香り高い人を乗せた高級車の匂い。後者は、レザーとラズベリーのあいだの大胆で派手なアコード。あえてケチをつけろと言われれば、「キュイール ドゥ ルシー」は豪華すぎて、「クニーシェ テン」は飾り気がなさすぎるところか。「キュイール カナージュ」（フランス語で枝編み細工の意味）は、ディオールのプリヴェというこっけいな名前のコレクションのなかの一つ。調香を手がけたフランソワ ドゥマシーは、長年にわたり「キュイール ドゥ ルシー」のクオリティ維持に努めた経験をもつが、それがこの香水にも表れている。新しさを打ち出すことはせず、芳醇さと明瞭さ、ラグジュアリーとシック、ビターとスイートの中間をみごとにとらえた作りだ。ドライダウンはわずかにアンバー調に転じるが、驚くほど忠実にレザーの構成を保っている。クラシカルスタイルの名匠による、とびきりなめらかな逸品。=LT

キュイールキューバアンタンス
▷ ***Cuir Cuba Intense*** **ニコライ** ★★★★ リコリス タバコ
パトリシア ド ニコライらしい、あたたかみのあるリッチな仕上がりの、アニス調のタバコの味わい深い香り（原料にはリストされていないが、インセンスがほのかに香り立つ）。運気を上げるために部屋に振りまこうか、それとも自分にスプレーして、ロシアの教会とパン屋が合体したような香りでまわりを不思議がらせようか、つい迷ってしまう。テクニカルな面でいえば、これは誰も頭痛で苦しめることなく、ウッディ アンバーの背景でウッディの構成を引き立たせたお手本だ。=LT

キュイールドリュシ
▷ ***Cuir de Russie*** **ル ジャルダン ルトゥルベ** ★★★ フローラル レザー
ユーリ グツァッリ（「シトロン ボボリ」も参照のこと）による調香で、ジェルメーヌ セリエの「ジョリ マダム」（バルマン、1953）を思わせるレザーノート。とてもフローラルな香りで、ドライダウンも素晴らしい。=LT

キュイールダンザン
▷ ***Cuir d'Encens*** **アリソン オルドイーニ** ★★ スパイシー オリエンタル
調香師はこの香水がどんな名前になるか知らなかったに違いない。なぜならインセンスの香りもレザーの香りもしないから。無数にあるお決まりのスパイシー オリエンタルの一つ。=LT

キュイールガラマント
▷ ***Cuir Garamante*** **パルファム MDCI** ★★★★ ウッディ ローズ
この香水をどう思うかは、香りのなかのウッディ アンバーをどれだけ強く感じるかで大きく変わる。私はパーフェクトな仕上がりだと思うが、TSの意見は違う。私の嗅覚では、これはローズとウードのアラビア風のアコードを、スパイスを添えてヨーロッパ風に愛らしく解釈したもの。とてもいい男性用香水だ。=LT

キュイールサクレ
▷ ***Cuir Sacré*** **アトリエ デ オール** ★★★ カルダモン ベチバー
カルティエのオリジナルの「デクララシオン」（1998）にインスパイアされた、上質なスパイスとウッドの心地よいアコード。カルダモンのつきぬけるような味わい深い音色に、ベチバーのフレッシュさが重なり、古書の匂いのバックグラウンドに映える。やや力強さにかけるのは、たぶん稀釈度のせいだろう。=LT

キュイールブルール
▷ ***Cuir Velours*** **ナオミ グッドサー** ★★★ ベチバー レザー

感じはよいが、どちらかというとありきたりなウッディ オリエンタル。立ち上がりは古い「ケンゾー ジャングル」みたいで、終わりは「ハバニタ」に近い。=LT

カラントムード
▷ ***Currant Mood*** **アンナ ズヴォリキナ** ★★ フルーツ スパイス

天然香水のありがちな落とし穴にはそうそうはまらないアンナ ズヴォリキナにしては珍しく、特徴のない香りのごたまぜになっている。ドライフルーツティーの徳用詰め合わせみたい。=TS

ダリアディヴァン
▷ ***Dahlia Divin*** **ジバンシィ** ★★ シトラス シプレ

数年前にLVMH全体の香水部門のトップに就くまでは、フランソワ ドゥマシーは業界では主にシャネルの香水の陰の立役者として、香水マニアには今も色あせない最高の男性用香水の一つ「アンテウス」(1981) の調香師として知られていた。最近は大忙しのようで、今年に入って15の香水にその名がクレジットされている。「28 ラパウサ」(シャネル、2007) や「エスカル ア ポルトフィーノ」(2008) で受けた印象からすると、ドゥマシーはジャック ゲランが得意としたレアな技術を持っている。つまり、ぎこちないアイディアや未完成のアイディアの中身をとことん調整し、なめらかに完成させる技術だ。「28 ラパウサ」はまさにその技が光る陽気なアイリスだった。いっぽう「エスカル」は、基本はありきたりなオーデコロンだが、あまりに巧妙に仕上げられているから、同じジャンルのなかではずば抜けてよく思えた。「ダリア ディヴァン」では、どぎつくて酸っぱくてやかましいシトラス フローラルという、チューインガム好きの10代をねらった低俗きわまるジャンルに挑み、みごとに美しく仕立て直した。ジバンシィの最近の状況からして、原料にお金をつぎ込んだ結果だとは思えない。それでも実際以上に高価な香りがするのだから、なおさら感心させられる。=LT

デムルージュ
▷ ***Daim Rouge*** **センティフィック** ★★★ スエード ローズ

興味深く、複雑で、やや取り散らかった構成。蜂蜜とレザーのバックグラウンドに、

おもに甘いローズが香る。=LT

ダイミリス
▷ ***Daimiris*** **ラボラトリオ オルファティーボ** ★★★ サフラン スエード
一風変わったなめらかなモノクローム調のレザーノートが、不思議とローズマリーっぽいコリアンダーの香りで引き立てられている。ピエール ギヨームによる巧みな仕事だ。=LT

デイジーブラッシュ
▷ ***Daisy Blush 2016*** **マーク ジェイコブス** ★★ ミモザ ミュゲ（スズラン）
偉大なアニー ブザンティアンによる調香だが、この香水の調香師はまるで、拘束衣の上から南京錠付きの鎖を巻かれ、トランクケースに閉じ込められて溺れさせられたかのよう。最後のくぐもった声は「ディオリッシモ！　ディオリッシモ！」と叫んでいたに違いない。=LT

デイジードリームブラッシュ
▷ ***Daisy Dream Blush 2016*** **マーク ジェイコブス** ★★ 安っぽいバイオレット
マーク ジェイコブスがメチルイオノンの効力をついに発見した。=LT

デイジードリームフォーエバー
▷ ***Daisy Dream Forever*** **マーク ジェイコブス** ★★ フルーツ カクテル
かのアルベルト モリヤスによる調香だというが、「シーケー ワン」を手がけたのと同一人物とはとても思えない。フィルメニッヒ社ではAIが調香師に取って代わったのかも。そうだとしたら、そのAIはチューリングテスト不合格だ。=LT

デイジードリームキス
▷ ***Daisy Dream Kiss*** **マーク ジェイコブス** ★ フルーティ フローラル
とある香水を故エイドリアン ジルが「チャブ（イギリスの下流階級の若者を指すスラング）の唾」と表現したのは傑作だったが、これも「チャブの腋汗」くらいに値する。=LT

デイジーオーソフレッシュブラッシュ
▷ ***Daisy Eau So Fresh Blush 2016*** **マーク ジェイコブス** ★★ 石鹸様ローズ
「アニメに出てくる女の子がつけそうな、頭がからっぽのキュートなフレグランス」を作ってほしいという注文ならば、この香水は大成功だ。=LT

デイジーオーソーフレッシュキス
▷ ***Daisy Eau So Fresh Kiss 2017*** **マーク ジェイコブス** ★★ シトラス フローラル
けばけばしいゲテモノだらけのマーク ジェイコブスの香水にしては、巧みな作りで

興味をそそられる。ただし、それも1分間だけ。オリビエ クレスプが調香にかけた時間もその程度だろう。=LT

▷ ***Daisy Kiss***（デイジーキス） **マーク ジェイコブス** ★ グレープフルーツ ピオニー（シャクヤク）
地獄にあるショッピングモールはどんな匂いがするか、これでわかった。=LT

▷ ***Dama Koupa***（ドマクーパ） **バルティ** ★★★★ アーモンド アイリス
スピロス ドロソプロスは、いま最も興味深い調香師の一人だと思う。とりわけこの業界においては、単に高い技術力のみならず、思慮深さを持ち合わせた少数派だからだ。もし彼が大手の香料会社で仕事をしたら（想像するだけでゾッとするが）、クリストフ ロダミエルも大慌てで新しいアコードを生み出そうとするにちがいない。そんな数少ない逸材だ。この香水は、上質なアイリスの親しみやすい香りとヘリオトロピンを用いたアーモンドのアコードが偉大な「アプレ ロンデ」（ゲラン、1906）を思わせるが、ここではオスマンサスとバルサミックの背景が添えられて功を奏している。=LT

▷ ***La Dame Blanche***（ラダムブランシュ） **サークル デ パフューマー** ★★ "チューブ" ローズ
調香師のジュリー マッセは、「空気のように軽やかな」チュベローズを作ろうとしたのだろう。ならば、ミッション完了だ。これは淡いローズ系のホワイト フローラルで、「チュベ」の部分はまったく嗅ぎとれない。=LT

▷ ***Danger pour Femme***（ダンジェプールファム） **ロジャ ダブ** ★★ フローラル トンカ
「強力な媚薬をたっぷり注ぎ込んだ」という、お決まりのフローラル。=LT

▷ ***Danger pour Homme***（ダンジェプールオム） **ロジャ ダブ** ★★ ウッディ シトラス
お決まりのウッディ シトラス。=LT

▷ ***Dangereuse***（ダンジェローズ） **センティフィック** ★★ フローラル ココナッツ
アイリスの香りのラクトンというアイディアはおもしろいが、仕上がりは微妙。=LT

▷ ***Dangerous Complicity***（デンジャラスコンプリシティ） **エタ リーヴル ドランジュ** ★ プラム リカー
20年も前に嗅いだおそろしい匂いが記憶の底からよみがえった。義理の弟が自分

の結婚式で、プラムのブランデーを飲みすぎて失神したときの匂いだ。=TS

▷ **Darjeeling Tea**（ダージリンティー）　**ジョー マローン**　★★★　スイート ジャスミン

ジョー マローンのファンは、香水の好みにジレンマがある気がする。本当は、大胆で美しいグラマラスな香りが好きなのだが、一輪挿しを置いた真っ白なキッチンに似合う香水もほしい。車でたとえるなら、赤いアルファロメオに憧れているけれど、白いフィアットに乗っているような感じだ。ジョー マローンはそんなジレンマに応えるため、キュートでミニチュア模型みたいな香水を作っている。相反する方向性を一つにした香水作りが果たしてうまくいくのか疑問だし、ドライダウンで香るトップノートを作れと、物理法則を無視した注文をひたすら受ける調香師が哀れだ。「ダージリン ティー」はまさにそんな香水の典型。ウッディ フルーティの香りが混じる悪くないジャスミンだが、もっとボリュームを出さないとまともな香水にはならない。=LT

▷ **Dark**（ダーク）　**ネアンデルタール**　★★★★　スモーキー アニマリック

アーティストのケンタロウ ヤマダによるネアンデルタールの「ダーク」と「ライト」は、人間の遠い祖先のネアンデルタール人が、クロマニョン人によってその遺伝子を薄められてしまう前、どんな香りを好んでいたのかを想像して作られた。遺伝子解析の費用が25ドルよりも安くなったら、ぜひ自分の遺伝子を調べてみたい。私がこの香水を好きなのには、何か遺伝的な理由があるかもしれないからだ。調香師のユアン マッコールは、北欧の岩、コケ、波しぶきを想起させる詩的な香りをみごとに表現した。「ライト」にくらべ、「ダーク」はより力強く、寡黙な印象。とても素晴らしい。=LT

▷ **Dark Side**（ダークサイド）　**フランチェスカ ビアンキ**　★★　ウッディ アンバー風のアンバー

ソリッドなアンバー風の香りというのはわかる。ウッディ アンバーの香料が適量含まれていて、球体から尖った角が飛び出た星型多面体みたいに主張しているから。=LT

▷ **De Бachmakov**（ドバシュマコフ）　**ザ ディファレント カンパニー**　★★　シソ ベルガモット

香水の名前は、香水瓶の名デザイナー、ティエリー ド バシュマコフにちなんだもの。感じはいいが、深みに欠けるシトラス ミントのアコードで、トップノートはとて

も心地よいものの、そのあとはまずまず。=LT

▷ ドゥプロファンディス
De Profundis　**セルジュ ルタンス**　★　クリサンセマム（キク）インセンス

その名の通りどん底の匂い。=LT

▷ デカダンス
Decadence　**マーク ジェイコブス**　★★　グリーン シロップ

「デカダンス」は本来なら「Desperation（自暴自棄、やけくそ）」と名づけるべき。マスマーケット向けの香水が自らまねいた惨状をまさに体現しているからだ。第一に、価格を正当化するために使われたであろう原料の匂いとじっさいの香りがこれほどかけ離れた香水を私は知らない。アイリスにサフラン、プラム、ジャスミン、ローズ、パピルス、ベチバー、リキッドアンバーが入っているというが、冗談もほどほどにしてもらいたい。これ以上に不自然な匂いのファインフレグランスがあるだろうか。まるで誰かが、AXE のデオドラント剤を原料にして調香させられたみたいだ。その誰かというのは、「ティー ローズ」（1971）や「プレジャーズ」（1995）、「ピュアディスタンス 1」（2008）など、長年にわたり数々の名作を残してきたアニー ブザンティアンなのだが。第二に、顧客の心をつかむ最初の 10 秒に的をしぼったフロントローディングが、もはや常軌を逸している。たしかに最初の２分間は、ブザンティアンの巧みな技術のおかげで、打ち上げ花火のごとく素晴らしい香りが溢れ出す。ライチにリンゴ、ミント、バイオレットが勢いよく火花を散らして消えていったあとは、５分ほどのあいだ、荒れた姿で死から蘇ったオリジナルの「ドルチェ ヴィータ」（ディオール、1995）のような香りになる。「悪くないかも」と思いかけたら、今度は思いきりチープで鼻につくアフターシェーブローションの匂いになる。香水として残されたわずかな名誉を守ろうと、ドライダウンでは風変わりでなかなか美しいバイオレットリーフが香り、錆びた船の匂いを思わせる（ちなみにこの香水は流れ星みたいなもので、この時点でまだ 15 分だ）。つまり、出かける前にこの香水を吹きかけても、タクシーが迎えに来るころには、マスカラの落ちきった顔で最終のバスに乗るときのような匂いになっている。まぁ、楽しんで。=LT

▷ デクララシオンパルファム
Déclaration Parfum　**カルティエ**　★★★★　バルサミック カルダモン

良いニュースは、世の男性のお気に入りがついにパルファンとしても登場したこと。悪いニュースは、控えめにスプレーすることを覚えないと、香りがうるさくなりすぎることだ。マチルド ローランが気を悪くしないといいが、「デクララシオン パルファム」はまるでカルティエの手がけるゲランの男性用香水のようだ。オリジナルを調香したジャン＝クロード エレナのアイディアは保たれているものの、あの無駄のない引き締まった印象は消え、かわりに「夜間飛行」のハートノートをほのかに思わせるスパイスとウッドの雲がふわりと漂う。「ニューヨーク インテンス」や「アゼムール レ オランジェ」と並ぶ、最近のウッディ スパイシー系男性用香水のベスト。=LT

▷ ***Décou-vert***（デクベール） **ラボラトリオ オルファティーボ** ★★★ グリーン フローラル
スズランと青リンゴのなかなかよくできた香り。=LT

▷ ***Desert Rosewood***（デザートローズウッド） **ゴールドフィールド ＆ バンクス** ★★★ マンダリン アルデヒディック
とてもいい香水、と言いたいところだが、セルジュ ルタンスがすでに同じアイディアで作った「ラ ミール」（1995）のほうが出来はいい。=LT

▷ ***Diafana Skin***（ディアファナスキン） **アリソン オルドイーニ** ★★ フルーティ フローラル
「バナナ スキン（バナナの皮）」と読み間違えたが、そう外れてもいない。やたらと複雑な構成で、今ひとつなアイスクリーム屋の味を思わせる。何味にしたいのかわからない味、あるいは注文したアイスクリームに隣のケースのグリーンのアイスクリームが混じってしまったような味。ようするに、メチャクチャということ。=LT

▷ ***Diaghilev***（ディアギレフ） **ロジャ ダブ** ★★★ ウッディ シプレ
「ミツコ」の半分の出来ばえで、値段はおよそ10倍。=LT

▷ ***A Different Drummer***（アディファレントドラマー） **ウォルデン** ★★★ タバコ シトラス
スモーキーなアコードが好きだけれど、塀のペンキやベーコンみたいな匂いだと思われたくない人におすすめの、エレガントでフェノリックなシトラスの構成。その健康的な輝きは、驚くほど持ちがいい。控えめな男性用香水としてはパーフェクトだ。=LT

▷ ***Digitalis***（ジギタリス） **パルファム クオルターナ** ★★ インセンス アクアティック
これがジギタリス？　むしろ、ウォータリーなバイオレットとインセンスの悪くない

香りで、たいして面白みはない。=LT

▷ ***Digitaria Black***（ジギタリアブラック） **バルティ** ★★★★ 果てしないインセンス

バルティの創設者、スピロス ドロソプロスに会ったのは、ミラノで開かれた香水展でのこと。話をするうちに、私たちが分子について相通じるとらえ方をしていることがわかった。ふつうの化学者なら分子の構造ばかり気にし、ふつうの調香師は構造などまるで気にしない。でも彼や私にとって分子は、限りなく多様な香りの特徴がその構造に書き込まれた象形文字みたいなもの。彼が分子オタクでなければ、「タバノンは、自然が生み出した中で最も美しい匂いのする分子の一つ」なんて表現はしないだろう。ドロソプロスの香水作りのアプローチは、使う文字や音階に厳しい制約をつけて創作に挑む詩人や作曲家のそれに似ている。その異様なこだわりが発揮されたのが「ヌード」で、ウードをまったく使わずにそのかぐわしさを表現していた。「ジギタリア」のサンプルをもらったあと、私は彼にメールを書き、ふつうの10倍は強く香るインセンスの原料は何かとたずね、驚くほどリアリスティックなヘイ（干し草）の香調に賛辞をおくった。ところが一本取られたようだ。彼は平然と、香水はインセンスもヘイも含んでおらず、熱したエゴノキにオポポナクスの樹脂を混ぜたアコードだと返事をくれた。ヘリクリサム（ムギワラギク）の匂いがするとTSが言うのも、わからなくはない。でもやっぱり、非常にたくましい印象もありつつ、インセンスのアコードを感じる。「ジギタリア ブラック」は、想像できるかぎり最高のインセンスノートだ。肌の上でも、快い香りがぶれることなく長持ちする。=LT

▷ ***Digitaria White***（ジギタリアホワイト） **バルティ** ★★★★ キュウリ インセンス

けむり立つ「ジギタリア ブラック」の巨大なアコードに、ドロソプロスはメロンとキュウリのアクアティックな構成をかぶせ、心地よいコントラストを生み出した。10分ほどたつと、ふたつの表情が重なりあい、きわめてドライでリアリスティックなヘイのアコードが現れ、やがて独特なあたたかみのあるハーブ調のドライダウンへ向かう。本当に素晴らしい。=LT

▷ ***Un Dimanche à La Campagne***（アンディマンシュアラカンパーニュ） **ゲラン** ★ 酸っぱいハーブ調

何年前だったか、ある不思議で新しい香調が登場した。汗とドライクリーニングのあいだ（あるいはジンと石鹸のあいだ）のような香りで、ミュグレーの「コローニュ」

(2001) では、古いシャツにスチームアイロンをかけたときの匂いを思わせる素晴らしい効果を生んでいた。ゲランの思い描く田舎(Campagne) の日曜日(Dimanche) は、さぞくたびれるものなのだろう。この無表情で異様な匂いには、汗くさい先生が黒板に滑らせる白いチョークと同じくらいのすがすがしさしかない。「マホラ」よ、どきたまえ。いまやこれぞゲラン最低の香水だ。=LT

ディオールアディクトオーデリス
▷ ***Dior Addict Eau Délice*** **ディオール** ★ フルーティ カスタード

少し前のカンファレンスで、偉大な調香師マーク バクストンがこんな話をしていた。分析化学のおかげで、いまや怠け者の調香師も大忙しの調香師も、他人の作った構成をほぼ思いのままカット&ペーストできるようになった。香水Aのトップノートに B のミドル、そして C のドライダウンをつなぎ合わせるだけでいい。しかしこのプロセスを繰り返していくと、いずれ物理学でいうところのエントロピーの最大状態に行き着く。まさにカオスだ。この「ディオール アディクト オーデリス」はそんな結末を表す典型で、古くなったフルーツサラダと味気ないバニラの香りがする。まるで安っぽいタルト (お菓子と女の両方の意味で) の匂い。=LT

ダーティフラワーファクトリー
▷ ***Dirty Flower Factory*** **ケロシン** ★★★ 蜂蜜 フローラル

気のきいた名前の面白いアイディア。ローズ、ジャスミン、オレンジフラワーのお決まりのフローラルアコードは、そもそも取りたてて華やかでもないが、対照的な雰囲気のアルデヒディックな蜂蜜のアコードが重なり、くすんだ印象になっている。朝の6時に二日酔いの薬を買っているところを見られたすっぴんの「ジョイ」(パトゥ) という感じ。=LT

ディッチヨナスアカーランド
▷ ***Ditch Jonas Åkerlund*** **ザ パフューマーズ ストーリー バイ アッツィ** ★★ グリーン パチュリ

濡れた土の匂い。=LT

ジェンネ
▷ ***Djhenné*** **パルフュメリ ジェネラール** ★★ ウッディ ミルキー

コンデンスミルクをオリエンタル調にしたのはおもしろいけれど、もっと予算をかけてもっと上手に仕上げてもらいたかった。これは雑然として、形にしきれていない。=TS

▷ **Dolce Passione**（ドルチェパッショーネ） **パンテオン** ★★ ひどく不快なオリエンタル

パンテオンの香水は、恋人ラ フォルナリーナと熱烈な夜を過ごした15日後に、37歳でこの世を去った画家ラファエロの愛の生活にちなんでいるらしい。言い伝えられている症状からして、死因は性的な疲労というより何かの感染症だろう。でもパンテオンは、偉大な天才を殺したのはセックスだと信じたいようだ。「ドルチェ パッショーネ」はくせのあるハーブ調のトップノートがものすごい勢いで噴き出し、廃番が惜しまれる「ラ ニュイ」（パコ ラバンヌ、1985）を彷彿させるが、もっと粗削りで、合成っぽさが強い。信じがたいが、作り手はこれをチョコレートとトリュフのアコードだとしている。アイディアは悪くなさそうだから、もっといい原料を使うべきだった。=LT

▷ **Donna**（ドンナ） **ギサダ** ★★ フルーティ フローラル

綿菓子風の超強力なフローラルで、あまりに強烈でしつこい。試香紙が鼻先にあたり、洗い落とすはめになった。=LT

▷ **Donna Margherita**（ドンナマルゲリータ） **パンテオン** ★ 下品なフローラル

フェイクのチュベローズに、フェイクのスイセンとフェイクのジャスミンを混ぜたおぞましい代物。=LT

▷ **Double Fond**（ドゥブルフォン） **ジャン - ミッシェル デュリエ** ★★★ シトラス ウッディ

無精ひげにサングラス、ドライビングローファー、という芸のない今どきの男っぽさを絶妙に再解釈した一品。=LT

▷ **La Douceur de Siam**（ラドゥスールドシャム） **ダスティア** ★★ 酒 ブーケ

ピッサラ ウマビジャニは才能あふれるタイのニッチブランドの経営者で、父親の書いた詩とフランスの古典的な香水にインスパイアされているそう。とりわけ、ジェルメーヌ セリエからの影響が明らかにうかがえる。そのアプローチは、新しめの香水ジャンルをアンバーグリスなどとびきり上質な天然香料で格上げするか、古典的な香水を合成香料でみごとに生まれ変わらせるかのどちらか。あいにくこの香水は、ラインナップのなかでいちばん面白みに欠ける。単調で曖昧なフローラルアコードから始まり、調子はずれの酸味がつきまとうローズのドライダウンは安い赤ワインみたい。=TS

▷ **Dragonfly**（ドラゴンフライ） **ズーロジスト** ★★ ヘリオトロピン ウッド

ベビーパウダーや使い捨てのオムツにありがちなアーモンドとフローラルの香り。恋しい匂いではない。=TS

▷ **Dreckigbleiben**（ドレキグブライベン） **アトリエ PMP** ★★★★ シダー スモーク

コンクリートの箱に入ったみごとな「ユニフェイス」（2005）を出したのと同じブランド。最初は、またウッディ スモーキー系かと思ったが、この香水（商品名は「汚れたままで」の意）はそれよりずっと素晴らしい。そもそもこのジャンルは、マーク バクストンが1994年にコム デ ギャルソン初の香水を手がけたときに生まれたもの。だから、ここでも本人の思い通り、いいものを作れるに決まっているし、構成は完璧の一言だ。素材が混じり合うことで、足し算にも引き算にも、ときにはかけ算にもなり、スモーキー、ペッパー、グアヤク、エレミからなるアコードは、古代の肖像画に使われた蜜蠟の塗料のような匂いに仕上がった。最近、いくつもの香水が古代風の匂いを目指して苦戦しているが、これは大成功だ。=LT

▷ **Dryad**（ドライアド） **パピヨン** ★★★★ ガルバナム シプレ

生まれつきの才能と勤勉さがあれば、アーティスティックな功績を挙げられることを証明した調香師がいるとすれば、それはリズ ムーアズだ。本人に会ったことはないが、ときどきメールで新作を知らせてくれる。「ドライアド」は、彼女がこれまで手がけたなかで最も完成された作品だと思う。自信と均衡と洗練をそなえたステージに達したことを物語る出来ばえで、将来を期待させてくれる。構成はクラシカルなシプレだが、スイセンに加えてビターなガルバナムがたっぷり添えられている。ガルバナムはふつう、パワーアップさせたキュウリのような香りに調香され、ヘキセニルエステルなどのグリーンでフレッシュなトップノートを強調するのにもよく使われる。でもここでは違う。香りの奥深くで光を放ち、まるで水面下で輝くエメラルドだ。全体としては、イソ E スーパーのきらめきを取りはらった「オーモンド ウーマン」と、陰鬱なシックさをなくしたシャネルの「N° 19」のあいだのような感じ。ダークでロマンティックな男性用香水としてつけても素晴らしい。=LT

▷ **Dual**（デュアル） **アンドレア マーク** ★★ レモン ウッディ

シャンプーの無料サンプル。=LT

▷ ***E*** **アヴェリー** ★★ フルーティ フローラル
アヴェリーの香水はみんなそうだが、これも中身は空っぽながら巧妙にできている。ちまたにあふれるフルーティ フローラルの駄作と路線は同じで、構成を単純化し、価格をわずかにつり上げている。ぞっとするほど手際がいい。=LT

▷ ***L'Eau*** **タウアー パフューム** ★★★ シトラス ムスク
がっかりさせられる男性用香水のあまりにも多いこと。これ見よがしなシトラス、ムスク、ウッディ、ウッディ アンバーのノートはふぞろいで、それがいかにむき出しで粗削りでケミカルで残念な仕上がりか、わかっていないみたい。アンディ タウアーの「ロー」も、香調だけでいえばその手の香水と同じに思えるけれど、もっといいエサをあげていたら美しい鳥になった気がする。=TS

▷ ***L'Eau à la Bouche*** **サークル デ パフューマー** ★★ レモン ラム
退屈で取るにたらないレモン調のミントの匂い。=LT

▷ ***Eau Ambrée*** **シャボー** ★ 掃除用の液体
まったくアンバーではない。おそろしいケミカル臭で、ガラスクリーナーと冷えたシガーのあいだのような匂いがする。=LT

▷ ***L'Eau de Circé*** **パルフュメリ ジェネラール** ★★★ ラクトニック アンバー
オデュッセウスの愛人キルケはむしろ、数千年も時代を先取りしてグッチの「ラッシュ」をつけていたとか。=TS

▷ ***Eau de Céleri*** **モンシラージュ** ★★★ セロリ フローラル
「オー ド セルリ」は都会的で洗練された、チャーミングなスパイシーハーブの構成で、夏の朝につけたくなるオーデコロンみたいな感じ。違いは、この絶妙なアコードがシトラスをほとんど使わずにフレッシュさを表現し、しかも長持ちさせていること。シトラス以外の方法でいかにフレッシュな香りを生み出すかは、香水作りの永遠のテーマであり、カルバンの「ベチバー」(1957) やペリー エリスの「フォー メン」(1985)、クレージュの「ナイアガラ」(1995) もそれに挑戦してきた。これらの香水は、アロマティック フゼアと遠く通じるところもあるが、力強さでは劣る。アナトール ルブルトンの香水で用いた音楽のアナロジーでたとえるなら、これは狭い

音域のなかで旋律とテクスチャーにこだわったオーケストラのストリングスだ。とても素晴らしい。=LT

オードグロワール
▷ ***Eau de Gloire*** **パルファム ド エンパイア** ★★★ シトラス インセンス
最近のパルファム ド エンパイアの基準からすると、これはやや型通りなシトラス、スパイシー、ウッディの構成。いかにもオリエンタルなニッチ香水のたたずまいだが、みごとに仕上げられている。=LT

オードオングリ
▷ ***Eau de Hongrie*** **ビクトリヤ ミーニャ** ★★ 蜂蜜 タバコ
オランダのパイプタバコを詰めたポーチみたいないい香り。でも、蜂蜜の香水はやっぱり微妙。=LT

オードジェーン
▷ ***Eau de Jane*** **ダリー ビューティ** ★★★ グリーン フローラル
クラシカルなグリーン ウッディ調のフローラルで、かつての「マ グリフ」(カルバン、1946) を彷彿させる。レトロな雰囲気が心地よい。=LT

オードゥネロリドレ
▷ ***Eau de Néroli Doré*** **エルメス** ★★★ サフラン コロン
ジャン＝クロード エレナのエルメスへの貢献はいうまでもなく偉大なものだが、この数年、その作品に陰りが見えはじめた。今も洗練されてはいるが、どこかおざなりな感じがする。このオレンジフラワーの香りもなめらかでサフラン使いが巧みだが、やや平坦な印象だ。=LT

オードニョニャ
▷ ***Eau de Nyonya*** **オーフォリー** ★★★★ トーストしたシナモン
何年か前にシンガポールを訪ねたとき、とりわけ印象に残ったのがプラナカン料理だ。私の知るかぎり、最も不思議でとまどいをおぼえる味の組み合わせだった。プラナカンは中華系移民の末裔のことで、ババ ニョニャとも呼ばれる。これはそのプラナカンのデザートの匂いを、こうばしいコーヒーとシナモン風のトップノートと、トロピカルフラワーのほのかな香りを添えて運んでくれる。グルマン系の香水が好きだけれど、タクシーの芳香剤みたいなラクトンや、粗悪なバニラの類似品、綿菓子の匂いでごまかされるのはもううたくさん、という人におすすめ。まさに、寝室にいながら旅ができる。=LT

ロードゥパイユ
▷ ***L'Eau de Paille*** **セルジュ ルタンス** ★★ ウッディ フルーティ
退屈でどうしようもない。=LT

オードゥルバーブエカルラット
▷ ***Eau de Rhubarbe Écarlate*** **エルメス** ★★★ ルバーブ ムスク
ルバーブはまだ意外性を秘めた素材だが、ここではモダンで酸味のあるフェミニンな香りを目指した貧弱な構成に落とし込まれ、その魅力がいかされていない。「ライト」な香水の作り方を、エルメスはもっと重く考えたほうがいい。=LT

オードソレイユブランク
▷ ***Eau de Soleil Blanc*** **トム フォード** ★★ シトラス フローラル
憂うつなときに光や色の感じ方が変わり、ベールをかけたように視界が灰色っぽくなるという不思議な現象を思い起こさせる香水。花を捨てたあと、花瓶に残った水みたいな匂いがする。=LT

オードスルス
▷ ***Eau de Source*** **シャボー** ★★ ウォータリー メタリック
はじめの1分ほどは、心地よく新鮮なみずみずしさがある。でもそのあと、失敗した「ロードゥ イッセイ」(イッセイ ミヤケ、1992) と化し、メタリックなカロンの匂いが強烈すぎて隣町の人にも嫌がられそう。=LT

オーデデリス
▷ ***Eau des Délices*** **ル ジャルダン ルトゥルベ** ★★★★ シトラス ラベンダー
とても心地よい、上質なオーデコロン。=LT

オーデメルヴェイユブルー
▷ ***Eau des Merveilles Bleue*** **エルメス** ★★★★ シーソルト
予感がぴったりと、しかもすぐに的中したときの嬉しさといったらない。ラッシュの「ダーティ」(2011) やアトリエ コロンの「フィギュエ アルダン」(2015) をかいだとき、このスタイルには黄金が眠っていると感じた。するとどうだ! この香水がそれを証明してくれた。はじめは何かのオーデコロン版かと思ったが、むしろひねりの利いた「フジェール ロワイヤル」調だった。フゼアの特徴といえば、芳醇さと毒々しさのきわどい境目でバランスをとっている、ともに曖昧さのあるラベンダーとクマリンだ。過小評価されている「ビヨンド パラダイス メン」を彷彿させるが、正直、このアコードがどうやって作られたのかわからない (マリンと海水とミネラルのノート、と説明されているが参考にならない)。ただ、とても巧くできていて、クリーンで石鹸のような、かすかに苦味のあるアコードだ。言いたくはないが、たしかにブルーな感じがする。これはクリスティーヌ ナジェルがエルメスで手がけた二つめの香水。彼女は、ゲランが「ミツコ」を生み出すために「シプレ」にしたのと同じことをなしとげた。つまり、先に作られた香水の骨組みを解体し、なめらかに整え直したのだ。素晴らしい。=LT

ローデサンス
▷ *L'Eau des Sens* ディプティック ★★★ オレンジ フラワー
ぼったくりのオーデコロン。=LT

オーデバカンス
▷ *Eau des Vacances* フラゴナール ★★ クラシックなコロン
感じのいいオーデコロン。=LT

ロードゥイッセイシティーブロッサム
▷ *L'Eau d' Issey City Blossom* イッセイ ミヤケ ★★ 淡いフローラル
アルベルト モリヤスの手がけたケミカルでつまらない香水がまたひとつ。「オムニア パライバ」(ブルガリ) も参照のこと。=LT

ロードゥイッセイピュアオードトワレ
▷ *L'Eau d'Issey Pure eau de toilette* イッセイ ミヤケ ★★ マリン フローラル
このおそろしく無味乾燥な香水を、あの偉大なドミニク ロピオンに調香させたとは信じがたい。ミケランジェロにトイレットペーパーの色調を選ばせるようなものだ。=LT

オードミノテ
▷ *Eau Dominotée* ディプティック ★★★ ムスク調ローズ
「ドミノテ」というのは、ゲーム用カードの裏面や引き出しの裏地に使われる模様が入った紙のことだそう。これは重みのあるローズとバイオレットのアコードで、バックグラウンドは目がくらみそうなムスク。古めかしい趣の「ブレニーム ブーケ」と、鼻につく資生堂の「エバー ブルーム」のあいだのような匂いがする。悪くはないが、この手の香水はどうも頭が痛くなる。=LT

オーマジオードパルファム
▷ *Eau Mage eau de parfum* ディプティック ★★ アンブロックス シトラス
100mlで200ドルするというが、アンブロックスとレモンの精油を稀釈した匂いしかしない。実にいい商売だ。=LT

▷ ***Eau Mixte***（オーミクスト）　**ニコライ**　★★★★　オークモス ゴースト

IFRAが乱発する規制のなかで最も深刻な弊害をもたらしているのは、オークモスに対するものだろう。ほとんどの男性用香水の柱となっていたオークモスは、複雑なウッディ ハーブ調のアコードを生み出し、フィキサティブとしても作用していた。代わりに調香師たちが使い出したのは、おぞましいウッディ アンバーのようだ。お金を出しただけパワフルになるということ以外、言うことはない。パトリシア ド ニコライの確かなスキルはここでも顕著だ。オークモスのアコードを、ジュニパーとレモン精油、ガルバナム、そしておそらくはローズゼラニウムを使って表現してみせた。仕上がりは、あの素晴らしい「オー ド ゲラン」に近いが、もっと濃密でダーク。ドライダウンはクリーミーなグリーンのアコードに転じ、グッチの「エンヴィ」を思わせる。上出来だ。=LT

▷ ***Eau My Soul***（オーマイソウル）　**4160 チューズデイズ**　★★★　フローラル オリエンタル

ブランド名の由来となったフェイスブックのグループにより、クラウドソーシングで作られためずらしい香水。各自がお気に入りの素材を提案し、それをサラ マッカートニーが調香してまとめた。暗い赤のシルクのペイズリー柄で彩られたダンヌンツィオの寝室に匂いがあるとしたら、きっとこんな感じだろう。=LT

▷ ***L'Eau Narciso Rodriguez for Her***（ローナルシソロドリゲスフォーハー）　**ナルシソ ロドリゲス**　★★　ホワイト フローラル

最近のホワイト フローラルは、とくに本物の花をいっさい傷つけずに構成されている場合、香水の世界のおとぎ話と化している。つまり、表面はかわいらしいが、その下に残酷で無慈悲な顔が隠れているということ。マシュマロにも強さを与えたい、という調香師のねらいはわかるし、「ケーレックス」（エスティ ローダー）のような成功例もある。だが、これは失敗。粗野でメタリックなウッディ アンバー調のノートが、表面のフローラルノートを歪めている。まるで、ピンクのレオタードの下から拳銃が浮き出ているみたい。これをつけたら、頭痛薬が欠かせない。=LT

▷ ***Eau Noble***（オーノーブル）　**ル ガリオン**　★★★　シトラス ウッディ

クラシックなシトラス、ウッディ、パチュリのアコード。感じはいいが、印象に残らない。=LT

▷ ***Eau Parfumée au Thé Bleu***（オパフメオーテブリュ）　**ブルガリ**　★★★　シソ ラベンダー

ラベンダーとシソ風ミントを組み合わせた、興味深い不協和音を奏でるトップノート（それもつかの間）。ミドルは淡いがあたたかみのあるアイリスのアコードで、もっと予算をかければ素晴らしいものになった気がする。ドライダウンはどことなく、あたためたホウレン草みたいな匂い。=LT

▷ ***Eau Parfumée au Thé Noir***（オパフメオーテノワール）　**ブルガリ**　★★★★★　天国のようなスモーク

まずまずの作品がつづくブルガリにおいて、珠玉の一品。調香したのは、忘れがたき「ル フード イッセイ」（1998）を手がけ、ウードを初めて大々的に採用した（「M 7」、2002）ジャック キャヴァリエだ。トップノートはマスク ミラノの「ロシアン ティー」に似ているが、やや物静かで、内なる声がひとつ、ふたつ加えられている。すべてのパーツがぴたりと噛み合う、まさに指物職人の技を想起させる香水だ。ウードの湿っぽさは、薬っぽいスモーキーノートで中和され、そのドライな質感はレモンがかったローズのアコードでなめらかに潤う。紙につけると本当にいい香りで、それがずっと長持ちする。肌の上では、時とともに香りがやわらぎ、食べてもいいくらいの匂いに変わる。小さな菱形の薬用ドロップを思い出す。=LT

▷ ***Eau Plurielle***（オープリュリエール）　**ディプティック**　★★　石鹸様ローズ

ぼったくりのローズ。=LT

▷ ***Eau Sacrée***（オーサクレ）　**ヒーリー**　★★★★　インセンス インセンス

すでに「カーディナル」（2006）でインセンスの香水を手がけているヒーリー。この「オー サクレ」では調香オルガンをめいっぱい駆使してふたたび挑み、最高に鳥肌が立つ分厚いインセンスのコードを生み出した。これでも満足できないというインセンス好きは、もはや復活祭に最寄りのロシア正教会に行くしかない。聞かれそうなので言っておくと、アルマーニの「ボワ ダンサン」（2004）より上出来で、バルティの「ジギタリア ブラック」とは甲乙つけがたい。=LT

▷ ***Eau Sauvage Parfum***（オーソバージュパルファム）　**ディオール**　★★★　ウッディ シトラス

何年も前、マジックマッシュルームを食べて某有名バイオリニストのコンサートに行ったとき、彼が自分で楽曲を理解して演奏しているのではなく、別の誰か（たぶんヤッシャ ハイフェッツ）を模倣しているのに気づいて衝撃を受けた。それはちょうど、子どもが自分で話せない言語を音だけ真似するようなものだ。同じくこの香水を手がけた誰かも（一応、フランソワ ドゥマシーとクレジットされている）、天才エドモン ルドニツカの特徴を正確につかんではいるが、ちんぷんかんぷんな演奏になっている。原料の粗さといい、アコードの騒々しさといい、ルドニツカが生涯追求した優雅さはまったくない。勇気ある挑戦は失敗に終わった。=LT

▷ **Eiderantler**（エーディラントラー） **ジャニュアリー セント プロジェクト** ★★★ グリーン ラベンダー

独立系の香水の素晴らしいところは、いわゆる香水三大都市（ニューヨーク、パリ、グラース）で育ち、訓練を受けたわけではない人々が香水を作り、今までとはまったく違うアイディアを持ち込んでいること。残念なのは、その未知のアイディアに慣れるのに時間がかかるということだ。ジョン ビーベルの作る香水はまさにそれ。30mlのサンプルボトルが詰まったボックスのデザインはどこまでも単調で、いかにも旧東ドイツ風だ。箱を開ける前から、作り手は垢抜けたビジュアルアーティストだろうと思わせる。実際にその通りで、なかにはミッドセンチュリー風の鮮やかなイラストのカードが香水と一緒に入っていた。サンプルのなかでいちばん異様ではなかったのがこの「エーディラントラー」だ。洗練されたグリーン ラベンダーの香りに、男性用香水に欠かせないと私が思う曇り空のメランコリーさが添えられている。やがて、陽気な香りに追いやられるのだが。=LT

▷ **Eisbach**（アイスバッハ） **レンリン** ★★★★ ラベンダー コロン

とても満足感のあるクラシックなオーデコロンのたたずまいで、ハーブ調のスパイシーなラバンディンとバジルのノートが意外性のあるひねりを加えている。実に洗練されて落ち着いたドライダウン。おみごと。=LT

▷ **Ekstasis**（エクスタシス） **レ プロフーモ** ★★ ホワイト フラワー

レ プロフーモにありがちな、独創性のない構成（「アドーネ」を参照）。ただし、今回は何を目指したかはっきりしている。これは、薄らいでいるが不快ではない「エタニティ」（カルバン クライン、1988）の亡霊だ。でも何のため？ =LT

▷ **Elenya Azur**（エレーニャアジュール） **ラドーネ** ★ ウード ナントカ

ラドーネはチューリッヒの香水会社で、「極めてロングラスティングな香水を彼女と彼のために」作っている。すぐに香りが消えることが現代香水の最大の問題ならば、実に立派な活動だ。同社は「ヨーロッパ製品を作るスイス企業」をうたっているが、世界の二大香料メーカー（ジボダンとフィルメニッヒ）はスイス企業なわけで、あえて主張することではない。また、動物実験を行っていないとしているが、そうであれば完全に違法な業態か、他の誰か（おそらくヨーロッパ製品を作るスイス企業）に実験させているかのどちらかだ。ウェブサイトの紹介文は、「私たちは、当社の香水に100％の責任を持ちます」と締めくくられている。まるで、他社はみんな責任逃れをしているかのような言いぐさ。その香水は、アラブ圏のマーケットに向けた、ウッディなウード使いの構成で、トップノートの合成香料を少しずつ変えたバリエーションを展開している。なんて独創的！ =LT

▷ ***Elenya Gold***（エレーニャゴールド）　**ラドーネ**　★　ウッディ フローラル

上記参照。=LT

▷ ***Elephant***（エレファント）　**ズーロジスト**　★★　グリーン フローラル

これはあまりピンとこない。ミルキー グリーンのフローラルで、よくできてはいるが、ちょっとぼやけて狙いが定まっていない感じ。=LT

▷ ***Elie Saab le Parfum***（エリーサーブルパルファム）　**エリー サーブ**　★★★　ウッディ フローラル

1979年にバルマンがオリジナルの「イボワール」を出してからしばらくすると、フェミニンなホワイト フローラルは徐々にぼんやりしたスタイルになり、「私は香水をつけています」と主張するだけの意味しか持たなくなった。いわば鼻にとってのパンツスーツだ。その強烈なつまらなさにもかかわらず（あるいはだからこそかもしれないが）、いわゆるドレッシーな香りのトップを今なお守っている。新製品を作る際に調香師が受ける指示は、要約すれば「前と同じ感じで」。その結果、オフホワイトの色見本のように似通った香りがきりなく生みだされた。マグノリアの一大ブームと評されたこともある。残された唯一の道は、巧妙なおとり商法。初めは安心させて、だんだん個性を発揮していくけれど、マーケティング担当者に気づかれないように変化はゆっくりめに。フランシス クルジャンはこの難題を明らかに楽しみ、安心させる香り九つと胸騒ぎを覚える香り一つを上手にまとめてみせた。熟れすぎた果実とドライウッドのあいだのどこかに潜むアコード（アムアージュの「リリック」をかすかに反映）が、この「エリー サーブ ル パルファム」を興味深い存在にしている。ところがそこで資金切れ、1時間も経てばみすぼらしい姿に。それでも不利な

条件のわりには、上出来。=LT

▷ ***Elie Saab le Parfum l'Eau Couture***（エリーサーブルパルファンロークチュール）　**エリー サーブ**　★★　グリーン フローラル

レン デイトンの小説の一場面で、男性主人公がガールフレンドをパーティに車で送ったとき、助手席に回ってドアを開けてもらいたがっていることに気づき、こう述べる。「ああいう靴を履いてるってことは、年寄りの病人扱いされたいんだな」。この香りはまさにそんな感じ。言ってみれば、豪華なイブニングドレスで園芸協会の催しに出て、最優秀小庭園賞が贈られるのを眺めているところ。このスタイルのフレグランスは、元をたどればジャン カールが1946年に発表した「マ グリフ」に由来し、大人ぶって見せたい若い女性の求めに応じて計算ずくの野暮ったさをまき散らす。この種の香りは1970年代後半に再流行し、ゲランの「ジャルダン ド バガテル」が発売されたのもこの頃だが、傑作は少ない。バルマンの「イボワール」（1983）が世に出る一方、「エタニティ」（1988）や「ポエム」（1995）といった呆れるくらい陳腐な香水も相次いで生まれた。この香水は、最後に挙げた二つが半々に混じったような匂いで、気がめいるほどみごとに作りこまれている。こういうものの時代はついに終わりを迎えるかもしれない。=LT

▷ ***Elle l'Aime***（エルレーム）　**ロリータ レンピカ**　★★★　ココナッツ サンダルウッド

特徴のないフレッシュなトップノートの次に、聞き覚えのあるフレンチホルンの旋律を耳にして、どこかで嗅いだ匂いだとハッと気づく——ゲランの「アビ ルージュ」だ。といっても、卑しい模造品というわけではない。始まりはフェミニンで、マッチョなモデルの勇ましい感じに移行。クリスティーヌ ナジェルはオリエンタルな香りに面白い内声をきまって加えるが、今回は説得力のあるサンダルウッドのドライダウン。本物は目下入手が難しいことを考慮すれば、これは思いがけない喜び。=LT

▷ ***Elysium pour Homme***（エリシウムプールオム）　**ロジャ ダブ**　★★　ウッディ シトラス

取るに足りない、安っぽい香りのウッディライム。=LT

▷ ***Emblem***（エンブレム）　**モンブラン**　★★★　バイオレット リーフ

学生の時分、「なんでもやってみよう」の精神で大学の仲間と洞窟探検に出かけ、本当に悲惨な目にあった。覚えていることは二つだけ。外にはい出て、ヨークシャーの湿った草と鉛色の空を目にしたときの解放感。そして、ひたいにくくりつけていた古めかしいアセチレンランプの素晴らしい匂いだ。匂いのすぐれた点は、それだけで分子構造を推定できるところ。アセチレンは独特のC-C三重結合を持ち、生成された化合物はなんとも言えないアセチレン系の匂いがする。雰囲気を壊さないように香水用語で上品に言うなら「バイオレットリーフ（スミレの葉）」。あいにく三重結合は化学反応性が非常に高いため警戒されており、たいていは使用禁止か厳しく制限されている。「グレイ フランネル」（ジェフリー ビーン、1975）やオリジナルの「ファーレンハイト」（ディオール、1988）が、三重結合のシャープでメタリックな香りをふんだんに用いたのは過去のこと。だがどうやら、規制を逃れたバイオレットリーフの合成香料があるか、それらを使わずに同じ効果を得る方法を調香師が見つけたらしい。なぜなら「エンブレム」のバイオレットリーフノートは、香りの濃さと耐久性を兼ね備えているから。これはもちろん男性向けの香水で、美しい黒のボトルは万年筆の巨大なキャップのよう。男性には少しポルシェデザインに近すぎるかもしれないが、黒は最近の私好み。また、人気の甘ったるいメレンゲにうんざりしている女性にもうってつけ。自らの信念を曲げない、冷静な気質をアピールできる。=LT

▷ ***Encens Chembur***（アンサンシャンブル） **パレード** ★★★ レモン インセンス
なかなか良いインセンス。でもマリンノートがじゃま。=LT

▷ ***L'Envol eau de parfum***（ランボルオードパルファム） **カルティエ** ★★★★ バイオレットリーフ ウッズ
優しいココア ダストのウッディオリエンタルと、フルーティな「クール ウォーター」タイプのフゼアとの、かぐわしいハイブリッド。たいていの両分野の香水をだいなしにしている、不快な攻撃性や安っぽさはまったくない。極上の薄墨色の美と言うべき、持ちの良いつややかなウッドとインセンスのドライダウンが次に続く。すごくいい香りだから、女性はこれをつけて男性の独身さよならパーティに突撃するといい。私もずっとそうしている。=TS

▷ ***Envoutant***（アンブトン） **フランチェスカ デローロ** ★★ スパイシー アンバー
フランチェスカ デローロの全体的な特徴は、悪趣味なマーケティング先行プロジェクトという印象。多すぎる種類、醜いボトル、味気なく古臭い、ゼロ年代のエスティ ローダーの劣化版。そしてかたくなに調香師の名前を伏せるのは、すべてデローロの創造力が爆発して生まれたとでも言いたいのか。まあそれでも、そういうことを全部忘れて、目に頼らず匂いにだけ集中すると、「アンブトン」（フランス語で「魅惑的な」）は興味深いオリエンタル。回り道をして驚くべき本物の（ラブダナムのような）アンバーのトップノートに到達し、「ココ」タイプの楽しく野卑でスパイシーなオリエンタルへと薄れていく。上出来。実際はだれが調香したのかどうか教えてほしい。=LT

エパードゥメント
▷ ***Eperdument*** **アントニオ アレッサンドリア** ★★★ グリーン フローラル
上質な材料で作られた、とてもクラシカルでフレッシュなフローラル。魅力的なきらめきと十分な複雑さがずっと続く点は注目に値する。=LT

エピドール
▷ ***Epidor*** **リュバン** ★★ プラム ジャスミン
この名称はepi d'or（黄金色の麦の穂）とEpidaure（古代遺跡エピダウロスのフランス語名）を合わせた言葉遊び。私は好きになれない香りで、騒々しすぎた1980年代を思わせる。重みがあり、「ルル」（キャシャレル、1987）と「プワゾン」（ディオール、1985）の中間という感じだが、その二つほど自信たっぷりではない。=LT

エラワン
▷ ***Erawan*** **ドゥシタ** ★★★★ ハーブ調干し草
チョコレートとはどこにも書いてないし成分にも含まれていないようだが、甘いヘイとバニラによって生まれたのは、まさしく心弾むココアの幻想。自称チョコレートの香水でありがちな、胸がむかつく作用もない（私の娘でさえ、匂いを嗅いですぐに「チョコレートだ！」と叫んだ）。フゼアはかくあるべしといわんばかりの、甘さと苦みの心地よいバランス。心を引きつける乱れた雰囲気は、恋人がいないときでも匂いが嗅げるように、そのシャツを盗みたいと思わせる。=TS

アーデンシュテルン
▷ ***Erdenstern*** **エイプリル アロマティクス** ★★★ アニマリック アンブレット
アンブレットシードと甘いアーシー（大地の香り）なノートの面白く巧みなアコード（宣伝文句には「ボタニカル アンバーグリス」と記されているのが愉快）。だいたいにおいて私は亜麻仁のようなアンブレットシード油をあまり好まないが、これはとてもうまくいっている。香りは徐々に薄まって、ドライでほこりっぽくウッディな背景に優雅に溶けこむ。上出来。=LT

エッセンスナンバーワンローズ
▷ ***Essence No. 1: Rose*** **エリー サーブ** ★★★★ コーラ ローズ

香水ブランドの多くは、リピート買いする価値のあるローズ バニラを生み出そうと苦労してきた。だがこれまで、平凡なかわいらしさというアイディアを超えたのは、モーリス ルセルの「トカド」(ロシャス) だけだ。これはそのレベルには達していないが、甘い背景と上質なローズのあいだの空間をシトラスとシナモンで埋めることで、実に良い香りになっている。次にコカ・コーラを飲むときは、思わずローズシロップを混ぜたくなるくらい。=TS

エッセンスナンバーツーガーデニア
▷ ***Essence No.2: Gardenia*** **エリー サーブ** ★★★★ ウッディ ガーデニア

授粉を行う昆虫は、体は小さく、一般に人の嫌う外見をしているが、実のところ繊細な魂の持ち主。その好みはしゃれていて、人間の審美眼とさして違いはない。それを証明するのがガーデニア(クチナシ) の香りだ。でなければなぜ、これほど美しい香りに進化した? おまけに白い花というのは、虫たちを引きつけるための色さえないのだから、いわば片手を背中に縛りつけられているようなものだ。ガーデニアが隣のジャスミンに聞こえよがしにささやくようすが目に浮かぶ。「あのバラを見た? 真っ赤なドレスなんて下品じゃない?」でも結局、白い花の競争相手は白い花。ジャスミンとダチュラは人間と同じ手法をとる。すなわち、夕暮れに空気より重いシャージュ(残り香) を放つのだ。一方のガーデニアは、安っぽい技など使うものかと言わんばかり。その姿はまるで、きりりとした深緑の葉に囲まれたひとすくいのホイップクリーム。遠くからではまったく匂わないけれど、そばに近づけば逃れるのは難しい。さてここで種明かし。ガーデニアに細いあごと愛らしい瞳を与えた秘密のトリックは、なんとフレッシュなマッシュルームノート。私の場合、それを知ってから忘れるまで数年かかったので、先におわびしておく。ガーデニアのアブソリュートは確かに存在し、フサガスガというコロンビアの小さな町で作られている。フローラル系の原料と適切な合成香料を巧みに組み合わせて、その驚異の香りを再構成しようとする調香師は多いが、成功した例はほとんどない。最近の偉大なガーデニアといえば、エスティ ローダーの「プライベート コレクション チュベローズ ガーデニア」のオードパルファム。アンリ ルソーが描く架空の熱帯のような世界を生み出している。フランシス クルジャンの「エッセンス No. 2」は、まったく申し分ないが他とは違う感じで、ガーデニアの軽やかでキーキーいうフレッシュな面が、ウッディで塩気の多い背景と対照的。これはいわば、調香にどれだけ金をかけてもよいという廃れかけた信念を復活させた香水。本当に素晴らしい正統派の作品

なので、一度は買って損はない。=LT

エッセンスナンバースリーアンバー
▷ ***Essence No.3: Amber*** **エリー サーブ** ★★★ パン アンバー

セルジュ ルタンスの「アンブル スュルタン」以降、ニッチなアンバーといえば常に「シャリマー」で、ノーメイク風メイクでアコースティックコンサートを開いてきた。その他大半のアンバーは似たり寄ったりで、どうして世に出す必要があるのか、たびたび理解に苦しんだ。でもこの香水は、独自のひねりを加え、たいていのものよりフレッシュであることで、「シャリマー」に少しだけ近づいている。パン生地のように静かに食欲を刺激するノートに対し、かすかに酸っぱい匂いが好ましいバランス。=TS

エッセンスナンバーフォーウード
▷ ***Essence No.4: Oud*** **エリー サーブ** ★★★★ ベンゾイン ウード

古来言われるように、自然は真空を嫌う。そしてオークモスの禁止、サンダルウッドの枯渇、パチュリの飽和によって空白が生まれた。そこに乗りこんで勝利を収めたのがウード。きわめて変化しやすいが極上の素材で、トップノートからドライダウンまでの全段階をカバーする。今ではだれもが使用して、ブームも落ち着いてきたが、ウードのフレグランスは三つのタイプに分けられる。1)「うわべだけの」ウード。大まぬけな顧客にさえ拒否されてしまい、棚の上で朽ちつつある悲しい代物。作るのは簡単。処方に安いウードを一滴垂らし、名前にも「ウード」を入れて、それでおしまい。近年、西洋のブランドがこぞって香水をその発明者(つまりアラブの人々)に必死に売りつけようとしたが、結果は散々だった。2)その正反対、アラブ世界で売れた「古典的」ウード。たいていウードの暗い背景に鮮やかなローズがたっぷり加えられ、忘れがたい効果を生み出した。3)「現代的」ウード。華やかなバレンシアガの「プール オム」(1990)や有名な「M 7」(2002)に立ち返る。これらの構成では、インセンスとカビ臭い地下室のあいだでふらふらしている難しい香料が、ゆっくりと居場所を見つける。このエリー サーブの香水は、三番目のタイプに当てはまる。これまで私は、エリー サーブの大衆向け香水にすごく感銘を受けたことはないが、この「エッセンス」シリーズはまるで別物で称賛に値する。保証した通りの品質をかなえるニッチな路線。優秀なフランシス クルジャンが作り上げたこのウードは、アルマーニの「ボワ ダンサン」の精神に非常に近い。実に素晴らしいインセンスとエレミの昂揚が、ウードの地に根ざした傾向と釣り合っている。そしてとても控えめなウッディ フローラルのノートが、セルジュ ルタンスの

「ボワ ド ビオレット」をかすかに思い出させる。完璧に優美で男女どちらも使えるが、トップノートの複雑なアコードを守るためには、おそらく肌に直接つけないのがベスト。=LT

▷ ***Esvedra***（エスベドラ） **ラボラトリオ オルファティーボ** ★★ ベチバー レモン

気持ちのいい、やや薄いアコード。「ルール ブルー」（ゲラン、1912）のすごく遠い親戚。=LT

▷ ***Etoile de Lune***（エトワールドリュヌ） **シャボー** ★★ そこそこのシャンプー

まぬけな名前を（どうにか）無視すれば、これはシャボーの中では一番ましな部類と言える。フローラルを盛り立てる風変わりなノートは、熱い真空管ラジオ。常に廊下が停電しているようなポストモダン的ホテルのシャワージェルならまったく問題ない香り。=LT

▷ ***Etoile d'Or***（エトワールドール） **ヴォルネイ** ★★★ ベルガモット オークモス

心地よく（ヴォルネイの基準からすると）耐久性のあるウッディなオリエンタル。キャロンの昔の「アルポーナ」をほのかに連想させるが、もっとドライであれほどクリーミーではない。もう一度、処方にもっと資金を投じれば、素晴らしい香水ができるかもしれない。=LT

▷ ***L'Etoile et le Papillon***（レトワールエルパピヨン） **ジャン－ミッシェル デュリエ** ★★★★ ローズ アンバー

まるでトルコ菓子ロクムのような、この上なく柔らかいローズの香り。そしてサンダルウッド アンバーのノート。デュリエの仕事はそのどちらも素晴らしい。どうやら元は、二人の友人のために別々に調合した香りのようだ。それから2つの香りを合わせて、非常に甘美で気持ちの良いローズのノート、茎を切ったいやな匂いや強烈なムスクとは無縁の稀少な香りを実現させた。人間の世界にこっそりまぎれこんだ、おしゃれな天使にぴったりの香水。=LT

▷ ***Evelyn's Rose***（エブリンズローズ） **エボカティブ** ★★ ピーチ ローズ

南オーストラリアに拠点を置く独立系調香師マーク エヴァンズは、世界中に輸送しやすいオイルベースのフレグランスを売り出した。これは非常に合理的なので、ニッチな会社こそ取り組んでみるべき。香りはまっすぐで特別なところのないピーチ調

ローズに、アルデヒドの側面。洗練されてはいない、でも少なくとも洗練をめざしているわけではない。=TS

▷ *Ever Bloom*（エバーブルーム） **資生堂** ★★★★ バービーの涙

現代日本はキュートを極めることで、世界文化にみごとな貢献を果たした。なにしろ厳重警備の刑務所にすらマスコットキャラクターを作る国だ。この分野では常にトップを走ってきたし、明らかに楽しんでやっている。さらに考えてみれば、この「カワイイ」精神は、低俗と高尚を突き詰めて（まるで黒澤明が子猫の映画を撮るように）日本が生んだものにすぎないのかもしれない。資生堂の「エバー ブルーム」は、他に数多くある日本の主流フレグランス（まったく輸出されない）と同じで、「カワイイ」を香りの形に翻訳しようとしている。親しみやすくダサいパッケージは旧式のエスティ ローダーという感じだが、日本のコスメ市場はいまだにこのスタイルにしがみついている。香りはまさに書いてある通り。でもそれが意外にも素晴らしい。私たちはここ数年、大量の石鹸調フローラルから、初めはほほえんでいたのに数分後にはおそろしいしかめつらでにらまれるといった目に何度も遭ってきた。これはそうじゃない。資生堂は、今日の若手調香師の中でもとりわけ輝かしい才能を放つオーレリアン ギシャールに注目し、ふわふわのピンクが流れる香りを誕生させた。おそらく驚異の新しいシクロプロパンのムスク「シルコロイド」が役立っている。ギシャールは平凡なものを面白くする、稀有な才能の持ち主。今回はしっかり焦点を定め、指示通りにすることにこだわって成功を収めた。とげとげしさや厳しさ、メタリックな徴候はどこにもない。「エバー ブルーム」をひと嗅ぎすれば、川瀬巴水の版画で見たことのある、夕暮れのピンクに染まった雲の中を飛んでいくかのよう。優しく愛撫される感覚。温めたマシュマロより硬い考えは、頭からすべて消え失せる。モヘアのショールに反射的に手が伸びる。「エバー ブルーム」は心をなだめる薬効があるといっていい。これをつけるのはもちろん無邪気を装う若い女性だろうが、普通の男性がつけても効果抜群。=LT

▷ *Evergreen*（エバーグリーン） **ソーン & ブルーム** ★★★ グアヤク オークモス

ソーン & ブルームのコレクションでは群を抜いてましな香り。好ましいソルティ スモーキーのアコードが、どういうわけか不思議議なことにアイリスめいた香りになっている。全然悪くない。=LT

エバーグリーンドリーム
▷ ***Evergreen Dream*** **ギャラガー フレグランス** ★★ ラベンダー カシュメラン
やや粗野だが、ラベンダー カシュメランの印象深いアコード。私の経験では、カシュメランがどう匂うかは人によってかなり異なる。この香水にはたっぷり含まれているので、買う前にサンプルを試す必要がある。=LT

エバーラスティング
▷ ***Everlasting*** **ザ ズー** ★★★★ ニュー スパイス
「エバーラスティング」は、クリストフ ロダミエルが考える1950年代の典型的男性。引き締まった体、日焼けした肌、しゃがれ声、自信に満ちている。だが実は、その着想よりもっと洗練されて野蛮。トップは「ジュ ルビアン」と「オールド スパイス」から生まれたように風変わりだが、すぐに父親の定番のアフターシェーブローションよりもっとスモーキーで暑苦しい感じになる。ドライダウンでは離れ技をやってのけ、たぶんどんな香りよりも直線的で、ずっと変わらず続いていく。まさにEverlasting(永遠に続く)、これよりふさわしい名前の香水は他にない。眠る前にシャワーを浴びなければ、目覚めたときも香りはまだそこにあって、ゆうべ自分がしていたことを思い出すはず。=LT

エブリストームアセレナーデ
▷ ***Every Storm a Serenade*** **イマジナリー オーサーズ** ★★ 酸っぱいベチバー
奇妙な構成だ。光にさらされて劣化したような、不快なトップノート。続いて、角のある酸っぱいマリン ベチバーのアコード。悪くないが、とりたてて面白くも心地よくもない。=LT

エキゾチックイランイラン
▷ ***Exotic Ylang Ylang*** **40 ノーツ** ★★ ホワイト フローラル
シンプルで、どことなく無骨でトロピカルなホワイト フローラル。中級ホテルの部屋にある、目立たない無料の丸い石鹸ならよかったのに。=TS

エクスキシテアンバー
▷ ***Exquisite Amber*** **40 ノーツ** ★★ 綿菓子
大部分がエチルマルトール。「アクオリナ ピンク シュガー」がセフォラを支配していた2003年を思い出す。=TS

フォーリングイントゥザシー
▷ ***Falling into the Sea*** **イマジナリー オーサーズ** ★★★ シトラス マリン
生牡蠣に搾る新鮮なレモンが思い浮かぶ、面白いアコード。巧妙で楽しい香りだが、ドライダウンはもう少し繊細に(処方に費用もかけて)できたのではないか。

=LT

▷ *Falling Trees*（フォーリングツリーズ） **レジーム デ フルール** ★★★ インセンス ウッズ
インセンスとウッズから成るシンプルでドライなアコードに、スモーキーな気配。ひどくはないが個性はない。=TS

▷ *Fat Electrician*（ファットエレクトリシャン） **エタ リーヴル ドランジュ** ★★★★ クラシカル ベチバー
宣伝文句は「セミモダンなベチバー」。アントワーヌ メゾンデュはゲランからインスピレーションを得てきたようだ。デザートみたいなバニラとアニスの強調が、ベチバーにいくつものメロディーを奏でさせる。ベチバーを使うたいていの香水は、グリーンかウッディの役目をノートに割り振ろうとする。でもこれは、オリエンタルのアコードに驚くほど適切な風穴を開けることで、キャロンの「プール アン オム」がラベンダーにしていることをベチバーにやってのけた。素晴らしい偉業。=TS

▷ *Fate Man*（フェイトマン） **アムアージュ** ★★ カレー サンダルウッド
ウェブサイトの宣伝文句いわく、「フェイト マン」は「逃れられないエネルギーや力を模倣」しているそうだが、映画『プリンセス・ブライド・ストーリー』でイニゴ モントイヤが言ったせりふを引用すれば「それはおまえが思ってる意味じゃない」。「フェイト マン」は、なんというか、酸っぱい男性向け香水と呼べばいいだろうか。「ヤタガン」（キャロン、1976）や「ジュール」（ディオール、1980）が代表する部類だが、それらより過激さに欠け、また繊細さにも面白さにも欠ける。フェヌグリークと酸味のある合成サンダルウッドのおそろしいほど強烈なミックスは、香りのアコードとしては斬新だが、キンキン声で興奮して押しつけがましい印象。その香りの特徴というより効果の点で、昔の「キャシャレル プール オム」を思い出す。あの香水の成功は、果てしなく続く不快の源だった。=LT

▷ *Fate Woman*（フェイトウーマン） **アムアージュ** ★★★★★ 神々しいオリエンタル
時が経つのはなんて早いのか。クリストファー チョンがアムアージュのアートディレクションを引き継ぎ、このオマーンの会社を一流の香水メーカーに押し上げたのが、つい昨日（実際には2007年）のことのようだ。わけても有名なのが、費用を惜しまず作られた最高傑作「ゴールド」。チョンは稀有な才能を持つ、香水のアートディレクションにうってつけの人物。自分が何を望むかわかっていて、その匂いを得るまで諦めない。最近のStyleのインタビューによると、「フェイト」が騒がしい香りだったので、2009年に再販売された素晴らしい「ウバ」のように巨大なモンスターをみな予想しているという。驚きの始まりは最初のひと吹きから。フレッシュにきらめくパウダリーな先兵がつかのま部屋を満たす。次に来るのが、ここ数年で最も複雑で魅惑的な香り。これほど大きく入り組んだ美しい香りと出会うのは、「ブシュロン」の発売以来初めてだ。トップはゲラン風の魅惑的な感じだが、「フェイト」はその核を「オピウム」から取り入れている。すなわち、ウッディ バルサミックにクールなミント調ノートが強調され、単に温かみがありほの暗い「カボシャール」「シナバー」スタイルとは一線を画しているということ。「オピウム」の美点は、奇抜ですぐに嗅ぎ分けられることだったが、それゆえに結局みんな飽きてしまった。でもだからといってこの香水を避けないでほしい。コティの「シプレ」が変貌して「ミツコ」になったのと同じく、「オピウム」が変貌したのが「フェイト」なのだ。型にはまらない華やかな「ゴールド」から取り入れた、まばゆい光の粒の雲。中心構造はその奥深くに隠れている。さらに輝かしい感触――ドライでフレッシュなスパニッシュ シダーのノートが、過剰な甘さを食い止める。騒がしいって？　そうかもしれないが、粗さやゆがみのない、気持ちの良い騒がしさだ。ごく一部の香水だけがもたらす肉体の歓喜を、「フェイト」は次々と送り出す。それは偉大なオーケストラの演奏の始まりを最前列の席で聴くときに感じる喜びだ。ただディナーにはつけていかないように。=LT

ファゾム
▷ ***Fathom V*** **ビューフォート** ★★★ グリーン リリー

故意かある種の偶然かは知らないが、ルイ パスツールの有名な言葉を借りれば、それは「用意された心にのみ宿る」。「ファゾム V」ではグリーン、ウッディ、ソルティ、フローラルの香料が組み合わさって、リリーの巨像としか言い表しようのない香りへ徐々に仕上がっていく。まるで大きなスクリーンにデジタル処理で一画素ずつ描かれていくのを眺めている気分。あまりに大きいから、近づいてオレンジ色のビー玉ほどもある花粉粒を払い落とすことができそうに思える。=LT

ファーティフスルタンメフメト
▷ ***Fatih Sultan Mehmed*** **フォート & マンル** ★★★★ ウッディ ローズ

これといって差し迫った用もなく、本を片手にビロードのソファでくつろぐときに感じるような、ゆったりとした心の安らぎ。そういう気持ちを引き出す香りがいくつかある。そんな良い香水になるには、上質な素材が巧みに配置され、物語のように香りが展開するという、シンプルだが稀有な喜びを提供しなくてはならない。「ファーティフ スルタン メフメト」には派手さや露骨さはまるでなく、初めて匂いを嗅いだ人は、これを表現する気のきいた一言を求めて鼻をひくつかせる。でも何も思い浮かばず、結局そのうち、気化したアップル、ロウ、おそらくフォート & マンルの真骨頂であるローズ ベチバーのアコードに包まれて、リラックス。実に素晴らしい。=LT

ファウヌス
▷ ***Faunus*** **ラ キュリー** ★★★ グリーン ウッディ
典型的に心地よいウッディ フレッシュの、典型的な香水。制作したのはアリゾナ州ツーソンの小さなブランドで、どうやら私と同じく、ウッディとフェノリックのノートに目がないようだ。香料リストには「ギャロップする雄鹿」や「コリント式レザー」が並び、調香師のレスリー ウッド パターソンは香りの才能だけでなく、ユーモアのセンスも秀でていることがわかる。=LT

フェミニンプルリエール
▷ ***Féminin Pluriel*** **メゾン フランシス クルジャン** ★★ パイナップル ローズ
フランシス クルジャンは、自分自身のブランドで、わざとらしいほどくだらないフローラルへの意外な愛着をさらけだした。初めはやたらと豪華な花のブーケが、たちまち薄っぺらいフルーティなローズに変わる。肌より紙につけるほうがまし。=TS

フェティッシュ
▷ ***Fetische*** **エボカティブ** ★★ ホワイト フラワー
職場のトイレにある共用の消臭スプレーみたいな印象を与えたくなければ、ホワイト フラワーのアコードに芸術的要素をもっと加えないと。=TS

フェティッシュプールオム
▷ ***Fetish pour Homme*** **ロジャ ダブ** ★★★ スパイシー シトラス
心地よく上質なシトラス ウッディ スパイシーに、適切なスモーキーノート。7.5mlの「画期的」アトマイザーは、30mlのはるかにすぐれた「ニューヨーク インテンス」（ニコライ）より高くつく。計算してみよう。=LT

フースクレ
▷ ***Feu Secret*** **ブルーノ ファツォラーリ** ★★★ アイリス ターメリック
ターメリックとアイリスが共存する、ほこりっぽいベルベット。その上を流れる、巧妙で物悲しいリフ。=LT

フェヴデリシューズ
▷ ***Fève Délicieuse*** **ディオール** ★★ 退屈なビーンズ

Fèveとはフランス語で豆を意味する。ディオールのプレスリリースによる興奮を抑えきれない説明では、この香水は調香師フランソワ ドゥマシーが手がけた「トンカビーンズの個人的表現」。香料に挙げられるのは、ベルガモット、トンカビーンズ、バニラ。その字面だけなら、とても期待が持てそう。上質な材料を用いて平凡な構成をアップグレード、何もかも改良して、香りに「最高の調べ」を奏でさせる（エンジンチューナーがかつてこんな表現を使っていた）ドゥマシーの才能は、当代無比。私は贅を尽くしたシンプルのよい実例を期待していた。悲しいことに、あまりうまくいっていないが。そもそもトンカビーンズの成分はほぼ純粋なクマリンなので、キロあたり数ドルの合成クマリンと、これに使われたという超高級なベネズエラ産にさしたる違いはない。バニラについては周知の通り、スーパーで売っている小さなチューブ入りのバニラビーンズで事足りる。おまけに香水の黎明期以来、私たち人類はクマリン バニラの香りをこれでもかと浴びてきた。サイト『Fragrances of the World』のデータベースで検索ボックスにトンカとバニラと入力すれば、6700件の項目が表示され、そのうち数百件は今年のものだ。要するに、このアコードには人を驚かせるような要素はほとんど残っていないし、オリエンタルなドライダウンの大半がこの二つの香料を使っている。ゆえにドゥマシーの技能を集結させても、「フェヴ デリシューズ」を陰鬱な平凡から救うことはできない。同類の香水と区別できるのは、格別穏やかなフローラルが香る短命のトップノートと、醜悪なものは何ひとつ含まれないドライダウン。結論を言えば、「フェヴ デリシューズ」は、安い香水の高価なバージョンだ。いわば小さなタウンカーにオプションでつける、スノッブな連中のためのバールウォルナット材。金のむだ使い。=LT

フィーバー
▷ ***Fever 54*** **ザ パフューマーズ ストーリー バイ アッツィ** ★★ サフラン ローズ

安っぽい匂いのスパイシー フローラル。=LT

フィールズオブルーバス
▷ ***Fields of Rubus*** **ケロシン** ★★ ストロベリー パチュリ

ジャム、大地、ムスク。うまいアイディアだが、少し粗い。（処方が変更された）「ルマル」の代用品にぴったりの、相当つまらない男性向け香水。=LT

フィグティー
▷ ***Fig Tea*** **ニコライ** ★★★★ オスマンサス ジャスミン

この素晴らしい香水にはもっと明確な名前がふさわしい。なぜならこれは現存するオスマンサスのアコードの中でも最高級で、フィグ（イチジク）にも紅茶にもほとんど関係ないから。オスマンサス（温帯地域で2月に花を咲かせるきれいな灌木）から採れる精油はあまりに芳醇で複雑ゆえに、これを改良しようとする試みはしばしば挫折する。アプリコット レザーの匂いがするオスマンサスは広範囲にわたって次々展開するので、もうひとつの香料をどこに配置するかが難しい。ミドル？ でもすてきなフルーティがだいなしになる。ではボトム？ スエードのような柔らかさがたいてい荒らされる。ということで、トップが最適。忘れがたいみごとな香水、ザ ディファレント カンパニーの「オスマンサス」では、シトラスが添えられた。パトリシア ド ニコライは、いつも確かな才能を発揮して、まるで運命の導きのように感じるアコードを生み出す。今回追求したのは、全体の構成に対してバックライトの役目を果たす、透明感のあるジャスミン。そしてそこにセロリノートのシスジャスモンをひと垂らし、オスマンサスのやや熟れすぎた果実のノートを固める。本当に素晴らしい。=LT
私は前作でこの香水をとても低く評価し、今回LTの新しいレビューを読んで再考した。で、申しわけないけど、やっぱり好きじゃない。=TS

▷ ***Figue en Fleur***（フィグアンフルール） **アンドレ プットマン** ★ **グリーン アーモンド**
おぞましく理解しがたいガラクタの寄せ集め。ミックスした「フィグリーフ」のノート（特に好ましいわけではない）に、ほろ苦いアーモンドのノート。話で聞くぶんには良さそうでも、匂いを嗅いでみるとできそこないだと判明するたぐいの香水。問題は、できそこないが今では独創的と言って通用すること。勘弁してもらいたい。=LT

▷ ***Figuier Ardent***（フィギエアルダン） **アトリエ コロン** ★★★★ **ビター 石鹸**
もしあなたが「プルミエ フィギエ」や「フィロシコス」のような、オキシムによる直球勝負のフルーティなカンファー調ノートを期待しているなら、がっかりするだろう。でもこのハーベイシャス スパイシー シトラスのアコードは、優秀なのに過小評価されている「ダーティ」（ゴリラ パフューム、2011）に近く、フィグよりずっと面白い。思わずほほえんでしまう巧妙な匂いは、香りと無関係な五感の二つ、視覚と味覚を力強く触発する。感じるのは、明るい陽射しと強烈な苦み。これはひょっとすると、18世紀以来の真に斬新なオーデコロンのアイディアなのかもしれない。100種類の香りを出すメーカーだけのことはある。すてきな一品。=LT

▷ ***Fils de Dieu du Riz et des Agrumes***（フィスドディデューリゼデザグルム）　**エタ リーヴル ドランジュ**　★★★　アンバー シトラス

その名も「米とシトラスの神の子」という陽気なオリエンタル。それにココナッツとカルダモン。「シャリマー レグール」（ゲラン、2004）とインドのアイスクリーム クルフィを足して2で割った感じ。=TS

▷ ***Filtro d'Amore***（フィルトロダモール）　**アルス ミラビーレ**　★★　アンバー オリエンタル

「シャリマー」の下の下の下。=LT

▷ ***Fin du Passé***（ファンデュパッセ）　**ナーゾ ディ ラサ**　★★★　ウッディ オリエンタル

重たいオリエンタルを軽くした、興味深い繊細な細工。卓越した技能で作られているが、上質な香料のわりに、全体的にやや貧相で妙に安っぽい香り。=LT

▷ ***Fire Amber Baby***（ファイアアンバーベイビー）　**カルト オブ セント**　★★★　アンバー ラブダナム

カルト オブ セントはオーストラリアの香水メーカー。職人による香水制作に加え、香りの教育を行う。経営者のジョスリン フラートンは自然療法の学校で植物学も教えている。彼女の香水はシンプルで慎重、上質な香料を使い、明快でいい匂い。「ファイア アンバー ベイビー」は、穏やかで単調なアンバーとラブダナム。癒しの香りの典型。その二つが一緒になって、他の要素はほとんどない香りを求める人におすすめ。=LT

▷ ***First Cut***（ファーストカット）　**セント クレア セント**　★★★　干し草 フローラル

ダイアン セント クレアの香りは、職人が香水を作るとどんなものができるかという好例だ。彼女はバーモント州で有名な高品質の酪農場を経営しており、高級レストランに商品を卸している。興味があるならバターを送ると言ってくれたが、アテネの空港税関で12枚の書類にサインしているうちに溶けだすバターを想像して、思いとどまった。彼女は香水制作に情熱を注いでおり、1年前に初期の香水をいくつか送って意見を求めてきた。それらは少し力強さに欠けるが前途有望だという印象を受けたので、私はそう伝えた。その1年後、三つのサンプルが入った小さな小包が届く。彼女が1年のあいだ、ずいぶん努力したのはまちがいない。「ファースト カット」はすてきなヘイとフローラル ハニーのアコードで、フォークミュージックと同じスタイルの香水をためらわずに追求する。言い換えれば、わかりやすく飾り気のない、詩的なシンプルさ。すごく自然な感じ。そして温かく、わずかに物悲しいアコードが肌の上で開き、崩れることがない。上出来。=LT

▷ **_First Instinct_**（ファーストインスティンクト）　**アバクロンビー ＆ フィッチ**　★★　シュガー フローラル
ホルヘ ルイス ボルヘスの短篇「トレーン、ウクバール、オルビス・テルティウス」で描かれるメタフィジカルな空想科学の世界では、想像するものが現実の一部になる。そこでは発見の期待によって生み出された事物が存在し、フレーン（複数形はフレニール）と呼ばれる。語り手はこう述べる。「不思議なことに、第2、第3段階のフレニール——別のフレーンから派生したフレニール、フレーンのフレーンから派生したフレニール——は最初のものの異常を誇張している。第5段階はほぼ均一。第9段階は第2段階と区別がつかない。第11段階では、最初のものには見られない純粋な線がある。このプロセスは循環する。第12段階のフレーンは質が低下しはじめる」。甘ったるいベリー フローラルはまさにフレニールだ。「ファーストインスティンクト」は第5段階、全体を通してほぼ均一で変わらない。=TS

▷ **_Five_**（ファイブ）　**ブルーノ ファツォラーリ**　★★★　シトラス ウッディ
気持ちの良いドライ シトラス。=LT

▷ **_Flash Back_**（フラッシュバック）　**オルファクティブ スタジオ**　★★★　レモン ジンジャー
彼を愛するか（「エンジェル」）憎むか（「ライト ブルー」）は意見の分かれるところだが、オリビエ クレスプは人を笑顔にさせるトップノート作りの名人である。「フラッシュ バック」の初めの5分は、ありえないほど明るいシトラスの楽しいフーガ。それから何もかもが薄い青色に色あせる。日のよく当たるショーウインドーに残されたカラー写真みたいに。=LT

▷ **_Fleur de Lalita_**（フルールドラリタ）　**ドゥシタ**　★★★★　ガルバナム ジャスミン
ある種のグリーン フローラルは、手の届かないクールな女性に感じるような、あらゆる恐怖や敬慕の感情を引き起こそうとする。まさにその実例であるこの香水は、甘さよりも苦味が強く、風がやんでも天然素材が強く香る。構成に影響を与えたのは「バン ベール」（バルマン、1945）。=TS

▷ ***Fleur de Magnolia***（フルールドマグノリア）　**エボカティブ**　★★　メロン フラワー
残念ながら実際の香りはフルーティなグリーン フローラル。=TS

▷ ***Fleur de Magnolia***（フルールドマグノリア）　**ヴィルヘルム パフューム**　★★　シトラス フローラル
控えめだが心地よく上質な、フローラル シトラス ウッディのアコード。いい石鹸が作れそう。=LT

▷ ***Fleur de Portofino***（フルールドポルトフィーノ）　**トム フォード**　★★★　ホワイト フローラル
ホワイト フラワーのアコードを複雑にして何かしらの色を取り戻そうという、勇気ある試み。インドール調から始まり、上質で気持ちの良いフレッシュ グリーンのジャスミンがずっと残る。でも特に心を引かれない。=LT

▷ ***Fleur d'Oranger Intense***（フルールドランジェアンタンス）　**フラゴナール**　★★　ホワイト フローラル
私はたまたまビターオレンジ（ダイダイ）の並木道の近くで暮らしている。開花の季節はとても素晴らしい。オレンジの花は、香りのキーボードを端から端まで使って驚くべきアルペジオを奏でる。ボトムは蜂蜜たっぷり、トップはレモンがはじけ、ミドルは華やかな愛撫。それがすべていっぺんに届くのだ。かつてギ ロベールが私にこう語ったことがある。ジャック ゲランはこの香料に夢中で、調合して数日でその魔法が消えてしまうことがどうしても納得できなかったのだと。きっと昔のゲランはさぞ素晴らしいフレッシュな香りを生み出していたのだろう。今ではけっして出会えまい。この香水は堅実だがややおざなりなホワイト フラワーのアコード。初めの５分は力任せに前へ進み、やがて強すぎる合成香料の小さなアンサンブルに落ち着く。=LT

▷ ***Fleurdenya***（フルールデニア）　**フランチェスカ デローロ**　★★　ホワイト フラワー
感じはいいが退屈なホワイト フラワーの集まり。=LT

▷ ***Fleurs et Flammes***（フルールエフラーム）　**アントニオ アレッサンドリア**　★★★★　アーモンド リリー
リリー（ユリ）には妙に肉っぽい愛らしさがある。私が初めてそのことに気づいたのは、サンテミリオン教会に行ったときだ。そこには大きなリースが飾ってあった。きっと信者が神の恵みに感謝して置いたのだろう。大きな教会ではなかったので、リリーは建物じゅうに晴れやかな圧を加えていた。ハリのある手でほほをなでられているような感じ。厳粛な雰囲気の中で少し恥ずかしかったが、小腹が空いた私は、リリーの香りからサラミを連想することに気がついた。そうした不埒な考えを、アレッサンドリアのリリーは巧みに退ける。始まりは壮麗で天に舞い上がるようなアコード。それが結局、スペインの飲み物オルチャタのような、アーモンド風味のミルキーな背景に落ち着く。これを調香師が独学で作り上げたというのだからすごい。思わずコンテナいっぱいのリリーを近くの教会に持っていきたくなる。=LT

▷ ***Flor de Café***（フロルドカフェ）　**アネット ヌファー**　★★　フローラル コーヒー

天然香料だけでシトラス フローラル スパイシーを作ろうという勇気ある試みだが、実現は難しい。アイディアはいいが、天然香料にありがちなはっきりしない感じでやや損なわれている。幸いにもその霧はドライダウンで晴れる。=LT

▷ ***Florabellio***（フローラベリオ）　**ディプティック**　★★　ソルティ オスマンサス

最近のディプティックは、アイスクリームを食べたときに頭がキーンとするような、明るすぎて色あせた香り作りのコツをつかんだようだ。炭水化物を最後に見たのが1995年というタイプくらいしか、これをつけている人を想像できない。ザ ディファレント カンパニーが捨てた領域をこの香水は拾い、漂白したシトラス調オスマンサスを拡張してもう1オクターブ上げた。木琴の鍵盤の短い方をたたいたようなノート。=LT

▷ ***Florabotanica***（フローラボタニカ）　**バレンシアガ**　★★★★　ゴースト調フローラル

オーウェル的なちゃめっ気でもなければ、「フローラボタニカ」みたいな露骨で適当に組み合わせた名前を香水につけないだろう。とはいえこれは面白い、感心さえする作品。そもそも「フローラボタニカ」に野心はない。今人気の感傷的なピオニー（シャクヤク）入りの安っぽいアコードを求めるのではなく、立体化した大きな匂いの空間を色あざやかなタッチで大胆に区切り、合間に十分な余地を残している。「フローラボタニカ」の構造は、古い抽象性から新しい抽象性へと、2段階に分かれて続く。古い抽象性は、よく考えた交響曲のようなフローラルで、どれかひとつの天然香料が目立つことはない。その原点は百年以上前に作られた、ウビガンの「パルファム イデアル」。もう二つ例を挙げるなら、「ジョイ」（ジャン パトゥ、1930）や再処方前の「ビヨンド パラダイス」（エスティ ローダー、2003）を嗅いだときのような驚嘆の念を覚える。一方、新しい抽象性では、あらゆるフローラルが滅びて、生物学的進化ではなく純粋な化学による産物へ。もはや植物への考慮は消え失せ、会計士や皮膚科医にとって大いに喜ばしいことに、完成した香りは本物の花よりも花柄のほうが近い。鼻が（長年の経験から）すぐさまトイレの消臭剤と分類する、ダサくてつまらない香りは、そんなふうに生まれる。「フローラボタニカ」は、やぼったくて安っぽい要素をふわふわしたチャーミングな香りにうまく変えているが、その鍵はフローラルの扱い方にある。それはデザイナーのフィリップ スタルクがインテリアの材料を扱う方法と同じだ。スタルクはルイ16世時代のデザインの椅子に透明なアクリル樹脂を割り当て、「ゴースト」と名づけた。つまり両者の共通点は、特に心地よくはないがまちがいなく知的でスタイリッシュな作品を生み出すこと。=LT

▷ *Floriental*（フローリエンタル）　**コム デ ギャルソン**　★★★　ウッディ フルーティ

20年前、マーク バクストンとクリスチャン アストゥグヴィエイユは、後続の原型となる新しいジャンルの香りを世に送り出し、香水の本流に革命を起こした。それはシンプルで透明感があり静かで、スパイシーとウッディのノートのみをベースにしている。実はその香りにはミドルノートがない。トップでスパイスが広がり、ドライダウンではウッドが長く残るからだ。あたかもバクストン、ベルトラン デュシュフール、その他多くの調香師が、「ムッシュ ロシャス」（1969）のスモーキーなドライダウンとカルティエ「デクララシオン」（1998）のカルダモンのトップをそぎ落とし、その二つを継ぎ合わせることに決めたかのよう。あいだに中年の贅肉みたいに余分なものは一切ない。コム デ ギャルソンのスタイルは非常に一貫性があり、あのアシメトリーな石ころ形のボトルを前にすると、むだがなく都会的で静かな香りをだれもが頭に思い描く。「フローリエンタル」はその期待を裏切らない。今回はおなじみのシダー、インセンス、ペッパーのミックスに、ダマセノンのプラム調ノートが加わる。新味はないが、誠実にきちんと作られた、洗練された良い香り。=LT

▷ *Florentina*（フロレンティナ）　**シルヴェーヌ ドゥラクルト**　★　アーモンド ムスク

シルヴェーヌ ドゥラクルトは、1987年から2016年までの29年間、ゲランの香水開発部門のディレクターを務め、その非常に長い期間に「サムサラ」（当時の私にはこの世の終わりに思えた）を始め、約250種類のフレグランスに携わった。ゆえに彼女には、その年月に雇用主を沈めた俗悪さの波に対し、いくらかの責任がある。現在彼女が自由にプロデュースした香りを嗅いだとき、ゲランの職場には彼女が破壊の限りを尽くすのを止める緩和作用があったにちがいない、と私は結論づけた。「フロレンティナ」はミモザとアーモンドの甘ったるいできそこないの寄せ集め。だれがこれを作ったにせよ（調香師の名前は発表されていない）、匿名でいられることに感謝すべき。=LT

フラワーオブイモータリティ
▷ ***Flower of Immortality*** **キリアン** ★★★ ピーチ ローズ
巧みだが、目に涙がにじむほど退屈なフルーティ フローラル。ハートノートの心地よいキャロット アイリスの根の香りだけが、これを引き立たせる。=LT

フラワーインジエアーオードパルファム
▷ ***Flower in the Air eau de parfum*** **ケンゾー** ★★ メタリック ミモザ
率直に言って、この香水はほとんど印象に残らない。だから、なんらかの匂いをつけるべきだけど、なるべく目立ちたくないし興味を引きたくないと思っているタイプにはいいだろう。そういうタイプの人は多くいて、ますます増えており、大半が女性だ。=TS

フラワーバイケンゾーレリクシール
▷ ***Flower by Kenzo L'Elixir*** **ケンゾー** ★ ケトン ジャム
ストロベリージャムとネイルの除光液がついに合体。=LT

フラワーヘッド
▷ ***Flowerhead*** **バレード** ★★★ ジャスミン チュベローズ
大きく強くフルーティなジャスミン チュベローズ。トップはシトラス アニス。=LT

フリュイディテドタンイマジネール
▷ ***Fluidité du Temps Imaginaire*** **ダリ オート パフュメリ** ★★ フルーティ フローラル
二流の香水会社を訪ねた経験のある人ならおわかりだろう。そういう会社のエントランスには、常にショーケースがずらりと並び、アゼルバイジャンでしか売られていない極上の香水だの、未公開の柔軟剤だのといった宝物を展示している。砂糖漬け果実、トゥッティ フルッティ（とあらゆる花）の風変わりな香りが漂い、香りの中心となるのは1キロあたり約20ドルの香料。『アダムス・ファミリー』でアンジェリカ ヒューストンが言い放った締めのセリフを思い出す。「でもデビー、悪趣味だわ！」アルベルト モリヤスは待合室の匂いを完璧に表現した。受付係が電話に応じる柔らかな声が今にも聞こえてきそう。=LT

▷ ***Follow***（フォロー）　**ケロシン**　★★　コーヒー フレーバー
できの悪いコーヒーの香り。=LT

▷ ***Forbidden Games***（フォービドゥンゲームズ）　**キリアン**　★★★　ピーチ ローズ
粉っぽいピーチのキュートなキノコ雲。周囲数キロのありとあらゆるものをピンクのぬめぬめで覆いつくす。=LT

▷ ***Forever and Ever Dior***（フォーエヴァーアンドエヴァーディオール）　**ディオール**　★★　薄いフローラル
試香紙を一生懸命鼻に近づけてようやくわかる香り。=TS

▷ ***Formidable Man***（フォーミダブルマン）　**アンドレ プットマン**　★★　レモン パチュリ
シトラスにパチュリ？　それはもう十分よく知っている。=LT

▷ ***Francine***（フランシーヌ）　**フランチェスカ デローロ**　★★　グリーン フローラル
うわべだけのグリーン シトラス フローラル。=LT

▷ ***Freedom***（フリーダム）　**アクアリス**　★★　マリン ウッディ
退屈なメタリックで水っぽい香り。=LT

▷ ***Les Frivolités***（レフリボリテ）　**ジャック ファット**　★★★　ローズ マカロン
調香師ルカ マッフェイの「レ フリボリテ」は、ジャック ファットのランジェリーラインの名前を受け継いでいる。ベースには本人いわく、ローズ マカロンのアコード。トップにはさわやかですてきなローズ、そしてちょっぴり卵と硫黄のメレンゲっぽい香り。この香水の特筆すべき点は、センチメンタルなトップノートに大きく裏切られること。試香紙につけて30分後には、ウッディ アニマリックに。とはいえ、フレッシュで優美な落ち着きがすっかり失われはしない。私はこの香りから二つの印象を受けた。1）マッフェイはシャネルの「レ ゼクスクルジフ」コレクションのスタイルに取り組んで成功しており、それだけで彼がどれほどの技能の持ち主かよくわかる。このシリーズは完璧に洗練されたフレグランスで、偉大なジャン カールの手法を用いて、高価な天然香料と新しい合成香料を正しく組み合わせている。2）ジャック ファットはこのシリーズにもう少し重点を置くべきだ。もっと大きな声で紹介する価値はあるのだから。=LT

▷ **Frost**（フロスト） **セント クレア セント** ★★★ ローズ スモーク

アメリカの詩人ロバート フロストにちなんで名づけられた。ローズ ゼラニウムとレザー スモーキーなノートによる誤解を与えるほど率直な構成。昨今のニッチなスタイルでまた森林調の作品が出たかと初めは思うが、時間が経つにつれてフローラルレザーのアコードが結びつき、妙にドライになっていくことに驚かされる。まさにセント クレアのウェブサイトで引用しているフロストの詩「To Earthward（大地に向かって）」の通り。「スイカズラの花咲く枝から（中略） 苦い樹皮と焼けつくようなクローブの甘みへ」。=LT

▷ **Fugit Amor**（フギタムール） **ジュー エ マッド** ★★★ スパイシー フローラル

敬愛する「アンバジィヨン バルバール」（パルファム MDCI、2001）の調香師、ステファニー バクーシュの手がけた香りを嗅ぐのはいつだって楽しい。でもこの美しく作り上げた香水の全体の構成は、私の好みにはキュートすぎるピンクだし、いささか眠気を誘うことは否めない。感じのいいフレグランスを山ほど作るけど傑作はほとんどない、アニック グタールの美意識を現代化した感じ。=LT

▷ **Fumabat**（フマバット） **クトー ド ポシュ** ★★★ フレッシュ オークモス

四半世紀年前、私はノースカロライナにしばらく住み、当時は世界有数の素晴らしい食料品店で、ダーラムの中心地にあったファウラーの再建に努めていた。周囲は特徴がなく窓のない高層ビルだらけで、大手のタバコ会社が所有するそれらの建物には、タバコの葉がぎっしり保管されていた。今日、タバコの地位は下降しているが、あのすてきな匂いを否定する人はいないだろう。風のない日、ダーラムにはクマリンや無数の蜂蜜、ビター、グリーンの香りが漂っていた。「フマバット」を紙に吹きかけたとき、私はすぐあの匂いだと気がついた。さわやかさと温かさ、食用と毒性の両方が感じられ、全体としてはとても気持ちがいい。現時点で、ブルックリンを拠点に活躍するビジュアルアーティスト、パリド シェファが調香した唯一のフレグランス。これはいわゆる職人が手がけた香水の特徴をすべて備えている。すなわち、金、誘惑、炒った貝殻に加える3回蒸留したビンテージのウードとは無縁ということ。=LT

▷ **Fun Fair**（ファンフェアー） **SP パルファム** ★ カビ臭いペストリー

笑いすぎて涙がでるほどすごい悪臭。SP パルファムから送られてきた三つのフレグランスをすべて試した結果、私は次のように言わざるをえない。つまり、クロバエとミツバチのように、私たちとここの香りを作ったアートディレクターは、根本的に（ひょっとしたら生物学的にも）いい匂いとはどんな匂いかという点で意見が合わないのだ。もしここの香りを楽しむ人がいるのなら、その人はきっとこの本はデタラメで、私たちは嗅覚がイカれていて、香水のことをなんにもわかっていないと思うだろう。私は謹んでその評価を受ける。=TS

▷ ***Fundamental***（ファンダメンタル）　**ルビーニ**　★★★★　グレープ レザー

マントバにあるルビーニの住所周辺をGoogleストリートビューで一度見てみるといい。そこで実際に暮らしている人がいると考えるだけで、羨ましくてよだれが出るはずだ。どうやらルビーニの香水は1937年には世に出ており、近隣の娼館などに売られていたらしい。だがこの奇妙な香りほど、娼婦の身につけるものの美学からかけ離れたものは他にない。トップノートはなぜかラディッシュに近い匂い。ハートノートは青いバナナの皮とオリーブオイルの性質。ドライダウンは一晩グラスに残された白ワインにビターを少々加えた匂い。それでも全体としては説得力があり、不可解な洗練の光を放っている。まるでフランスのグリーン フローラルが外国語に翻訳されたかのよう。この美しい作品に近づきたければ、その言葉を学ばなくては。調香したのは元薬剤師のクリスティアーノ カナル。ヨーロッパのニッチな香水を引っ張っているのはイタリアだという事実を、「ファンダメンタル」はまた証明した。=LT

▷ ***Gabrielle***（ガブリエル）　**シャネル**　★★　酸っぱいフローラル

シャネルの新作の香水が出るときはいつもちょっとした騒ぎなので、必然的に期待は高まり、評価は厳しくなる。偉大なジャック ポルジュがセミリタイアしたとき、その後任が息子のオリビエで、シャネルのもうひとりの調香師、クリストファー シェルドレイクではないと聞いて私は驚いた。シェルドレイクは香水に関して、比較にならないほど立派な実績を残している。フランスの世襲制は、あの激動の1789年8月4日の夜に廃止されたと一般には考えられているが、どうもまちがいだったらしい。「ガブリエル」はシャネルから生まれた風変わりな獣だ。興味深い芸術的なアイディアをもとにした、技術上の失敗。トップノートは陽気な明るさと酸っぱさ、ややサンバクジャスミンに似て、素晴らしいシャルドネのような渋みがあって頭がのぼせる感じ。「ガブリエル」は最初の5分でものすごく早く展開する。あまりに早すぎて全貌がつかめないほど。この香水は何度も再スタートを切って味わいを変える。

美しくはかないガーデニア、スエードレザーのノート、つかのま挟まれる「N°5」の金色のなめらかさ。しかしそうした各々がメロディーを奏でるすてきな内声は、陳腐で目を開けていられないほど現代的なホワイト フラワーのアコードによって、すっかり押し流されてしまう。そして数分後には（すなわち必要とされる1時間ほど前には）、香りを完全に破壊するのだ。まるでだれかがみごとに手の込んだ香りを偉大なシャネルのやり方で作ったのに、べつのだれかがトップノートは目立たないしドライダウンは古くさすぎると文句を言ったかのよう。「ガブリエル」の匂いを嗅いで、この素晴らしい香水がどんな不可視インクで処方されているのか知りたくなったら、次のことを試してみるといい。大ぶりで白い花束の匂いを嗅いで、それから「ガブリエル」に戻る。すると何が含まれているかわかるだろう。私にはこれが売れるとは思えない。近々、弁明と謝罪のかわりに、金管楽器の音を弱めたシェルドレイク作の「ガブリエル ソワール」が登場するのを、心待ちにしている。=LT

グアヤクミスティック
▷ ***Gaïac Mystic*** **ラトリエ ド ジバンシィ** ★★★★ フレッシュ スイート

オリエンタルな香りの亜変種で、いわゆる「東洋」の外で売られた最も古い香水は、ほぼまちがいなく「エメロード」（コティ、1921）だろう。アンバーの甘さが、ミント、カンファー、ユーカリ、カルダモン、スチラリルエステルといったクールなノートによって相殺されている。そのアイディアが再浮上したのは「ラガーフェルド クラシック」（1978）やモーリス ルセルの「リラ」（アラン ドロン、1993）で、特に最初の5分間の香りは忘れがたい。このアルコーブの居心地のよさと夜の空気のすがすがしさの組み合わせは、正しく合わせれば、偉大な香水のアコードが求めてやまない軽業的なバランスを達成する。それからまた何度かの流行を経たのち、調香師イレーヌ ファルマシディがその香りに注目し、オリエンタルのベースとして「ディオール オム」（2005）の素描をうまく取り入れた。さわやかさをもたらすのは、洗練されて元気のない、かすかに薬効のあるパチュリやグアヤクウッド（フランス語ではbois de Gaïac）。「グアヤク ミスティック」は、けばけばしくてファジーな温かい誘惑と、なめらかでエレガントなさわやかさのあいだで揺れている。全体の印象は感動的で、意外にも詩的。=LT

ガラード
▷ ***Galaad*** **リュバン** ★★★ フレッシュ オリエンタル

2012年、リュバンは3種類のオリエンタルな香水を求め、「アッカド」、「コリガン」、「ガラード」を生み出した。どれもうっとりするような香りだが、私にはその理由がどうしてもわからなかった。「ガラード」は三つの中では陽気な香りで、フレッシュで温かいアコードは毎日つけたくなるほど気持ちがいい。でもどうしてこんなにうまくできている？　温かみのあるアンバー オリエンタルの構成という、安心できるおなじみの概観。そこに巧妙に結びつく、意外性のあるアニス、キャラメル、ミルクのノート。そこまではわかるが、それだけではないはず。私が頭を悩ませていると、TSがさらりとこう言った。「これってバニラを使ってないんだ」。なんたる盲点。=LT

▷ **Galop**（ギャロップ）　**エルメス**　★★★★　ローズ レザー

最近、機会があって（『ブレイキング・バッド』方式でさっさと話を進めよう）、フェニルエチルアミンの匂いを嗅いだ。フェニルエチルアミンは、甘いローズの合成香料フェニルエチルアルコールの仲間であり、類似する重大な脳内神経伝達物質や関連薬物の前駆体である。アミン末端基はもちろん生臭いのだが、驚いたことに、残りの分子からはまだローズの匂いがした。ただし、ローズの種類が違う。今や通常のヒドロキシ末端基は消えて、より甘くベンゼンに近いダークなローズ、ローズ自体のノートからはほぼ外れた香りになった。「ギャロップ」の匂いを嗅いだとき、私はひらめいた。その奇妙に、そしてとても巧妙に配列された、ローズから「外れた」ノートの背景には、不思議な洋ナシとレザーがあったのだ。クリスティーヌ ナジェルの鮮烈なデビュー作である「ギャロップ」は、香水の泉が干上がることなんてないという確かな証明だ。深く掘れば、ローズでさえまったく新しい言葉を発するのだから。=LT

▷ **Le Gant**（ルガン）　**バレード**　★★★　フローラル スエード

調香師ジェローム エピネットはスエードのノートが大好きだ（「ミモザ インディゴ」、「カメリア アントレピド」参照）。今回はパウダリー フローラルのヘリオトロピンを背景にしている。心地よい。=LT

▷ **Gardelia**（ガーデリア）　**ボグ**　★★　フローラル ブーケ

この香水はガーデニア（クチナシ）を表現しようとしている。でもたいていのガーデニアの香水と同じく、ユニークで再生不可能で否応なく人を引きつける魅力にあふれた植物世界には近寄らず、感じのよいグリーン フローラルを完成させただけ。=LT

ガーデンリリーズ
▷ ***Garden Lilies*** **ジョー マローン** ★★★ ホワイト フラワー

典型的なリリーそのもので、調香師はヤン ヴァスニエ。1980年代のしっかりしたホワイト フラワーのアコードにグリーンピースを思わせるノートを加えているが、クレゾールっぽいサラミ臭さはまったくなし。心を奪われはしないけれど、ジョー マローンの文脈でとらえれば意義深い。つまりこのブランドは、晴れた日に漂うありとあらゆる本物の香りをめざしたいのかもしれない。=LT

ガーデナーズグローブ
▷ ***Gardener's Glove*** **セント クレア セント** ★★★ グリーン レザー

スタイリッシュで懐かしい自然な香り、刈りたての草とレザーのアコード。思わず引きこまれ、その内奥の働きを理解すると、素晴らしい、やや哀愁漂う男性的な香りが感じられる。=LT

ガルデニアプールフェム
▷ ***Gardenia pour Femme*** **ロジャ ダブ** ★★★ ホワイト フローラル

ロジャ ダブいわく。「あらゆる香りの中で、ガーデニアはとりわけ再現するのが難しい。あのクリーミーで麻薬めいた官能的な美に、私は人生の大半をとりつかれてきた。作成は不可能だと思っていたが、ここでついにその壮麗な姿を余すところなく表す」。さて答えは、1）その通り。2）余すところなく、だって？　3）訂正しよう――まあでも、うまくできないのはあなただけじゃない。=LT

ガルーダ
▷ ***Garuda*** **ジュー エ マッド** ★★★ ウッディ ウッド

アトリエ アラグランツェ ミラノ（私の意見では香水メーカーの新星）のルカ マッフェイは、大企業からもっとオファーが殺到してしかるべきだと思う。と同時に、五大多国籍企業の巨大な口にのみこまれず、イタリアの香水メーカーをずっと地図に載せつづけてもらいたい。「ガルーダ」はいわば、ウッドに対する途方もないこだわりを記した彼の随筆だ。マッフェイは新しい香料（ここではティンバーシルクR）を好んで使い、ベチバーとシダーウッドを組み合わせ、多彩かつ濃厚な質感の構成を作り上げている。唯一気に入らないのは、ドライダウンのかすかに明るいウッディ アンバーだが、好みは人それぞれだ。=LT

ジェントルウーマン
▷ ***Gentlewoman*** **ジュリエット ハズ ア ガン** ★★★ ネロリ ムスク

良質なオレンジの花を使った、昔ながらのオーデコロン。=TS

ゼラニウムアンドバーベナ
▷ ***Geranium & Verbena 2015***　**ジョー マローン**　★★★　バジル バーベナ

私はバジルの匂いが大好きだ。ミントの香りを嗅いでいるような、キャスリーン フェリアの歌声を聴いているような気分になる。これは非常によくできており（少し驚いたのが、手がけたのはクリスティーヌ ナジェル）、ジョー マローン初期の手法で調香されている。バジルのノートは通常よりも長く続き、次に申し分のない、スタイリッシュなフレッシュ ウッディのハートノートへ。多くを求めなければとても心地いい。=LT

イルジャルディーノ
▷ ***Il Giardino***　**パンテオン**　★★　ウッディ フレッシュ

ウッディと控えめなフローラルノートによる、感じのいいモノクロームの香り。いくらか「クリツィア ウォモ」の影響が見られるが、もっと退屈。=LT

ジプシー
▷ ***Gipsy***　**スメルベント**　★★　アプリコット パチュリ

無能なフルーツ パチュリ。=LT

ザガール
▷ ***The Girl***　**トミー ヒルフィガー**　★★★　グリーン フローラル

巧みに構成された、驚くほど複雑なフィグリーフ（イチジクの葉）とバイオレットリーフ（スミレの葉）の組み合わせ。フレッシュなフローラルのハートノート、心地よく安定したドライダウン。記憶に残るものではないが、不快でないことは確か。=LT

ジンゼンス
▷ ***Gincense***　**オリベル**　★★★　マリン インセンス

体裁はとてもよいが、やや漠然としたインセンスの香り。=LT

グラスブルームズ
▷ ***Glass Blooms***　**レジーム デ フルール**　★★　チープ フラワーズ

面白味のない機能的な匂いのフローラル。この香水は無視して、ハーバードのガラス植物模型の展示を見にいこう。人の手が生み出した世界の驚異がそこにある。=TS

ゴールドハート
▷ ***Gold Heart***　**マップ オブ ザ ハート**　★★　カルダモン ミルク

害はないが独創性に欠けるスパイシー ペッパー調ミルクの香り。=LT

▷ ***Gold Leaves***（ゴールドリーブズ）　**レジーム デ フルール**　★★　インドール フローラル
しばらくのあいだは、きしむリリーとベイリーフのシンプルで心地よいアコード。それが不快なほど未加工の、ホワイト フラワーのインドール調ブーケに劣化する。肌につけると、ドライなウッディ アンバーノートは、熱いラジエーターの匂いがして、威圧的。=TS

▷ ***Golden Needle Tea***（ゴールデンニードルティー）　**ジョー マローン**　★★★　レザー アンバー
全開のオリエンタルで軽い「ティー」を表すという矛盾に直面して、マンのセルジュ マジョリエールは、控えめでまっすぐなスパイシー アンバーの構成を編み出した。スプレーやキャンドルにぴったりの香り。でもボトル1本300ドル？　お断りだ。=LT

▷ ***Good Girl Gone Bad***（グッドガールゴーンバッド）　**キリアン**　★★★　桃のうぶ毛
キリアンの香水は恥ずかしくなるような名前のものが多くて、なんだか聞いたことのない1970年代ヒットソングのタイトルみたいだ。香りは平凡なピーチ調フローラルだけどしっかりしていて、グッチの「ラッシュ」（1999）から借用したナッツ調ラクトンウッディのにじみが加わる。=TS

▷ ***A Goodnight Kiss***（アグッドナイトキス）　**ロジャ ダブ**　★★★　ホワイト フローラル
大きく心地よいインドールの甘いホワイト フローラル。=LT

▷ ***Grand Soir***（グランソワール）　**メゾン フランシス クルジャン**　★★　ウッディ アンバー アンバー
多くのニッチなメーカーが「アンブル スュルタン」（セルジュ ルタンス）の形の穴を埋めようとしているが、これは大量の不快なウッディ アンバーの香料を使い、違うものになろうとしている。ヘビメタのライブみたいな大音量で奏でられる消毒用アルコールの匂い。セージの抑制されたノートで主張しようとしているのかもしれないが、うまくいっていない。=TS

▷ ***Greek Keys***（グリークキーズ）　**サラ ベイカー**　★★　ドライ シトラス
ビジュアルアーティストのサラ ベイカーが始めたニッチな香水ブランドは、どうやらプロの調香師を使っているらしい。発売された香水は4種類、どれもうまくまとめられ、強いニッチなアクセントで話すけれど、どれもとりたてて面白いことを言っていない。４枚の試香紙をデスクに置いたとき、部屋がとてもいい匂いであることに私は気づいた。つまり、このシリーズはルームフレグランスにうってつけ。「グリーク キーズ」は、トップで60年代イタリアの香りがほのかに響くシトラス（「ピノ シルベスター」）。そのあとはありきたりの構造。=LT

グリーン
▷ ***Green*** **アザグリー** ★ バニラ ムスク
おそろしくみすぼらしい「グルメ」の惨事。=LT

グリーン
▷ ***Green*** **パフューム サックス** ★★ フルーティ スパイシー
やかましく安っぽい構成の香り。他に比べて悪いわけではないが、面白くもない。=LT

グリーンオークモス
▷ ***Green Oakmoss*** **ソイボール** ★★ グリーン チュベローズ
自然派香水がその頭の悪い大勢の客を怒らせまいと努力する姿は、いつ見ても楽しい。良質な昔ながらのエタノール（ご存じの通りアルコールの一種）が、ここでは「オーガニックな砂糖の精神を持つベース」と表現される。この香水は、いわば「便りのないのはよい便り」、チュベローズとオークモスのしっかりしたアコード。=LT

グリーンパール
▷ ***Green Pearl*** **タミーン** ★★ シトラス シプレ
パワフル、独創性はないが不快ではないシトラス ウッディの香り。=LT

グリンティーキューカンバー
▷ ***Green Tea Cucumber*** **エリザベス アーデン** ★★ メロン キュウリ
巧みだが退屈きわまりないメロンとキュウリ。=LT

グリーンティージャスミン
▷ ***Green Tea Jasmine*** **エリザベス アーデン** ★★ ティー ジャスミン
巧みだが退屈きわまりないジャスミン。=LT

グリーンティーネクタリンブロッサム
▷ ***Green Tea Nectarine Blossom*** **エリザベス アーデン** ★★ キュートなピーチ
巧みだが退屈きわまりないフレッシュなピーチ。スプレーしたところをいきなりパクッとかじり取るような、時間差で現れる香料があればよかったのに。=LT

▷ Green Water（グリーンウォーター） ジャック ファット ★★★★ ベルガモット タラゴン

毎年春にミラノで開催されるニッチな展示会Esxenceで、私はジャック ファットのブースには寄らずに通り過ぎ、横目で「グリーン ウォーター」の名前を見た。そのときは完全な冗談だと思った。だが私はまちがっていた。これは以前のみじめな復刻版とは違う。これは同じラインの三つの香水とともに独立系の調香師セシル ザロキアンが手がけた、まったく新しい香りだ。Esxenceでは彼女の名前をだれもが口にしていた。私もその日だけで3、4回は耳にしたが、それも当然だ。彼女の作品はずばぬけて素晴らしい。ジャック ファットのコレクションを彼女が作っていると遅ればせながら気づいた私は、サンプルを求め、親切にも送ってもらった。またザロキアンのインタビューを読み、死んでいるとまではいかなくても深い昏睡状態にあったのはまちがいない「グリーン ウォーター」を、いったいどのようによみがえらせたか知った。

そのインタビューで判明した事実のいくつかは、とても奇妙であると同時に、むちゃくちゃな香水業界の特色をとてもよく示している。私は何度も読みかえし、自分の理解がまちがっていないか確かめなくてはならなかった。ベルサイユ香水博物館、オスモテックが「グリーン ウォーター」を所蔵していることはよく知られている。コティのためにオリジナルの「グリーン ウォーター」を作った調香師ヴィンセント ルーバートの息子が、その処方を元パトゥの調香師でありオスモテックの創設者、ジャン ケルレオに渡したのだ。そして、そのオリジナルの香りを復元したいと感心にも望むのが、ジャック ファットとザロキアンだった。輝かしい過去の香りを保存するのがオスモテックの使命なのだから、復元をめざす調香師と資金を提供するメーカーには処方を教えて当然、とだれもが思うだろう。

とんでもない。処方は秘密で、ジャン ケルレオだけが持っている。原則上すべての来館者に許されているように、ザロキアンはオスモテックでその匂いを嗅ぐことはできるが、じっくり研究するためのサンプルを持ち帰ることさえできなかった。セロファンの袋に入れた試香紙で完全な化学分析ができるのかと気になるところだが、心配はいらない。彼女は何度もオスモテックに戻っては新しい試香紙を受け取り、記憶を更新してノートを作り直し、処方の全香料を推測したのだ。ケルレオはずいぶんと親切に、助言やヒントを与えて再現を助け（想像するに「温かみを」とか「もっと温かみを」などと言ったのだろう）、構成に大量のネロリを使うことは特に強調したようだ。そんな当てっこ遊びのようなことをしなくても、書類を1枚（必要なら機密保持契約を結んで）渡せば、すぐに解決する問題のはずなのに。そんなふうに出し惜しみして、ルーバートの遺産、香水の過去の保存、オスモテックにいったい何の得があるのか、私にはわからない。聖なる炎の番人としてのケルレオの地位は守れるだろうが。
すべては秘密主義のため。ここで香水に関する第二の不思議、いわゆる処方のコストの問題が浮上する。ニッチな高級コレクションとして販売する名作を再現するのだから、どれだけコストがかかってもしかたがないだろう。結局、オイルが1キロあたり1000ドルという法外な値段で、それが100mlのオードパルファムに20%入っているとしたら、ひとつ100ドル程度で販売される商品には20ドル含まれることになる。たいていの業界なら、それなりに適切な利幅とみなすだろう。ところが香水業界ではそうはいかない。おそらくケルレオの示唆とザロキアンの試行錯誤によって、構成にはネロリが5%加わるようになったが、ネロリは1キロあたり約3000ドルなので、100mlの処方なら1 mlあたり3ドルかかることになる。見上げたことにジャック ファットはこれを採用したが、メーカーとしては謹んで義務を果たすというより費用のかけすぎと思っているのは、インタビューを読めば明らかだ。
香りはどうか?　結果的には、素晴らしい。ザロキアンのオスモテック通いもむだではなかった。「グリーン ウォーター」は独特のシトラスの香りで、風変わりなトップノートは普通のオーデコロンの型から外れ、より濃厚でダーク、ミントが強めで、ゴムのような弾力さえ感じる。ときおり、数年前にカリス ベッカーによって再現された「ムッシュ バルマン」を彷彿させる(当時ベッカーはジェルメーヌ セリエによるオリジナルの処方を渡されたが、そのほうがはるかに合理的だ)。あらゆるフレッシュな香水の核心を突くドライダウンは、柔らかくパウダリーで洗練されている。「グリーン ウォーター」は、洗い落とされ、リラックスして、ゆったりと息がつける感じで、近頃の男性向け香水では非常に珍しい。香るあいだずっと、静かで魅惑的。このいい香りはなんだろうと女性がおそるおそる近づいてきたら、もちろん狙い通り。=LT

▷ **Grey Myrrh**（グレーミルラ）　**ザ パフューマーズ ストーリー バイ アッツィ**　★★　ウッディ フルーティ

15年前の男性用香水を模倣したような匂い。=LT

▷ **Grisette**（グリセット）　**リュバン**　★★　フルーティ フローラル

了解、これがリュバンのフルーティ フローラル。何にだって欠点はある。=LT

▷ ***GS01/ "Asian Sensual"*** (エイジアンセンシュアル) **ビール** ★★ ピーチ グリーン

ビールの香水の名前は、それぞれの調香師のイニシャルと番号だ。ところがウェブサイトには「通称」が紹介されている。これは調香師に概要とインスピレーションのための名前を与えてみたものの、ポストモダン的神秘性を出したいから製品にはつけず、でもオンラインの紹介ページでは販促のためにやっぱり使った、という感じだろうか。「GS01」の通称は、残念なことに「アジアの官能」(続篇はなんだろう?「ヨーロッパの知性」? こんなときこそ必要なエドワード サイードはどこ?)。調香師の解説によれば、この香水は1990年代に東南アジアをバックパッカーとして巡った経験からひらめいたもので、現地で知った「新しく、エキゾチックな匂い」。そのホステルにはピーチのボディスプレーが大量にまかれていたにちがいない。残りはまったく面白みのないグリーン ウッディの背景で、かつて流行した「バンブー」ノートを思い出させる(カルバン クラインの「トルース」、オーモンド ジェーンの「チャンパカ」参照)。でも明るい面を見よう。ドリアンは入っていない。=TS

▷ ***GS02/ "Lonesome Cowboy"*** (ロンサムカウボーイ) **ビール** ★★★★ カストリウム シトラス

魅力的な構成の大半を占めるのは、率直で上質なウッディ フローラルで、トップノートは濃いシトラス。ところが不潔でアニマリックな匂いが厚かましい汚らわしさで(あるいは汚らわしい厚かましさで?)すべてを補強する。そこで表現されているのは、男性にあって女性にない経験、つまりトイレで狙いを誤ること。その考え方がうまくいった結果、こざっぱりとした、ずるいくらい魅力的な男性向け香水が生まれた。快活でセクシーでだらしない男(イメージするのはオーウェン ウィルソン)向き。でもすきっ歯のほほえみを浮かべる女性がつければもっとよい香りがするかもしれない。余談だけど、これほど感じのよい香水が、書体は全部小文字で、最小限の包装で、名前なしで番号だけふって、大まじめな顔で、「われわれはアートギャラリーであってくだらない美容関係会社ではありませんよ」といわんばかりのドイツの会社から買えるのは驚きだ。すべてはとんでもない思い違いなのかも。=TS

▷ ***GS03/ "Cologne Reloaded 3.0"*** (コロンリローデッド) **ビール** ★★★★ シトラス ローズ

複雑で面白く、丁寧にまとめられた、古典的なシトラスの香り。まじめなコロンの中では最高級の部類。=LT

▷ *Gucci Bloom*（グッチブルーム） **グッチ** ★★★ スイート フローラル

主流ブランドが作ったホワイト フラワーの香水、しかもトップはみごとな天然の香りだって？　侵すべきでない聖域はもはや存在しないのか？　化学薬品がバーチャルリアリティの香料に達したか、それともグッチが実際にこの調合に資金を費やしたかのどちらかだ。説明によればジャスミンのつぼみのエキスを使っているそうだが、おそらく香りはベビーキャロットと同じ。それにラングーンクリーパー（長年追い求めて入手したことを伝える『ストレーツ タイムズ』紙の第一面が頭に浮かぶ）も使っているが、これは要するにスイカズラの一種。十分に心地いいが、ファラフォーセットの髪型を連想させすぎ。=LT

▷ *Guilty pour Homme Absolute*（ギルティープールオムアブソリュート） **グッチ** ★★★ ウッディ スモーキー

この香りは容器に（もっと正確に言えばグッチのウェブサイトに）記された通り。「ウッドレザーR、ゴールデンウッドR、パチュリ、ベチバーの4種類の香料をメインに用いる、直線的で特別な構造」。言い換えれば、古典的香料二つとフィルメニッヒ社製香料二つを使い、天然香料と同等の揮発性と芳香を得て、変化せず長持ちする香りを生み出したということ。この香りの長所は、ものすごく上質で濃厚な、ウッディ スモーキーのアコード。短所は、ギ ロベールの「ムッシュ ロシャス」（1969）を1000分の1に薄めたような香りが2、3日続くこと。これはマダム タッソー館に展示された男性の人形だ。ハンサムで、何も喋らない。=LT

▷ *Hacivat*（ハジワット） **ニシャネ** ★★ ウッディ フローラル

ニシャネは2年で20以上の香水を発表しており、すべて同じ調香師ホルヘ リーが手がけている。今はもうないブログで同社の作品について書いた私の記事を引用しよう。「ニッチな香水業界に登場したニシャネには、心を引きつけられる要素がたくさんある。第一に、企業のURLで目にするときまって興奮を覚える、.trといった見慣れない国別ドメイン。世界は広いが、ウェブとフェデックスの組み合わせによって、香水業界ではだれもが好きな品を試すことができる。イスタンブール（まだグラースで臭い革をなめしていたころ、イスタンブールでは香水を作っていた）に自宅があるのにグラースに私書箱があるふりをしなくていい。第二に、ニシャネの香水を作ったホルヘ リー。クエストの元調香師で、今はトルコのオイル会社MGギュルシチェク（意味は「バラの花」）に在籍。通常、この手の会社の商品はほぼ国内市場向けで、世界的な有名ブランドの香水を模倣している場合が多い。でも小さな会社にとってニッチな香水は、自分たちの技術を見せつけ、世界の素晴らしい香水の仲間入りをする斬新な方法かもしれない。競争の条件は公平になるよう、あらゆる手を尽くすべきだ」
そういうわけで、ここの香水の多くは、感じは良いが、やや慌ただしく、「ゴリラ パフューム」（ラッシュ）と同じ区分の市場向けに飛び出してきた感じだが、あのシリーズほど奇妙でも空想的でもない。「ハジワット」の名称は、トルコの影絵芝居にちなんでつけられた。心地よいウッディ フローラルだが、さほど興味を引かない。=LT

ハルフェティ
▷ ***Halfeti***　**ペンハリガン**　★　アンバー ムスク
ペストリーとムスクの心底ぞっとする調合。史上最悪の香水のひとつ。=LT

ハナヒラク
▷ ***Hana Hiraku***　**サトリ**　★★★★　メロン フローラル
申し分なく斬新なトップノートに驚かされるのは、本当に嬉しい。私はてっきり、日本人はかわいいフローラルだけが好きなんだと思っていた。サトリのウェブサイトで「クリーミィメロン」と記されているトップのアコードは、どちらかといえばパパイヤ。そこに添えられるのは、だれもが香りの中に見いだしたいとは限らない、明白で熟しすぎたミルキーな硫黄系のノート。時間の経過とともに霧が晴れ、初めはグリーン フローラルのアコードに、続いて意外な「うまみ」のノートに移行する（調香師大沢さとりによれば、ドライダウンの香料には味噌と醤油が使われているらしい）。ふと頭に浮かんだのは、これは技術面ではフルーティ フローラルだが、フルーツは別の惑星のものだということ。他のどんな香水とも違う、みごとな逸品。=LT

ハーレムローズ
▷ ***Harem Rose***　**フォート ＆ マンル**　★★★★　ローズ ベチバー
「ハーレム ローズ」の香りを嗅いだとき、自分が長いあいだ探し求めていたのはこういうものだったと気づいた。フレッシュで柔らかく男性的なローズは、ビクトリア様式の「ハマンブーケ」（ペンハリガン、伝えられるところによればオリジナルは1872年）のよう。でもこれには、異質なゼラニウムのグリーンノートや理髪店風ムスク、ずっとつきまとうフェイスクリームの柔らかさは感じない。すてきな香り。=LT

ザヘドニスト
▷ ***The Hedonist***　**カルト オブ セント**　★★★　驚いたスモーク
スモーキーな香水は大好きだが、好ましいのはたいていスモーキーな部分ばかり。

残りはベーコンについた口紅みたいな感じがすることが多い。これには化粧はついていない。=LT

▷ ***Hedonist***（ヘドニスト） **ビクトリヤ ミーニャ** ★ タバコ バニラ
家具のつやだしスプレーみたいな匂い。=LT

▷ ***Hedonist Cassis***（ヘドニストカシス） **ビクトリヤ ミーニャ** ★ グリーン カシス
しみったれたグリーンカシスが強すぎて、コールラビみたいな匂いがする。最悪。=LT

▷ ***Hedonist Iris***（ヘドニストアイリス） **ビクトリヤ ミーニャ** ★ シトラス ムスク
これがアイリスだって？　いいかげんにしてくれ。=LT

▷ ***Hedonist Rose***（ヘドニストローズ） **ビクトリヤ ミーニャ** ★★ フルーティ ローズ
歴史的には興味深いが芸術的には物足りない香り。「ギャロップ」（エルメス、2016）に先駆けて2014年に発表された。意に反してローズの外れたノートを生み出しているのはどちらも同じだが、こちらにはレザーの背景がない。=LT

▷ ***Helicriss***（エリクリス） **シルヴェーヌ ドゥラクルト** ★ イモーテル インセンス
気がめいるほど安っぽく貧相なイモーテル（永久花）の香水。=LT

▷ ***Helium***（ヘリウム） **ニュービー** ★★ シナモン タバコ
ニュービーのコンセプト（「地球の深部に存在する汚染されていない物質」というフレーズを用いる、SF／ファンタジー風味の内容）を語る企業声明からは、宇宙の熱に浮かされた感じが伝わってくる。にもかかわらず、その名の元素と香りには何のつながりも見いだせない。認めるべき点を認めるなら、オーナーのアルベルトボッリがともに働く調香師を指名することは、確かに素晴らしい。「ヘリウム」はシナモン風味の水ギセル。=TS

▷ ***Hemlock***（ヘムロック） **パルファム クオルターナ** ★★ スパイシー オリエンタル
このポション ファタル シリーズでは、たいして面白くもないが、ヘムロック（ドクニンジン）が香水の題材になっている。ただし中身に使われているのはその有毒植物ではなく、さまざまなトウヒなので、あと一歩というところ。香りは20年前に出た「ケンゾー ジャングル」の焼き直し。=LT

▷ ***Hepster***（ヘプスター） **アネット ヌファー** ★★★ シトラス ベチバー
1950年代イタリア様式の均整のとれたシトラスで、さわやかな春の日のよう。すてきなウッディのドライダウン。=LT

▷ ***Herat***（ハート） **コキレート** ★★ インセンス ベチバー
紹介によると「ハート」は「いまだ戦争と詩に分断された、この混乱した国における黒い黄金、すなわちアフガニスタンのハシシの華麗な解釈」。いい考えだが、最近のアフガニスタンの黒い黄金はおそらくアヘンで、いくぶん詩の比重が小さくなっているようだ。「ハート」はしっかりしたウッディ オリエンタルで、強いインセンスのノートだが、個性はない。=LT

▷ ***Hermann à Mes Côtés Me Paraissait une Ombre***（エルマンアメコテムパレセユヌオンブル） **エタ リーヴル ド ランジュ**
★★ フローラル インセンス
現代的なグリーン フローラルにフランキンセンス（乳香）。全体にうまくまとまっていない。=TS

▷ ***The Holy Mountain***（ザホーリーマウンテン） **アポテカ テペ** ★★★★ ウッド スモーク
私が初めてイギリスに来た1960年代初め、ここの人はいまだにジョゼフ リスターのフェノールによる（大部分は偽りの）清めの効果を信じきっており、駅のような公共の場所ではリゾールの匂いがしていた。これはのちに、へんてこな油汚れ用洗剤のレモンの匂いに取って代わられる。一方フランスではこの問題に対し、より合理的で無機化学的なアプローチでずっと臨んでおり、無慈悲な酸素と塩素の漂白剤で微小動物を根絶やしにしてきた。それでも、燻製の魚、クレオソート、ライツコールタール石鹸への私の愛が薄れることはけっしてなく、このアコードを当世風にしてくれたニッチな香水会社には感謝している。正直に言って、私が最高だと思う香水はこのタイプの香りだ。この香水の他に、「ランプブラック」（ブルーノ ファツォラーリ）、「スカイブ」（カヌー）などが、ほぼ同じ部類に入る。あとはどうか、たき火の傍らで眠るような香りを作ってほしい。=LT

▷ *L'Homme Idéal Cologne*（ロムイデアルコロン） ゲラン ★★★★ グレープフルーツ ベチバー

「理想の男なんて幻想。その男の香りだけが現実」というスローガンとともに打ち出された「ロム イデアル」の広告キャンペーンは、ユーモアのセンスばっちり。おまけに、これまでゲランの女性向け香水の多くが強調してきた、大まじめな誘惑、骨ばった体の美しさ、憂鬱な不機嫌顔、近視眼的にセクシーな目つきとは違って、いい感じに力が抜けている。ここで問われている「理想の男」とは、単にありえないほどハンサムで、無邪気な少年と堅実な大人の心を持ち合わせていて、くしゃくしゃの髪に6日ぶんの無精ひげを生やしているのに、完璧な仕立てのスーツを着こなす男。要は、普通の男だ。広告でウェディングドレス姿の若い女性の一団に追いかけられているのも無理はない。オリジナルの「ロム イデアル」は素晴らしく、巧みな構成のドライダウンで知られ、調香師ティエリー ワッサーがどうやら秘密を守っているらしい、不思議なほど長持ちするフレッシュな香り。こちらのコロンは、記憶にある限り、最高のグレープフルーツノート。ただし、ベチバーが優勢になるにつれてグレープフルーツは非常にゆっくりと減っていくので、これをトップノートと呼ぶのは不適切かもしれない。おそらくこの香水の最も注目すべき点は、オイリーな合成のサンダルウッド、痛烈なウッディ アンバー、気持ちの悪くなる理髪店風ムスクといった要素を、人に押しつけないところだ。感じがよく都会風でとても身に着けやすい香水に、旧世界の風習が健在であると知るのは喜ばしい。=LT

▷ *The Hope*（ザホープ） タミーン ★★ イモーテル アンバー

扱いにくく持ちがいいフラワー カレーノートを含む、寄せ集めのスパイシーなアコード。ビンロウジを加えたおいしいビリヤニみたいな匂い（さて、インド料理のテイクアウトでも買いに行くか）。=LT

▷ *Hugo Iced*（ヒューゴアイスド） ヒューゴ ボス ★★ ドライ グレープフルーツ

「ライト ブルー」（ドルチェ&ガッバーナ、2001）が好きだった人なら、これも好きだろう。私は好きではなかったし、今も好かない。=LT

▷ *Hummingbird*（ハミングバード） ズーロジスト ★★★ トゥッティ フルッティ

この会社の愉快かつ細部まで入念に手を入れるスチームパンク風美学に則って、「ハミングバード」は香水の初期の時代に逆行しているように感じる。その時代、ポール パルケ（ウビガン、「ル パルファム イデアル」、1900）などの調香師が、合成香料とフローラル系香料の正しい組み合わせを発見した。これがのちに、特定の花を指すわけではない、花の香りの誕生につながる。この交響曲的なフローラル性質（と呼べばいいだろうか?）は、数十年後にジャン パトゥの「ジョイ」（1930）を、のちにはディオールの「ジャドール」（1999）を生み出した。その初期の香りに特有の複雑で濃い背景と、花の代わりにフルーツ系合成香料をたっぷり用いるユーモラスな試みを、「ハミングバード」のタイムマシンはミックスする。結果は、不調和でコミカル。桃のシロップ漬けを缶詰からじかに食べている、イブニングドレス姿の女性を見てしまった感じ。=LT

ハングリーハングリーヒッピーズ
▷ ***Hungry Hungry Hippies*** **スメルベント** ★★ ドラッグ チョコレート
この匂いは一言で済む。ドラッグ入りチョコチップクッキー。=LT

ハイドロゲン
▷ ***Hydrogen*** **ニュービー** ★★ レモン リーフ
陽子とレモン？　かろうじてシトラスと呼べる程度。=TS

ハイラックス
▷ ***Hyrax*** **ズーロジスト** ★★★ ペッパー アニマリック
動物性香料の使用がとても厳しいこのご時世、会社と香水に動物にちなんだ名前をつけたズーロジストの創業者、ヴィクター ウォンは勇気がある。この香水に少量含まれているヒラセウムは、ハイラックスの化石化した排泄物。ハイラックスとはアフリカに生息する奇妙な小動物で、象と類縁関係にある。香水を作るためにハイラックスの屋外トイレを掃除したからといって、だれも表立って文句は言えまい。香りはペッパー調ローズに、強く心地よいアニマリックノート。天然のムスクとアンバーグリスの中間のような感じ。=LT

アイミスバイオレット
▷ ***I Miss Violet*** **ザ ディファレント カンパニー** ★★★ バイオレット フローラル
ベルトラン デュシュフールによる、製造停止になった「シャンパーニュ／イヴレス」（サン ローラン、1993）へのオマージュのよう。すなわち、いくぶん化学薬品っぽいが複雑なハニー フローラルで、トップには大きなバイオレットノート。元の香水はドゥミセック（中甘口）の最高級シャンパンだが、こちらはブリュット（極辛口）の日常使いといったところ。=LT

リルジョマジスト
▷ ***L'Illusiomagiste*** **ジャン - ミッシェル デュリエ** ★★★★ ペッパー ベチバー

この名称にはイリュージョニスト（奇術師）とイマジストの２つの意味が読み取れるが、帽子からドライダウンのみベチバーを引っぱり出すというのが、どうやらデュリエの考えらしい。ただしリコリスやロウの要素はなく、代わりに美しいエレミのペッパーノートと、アニマリックなノートが少々。これは古典的な香料についての斬新な解釈で、驚くほど穏やかで心が満たされる。その他の説明は「ブルー フランボワーズ」を参照のこと。=LT

イロレン
▷ ***Iloren*** **ギャラガー フレグランス** ★★ ローズ ネロリ

有能だがありふれた「ブレニーム ブーケ」タイプの男性向けムスク調フローラル。その香料リストで楽しげに挙げられている「ブルームスク」は、「（原文のまま）やや甘めのバックであることから、他の“色分けされた” ムスクより優先して選ばれた」。それは結構。=LT

アイムホーム
▷ ***I'm Home*** **ゴリラ パフューム** ★★★★ フローラル ココア

1980年代後半、「グルメ」のアイディアが花開き、だれもがチョコレートの香水を作りたがった。結果はどれも悲惨だったが、もちろん驚異の「エンジェル」（ミュグレー、1992）は例外。不条理なフローラル アコードを加えることでふやけたチョコレート パチュリを救おうという、最後の必死の試みから「エンジェル」は生まれた。「アイム ホーム」は似たようなことをしているが、今回は金管楽器というより木管楽器で、トップにブラックカラント（黒スグリ）はない。控えめで安らかで少しノスタルジックな香りで、嗅ぐたびに、刻々と変化する自分の心の状態に応じて、グルメにもフローラルにも感じられる。とてもいい。=LT

イモルテルトリバル
▷ ***Immortelle Tribal*** **ラトリエ ド ジバンシィ** ★★ フェヌグリーク フローラル

永久花（ヘリクリサム／ムギワラギク種）のカレーの匂いは、フェヌグリークやメープルシロップにも含まれる、ソトロンという分子に起因する。ソトロンは、30億年に及ぶ香りの進化の産物であり、いわば最高級の開発結果。ソトロンより強烈な物質はほとんどない。香水の研究室でスプーン一杯でもこぼしたら、その会社は移転を余儀なくされるだろう。香水に使われることはほぼなく、ノートとして登場したのは、イザベル ドワイヤンがアニック グタールの「セイブル」を作った1985年以後。「セイブル」はとてつもないヘリクリサムのオリエンタルで、史上最高のヘリクリサムの香りだ。これがあまりに特別で独創性に富むため、世界中の同業者に笑われるのをおそれて、まねする勇気のある調香師はこれまでいなかった。「イモルテル トリバル」は、「セイブル」に比べれば大胆さに欠けたちっぽけな香りだが、発想は巧妙。稀釈すると、フェヌグリークの香料は焼きたてパンの皮の方向へ進み、バイオレットとアイリスのノートに限りなく近づいて終わる。調香師アレクサンドラ カルランは、その適合性を活かして、完全に平凡で薄ぼんやりして清潔きわまりないフローラルにヘリクリサムを移植し、意外な心地よいひねりを加えた。それがこの香水の良い点。悪い点は、べつにヘリクリサムの花が傷んでいるようではないのに、結局匂いはどうしようもなく安っぽいままということ。値段を考えれば、きっとラトリエ ド ジバンシィはもう少しぜいたくな香りを作れるのでは？ =LT

▷ ***Imogen***（イモージェン） **エボカティブ** ★★ フローラル レザー

1950年代風のレトロな香水でもめざしているのだろうか。抽象的でスパイシーなフローラルに、ノスタルジックで深い茶色の背景。でもそれが不快で乱雑な匂いになる。=TS

▷ ***Imperial Tea***（インペリアルティー） **キリアン** ★★★★ ジャスミン ティー

この世界で香水のティー（茶）アコードを理解している人間がいるとすれば、それはカリス ベッカーだ（白状すると、彼女は私の友人である）。私の記憶が正しければ、1990年代初めに彼女は、ヘッドスペース法の創案者ローマン カイザーに同伴し、パリの紅茶専門店マリアージュ フレールを訪れた。今ではその訪問は伝説となっているが、膨大な種類の紅茶が揃う店で、カイザーらは香りのサンプルを取ってラボで分析した。ベッカーを一躍有名にした「トミー ガール」（トミー ヒルフィガー、1996）は、そのオリジナルの香りのサンプルから始まった。そしてまた彼女は、ロシア系の生い立ちを活かして、癖のある紅茶を一杯入れる。それはいわば、口をすぼめてしまうほどの濃縮液体を、最高の水で稀釈したもの。ジャン－クロード エレナの「オー パフメ オ テ ベール」（ブルガリ、1993）が有名になり、ティーの香りのアイディアは二つの方向、グリーンとスモーキーに分かれていった。ときおり、元の香料が認識できないほどかけ離れたものもあるが。この香水でベッカーは、また別の試みに挑戦している。ややオイリーでフローラル調のジャスミンとドライで渋みのあるティー自体の、素晴らしいコントラストを瓶詰めしようというのだ。その試みは成功している。=LT

▷ *In Between*（インビトウィーン）　**レンリン**　★★★　フレッシュ フローラル

すごく清潔で酸味があり、現代的なフローラルスタイルで、私はあまり好きではない。バイオレット アイリスのノートを揃えているが、ライ麦パンの匂いがする。それでもこれは偉大な技術で作られた、非常に洗練された香りで、なかなかの存在感。=LT

▷ *In Pursuit of Magic*（インパースートオブマジック）　**ダイアン ペルネ**　★★　カンファー レモン

ブッコオキシムを含むトップノートは、途方もなく辛辣なカンファー調でみごとな香り。ところがすぐに消散して、残るのはさっぱり興味を引かない、ありきたりのウッディシトラス。=LT

▷ *In the Woods*（インザウッズ）　**カルト オブ セント**　★★★　シダーウッド ネロリ

すてきでシンプルなシダー ウッドのアコード。=LT

▷ *Incendo*（アンサンド）　**ラ キュリー**　★★★★　レザー スモーク

「タンブクトゥ」や「コム デ ギャルソン 2 マン」といった新しいスタイルの香水の発明に、それぞれの作者ベルトラン デュシュフールとマーク バクストンはどのような役割を果たしたのか、最近デュシュフール本人に訊く機会があった。興味深いことに、そのとき二人は同じオイル会社、クリエーション アロマティックに所属しており、同時に同じアイディアを思いつくこともあったようだ。以前私はバクストンに、二人で共同製作しないのかと質問したが、それはないと彼は答えた。デュシュフールも同じ返事だったが、どうして先の二つが同じ時期に生まれたのか追及すると、シプリオールが入手可能になり、二人ともそれに目をつけたのだという。その頃、別のフェノール系香料のオークモスが段階的に廃止されていたことも、おそらく多少は影響している。概して植物には芳香性の物質が含まれ、明敏な昆虫を引き寄せるか、バクテリアとカビを根絶する役目がある。フェノール類は格別に消毒効果があると言われ、また強烈な付臭剤でもあり（たとえばクローブに含まれるオイゲノールもその一種）、バラの匂いの大部分を形成して二重の目的を果たす。ゼラチンで満たしたシャーレの真ん中にクローブのつぼみを植えれば、バクテリアの成長を止めることができる。

そういうわけで、私たちは魚やハムを燻製にし、ジョゼフ リスターはフェノールを手術室にまいて大勢の命を救い、イギリスの駅では趣味の悪い連中がレモンのほうがましだと考えるまでフェノールの匂いが漂っていたのだ。燻製の香りはまもなく人気を集めた。パイプ用タバコ、バルカンソブラニーの香りを愛する長年の購買層は、タールの匂いに引きつけられた。なぜならそこには、あの二度いぶした奇妙な品種、ラタキアタバコの香りも含まれていたから。「トミー ガール」（トミー ヒルフィガー、1996）のようなティーの香水もまた、ティーの匂いは主にフェノール系なので、ぎりぎりこの部類に入る。バクストンとデュシュフールが始めた、タールの匂いにスパイス、ウッズ、インセンスやミルラのような焦げた匂いという組み合わせは、型にはまった女らしさなど一片もない、儀式と薬の中間に属する香水のスタイルを作り出した。それらはピゲの「バンディ」やバルマンの「ジョリ マダム」の遠い末裔だ。その香りは病原菌を食い止めるかわりに、フルーティ フローラルの愛好家を近くに寄せつけない。
過去に私は、「ランプブラック」、「スカイブ」、「ヴィ エ アルミス」などのスモーキーな香りについて、いろいろ良いことを言ってきた。Incendo（イタリア慣れした私の耳には incendio（火事）に聞こえる）もまさにそれと同じで、ベチバーからインセンスを経てシプリオールへと、あらゆる成分をひとつにまとめて、落ち着きがありスタイリッシュでさわやかな香りを生み出す。ラ キュリーはアリゾナ州ツーソンに拠点を置く会社で、昨今のアメリカで成長著しい、クリエイティブな独立系香水メーカーの好例だ。ふざけ半分のウェブサイトで紹介されている、「アンサンド」の香料は次の通り。モミの葉、薪の燃えさし、インセンス、暗い空に口づけした太陽。「アンサンド」で私が特に好きなのは、チューブのゴムみたいな性質を備えたトップノート。背景はそこまで陽気ではないが、今では製造されていない偉大なブルガリの「ブラック」を思い出させる。非常に良い出来。=LT

インセンスウード
▷ ***Incense Oud*** **キリアン** ★★★ カルダモン ローズ
もしこれに少しでもウードが使われているというなら、むだ使いだ。香りはドライなスパイシー ローズで、悪くはないが貧弱。これが好きだという人がいたら、かわりにそっと「ノワール エピス」（フレデリック マル）を薦める。=TS

インセンスウード
▷ ***Incense Oud*** **ニコライ** ★★★ 洗練されたウード
初めて匂いを嗅いだとき私はたじろいだ。トップノートに、時間が経つにつれて強くなるようなウッディ アンバーの致命的なきらめきを感じたからだ。パルファム ド ニコライの卓越した技術は、そのノートを人間の力で可能なかぎり背景に保ち、ウードの精神に忠実な美しいウッディ インクのアコードに沿って配列する。まるでウードの国の大使がベルサイユ宮殿を訪れ、宮廷人の服装で流暢なフランス語を話しているみたいだ。=LT

インコグニート
▷ ***Incognito*** **ルージュ バニー ルージュ** ★★ ペッパー レザー
心地よいが貧弱なペッパーアコードで、とりたてて面白くもない。=LT

レザンドガランテ
▷ ***Les Indes Galantes*** **パルファム MDCI** ★★ フルーティ バニラ
現代の香水で、グルメの分野はうんざりする規定種目になってしまった。これはたいていのものよりはまし。それでも、二日酔いのときにゆうべのパーティの残り物のクラフティを差し出されているような気分。=LT

インディア
▷ ***India*** **マリナ バルセニラ** ★★★ フランキンセンス フローラル
アヴェダ「チャクラ」の香水と傾向が似ているが、こちらは大半がボスウェリアセラータ（アーユルヴェーダ医学で用いられるフランキンセンスの一種）の匂い。私はボスウェリアセラータの匂いが本当に好きで、eBay UK で 15 ポンド出して買った大瓶を持っているほどなので、大歓迎。=TS

インディゴ
▷ ***Indigo*** **バルティ** ★★★ ローズ マスティック
バルティの調香師スピローズ ドロソポロスは、落ち着きに欠ける心の持ち主で、彼の香水はその心を反映している。たとえるなら、静止画よりも動く立体作品にずっと近い。バルティの香水ではさまざまなことが起こるので、トップノートで試香紙を下ろしたら匂いの変化を逃してしまうのではと心配にさえなる。「インディゴ」はひねくれたローズのアコード。刑務所の独房をマグリットの有名な絵で埋め尽くすように、その（ギリシャ由来の）花をぐるりと取り巻くのは、簡素なグリーンの樹脂性ノート、明白なインセンス、そして非凡なマスティハ（マスティック、レンティスクとも呼ばれる）。マスティハは主にヒオス島で栽培されており、インセンスとガルバナムの中間という香りだが、それらよりもソフトで穏やか。=LT

インディゴ
▷ ***Indigo*** **ソーン & ブルーム** ★ キャラウェイ ラベンダー
初めから終わりまで本当にひどい。天然香料の完璧な失敗例。=LT

▷ ***Indolis***（インドリス）　**アリージュ ル ドレ**　★★★　グリーン フローラル
大きく重たげなジャスミン ガルバナムのフローラル。南の島のガーデンパーティに招待されて、左耳にハイビスカスの花を飾ったら、きっとこんな香り。=LT

▷ ***Inflorescence***（インフロレスンス）　**バレード**　★★★★　スイート ミュゲ
古典的なスズランのアコードの、とても斬新でよく練られたキュートな解釈。ローズ多めでグリーン少なめ、グラニュー糖をまんべんなく振りかけた感じ。いわば画家のノーマン ロックウェルが手がけた「ディオリッシモ」。つまり、とても喜ばしい。=LT

▷ ***Innocente Fragilité***（イノサンフラジリテ）　**シャボー**　★★　フローラル 石鹸
だれが作ったか知らないが、「アナイス アナイス」（キャシャレル、1978）をこの世に呼び戻そうとしたものの、結局キャメイ石鹸になった香り。つまらない。=LT

▷ ***Intoxicated***（イントキシケイティッド）　**キリアン**　★★★　カルダモン コーヒー
全般的なアイディアに目新しいことは何もないのに、驚いたことに、これはたいていのコーヒーの香水よりずっとすぐれている。たいていのコーヒーの香りは数分経つと崩れがちだが、これは心地よい砂糖とスパイスのドライダウンに切れ目なく移り、よくあるヤンキー キャンドルっぽささえ奇跡的に少しも感じさせない。その堅実さの秘訣は、背景にローズとスズランを忍ばせたアコード。おそらく調香師カリス ベッカーが有名にした魔法の技術を駆使しているのでは。=LT

▷ ***Innuendo***（アンナンド）　**ロジャ ダブ**　★　ローズ ムスク
ありきたりのローズに大量の石鹸調ムスク。=LT

▷ ***Iris***（イリス）　**ル ガリオン**　★★　フルーティ アイリス
薄ぼんやりしたシトラス ミモザのアコードに、うわべだけの「アイリス」根のノート。=LT

▷ ***Iris Cendré***（イリスサンドレ）　**ナオミ グッドサー**　★★★　アイリス タバコ
ジャック ファットの「イリス グリ」の復刻版（下記参照）をまだ買えないなら、そのつなぎとして、これはいい代替品。「アイリス シルバー ミスト」風のしっかりしたアイリスだが、野卑な感じは抑えぎみ。また背景には、「アイリス シルバー ミスト」を素晴らしい作品にした、古めかしいバラ色の夜明けの気配がする。=LT

▷ ***Iris de Fath***（イリスドファット） **ジャック ファット** アイリス ピーチ

私はこの香水に関わりがあるため、道義上、これに星評価をつけることはできない。ジャック ファットが伝説の「イリス グリ」の復刻版を出すと決定したとき、私を含む何人かが手伝いを（無報酬で）依頼された。偉大なオスモテックの「イリス グリ」は、1947年発売のオリジナルの処方で調香されているという。今回の復元では匂いの参考として、そのオリジナル版のみならず、コレクターの力を借りて、保管されていたオリジナルのサンプルを複数使用した。サンプルの一部は、その香りの本質への理解を深めるため、ガスクロマトグラフィーと質量分析にかけられた。5人の調香師が競う形で調合した作品を提出し、圧勝したのが新興企業メルストロムのパトリス ルヴィヤールである。ルヴィヤールは、歴史をなぞる精度と創造の自由のあいだの、まさに的確な場所を見つけた。商標の係争問題を避けるために改名された「イリス ド ファット」は、私の意見を言うなら、最高のアイリスの香水だ。欠点は、排他的であること。生産は年間でたった150本、30mlでおよそ1400ユーロ。本当にこの製品に関心がある人が手に入れられるように、ジャック ファットには2 mlの小さくて安いボトルを出してもらいたい。=LT
この香水が亡霊によって調合されるのを私は目撃した。一方は、保存状態のよいオリジナル版を分析したラボの作品。もう一方は、調香師の息子から直接手に入れた処方に基づくとされる、オスモテックの復元品。両者の著しい違いを考えると、どうもヴァンサン ルベールは、自分が作りたいけど作らなかった、アイリスバターを大量に使う処方を残したのかもしれない。ケルレオが努力を尽くした復元品は、LTの情熱に火をつけた。そしてLTの言葉は、ジャック ファットの名前を復活させてこの香水を新たに作ろうと呼びかけていた会社に届き、また選ばれた調香師も奮い立たせて、初めから香りの研究に没頭させた（この香水を特徴づけるノートは、まさしく幸運を見つける才能）。ジャック ファットが提出された作品を一緒に評価するようLTに依頼した際（報酬はなし、どのみち私たちは送られてきたボトルを受け取るけど）、私は光栄にも彼と並んで、驚くほど多様な努力の結晶を嗅ぐことができた。同じサンプルとラボの分析を与えられた5人の調香師があれほど異なる解釈を出すなんて、まったく想像していなかった。ただ、どれを選ぶかという点についてはまるで疑問の余地がないほど、ひとつの香りが他をはるかに上回っていた。そういうわけで、ルベール氏が70年前に作った香りが、私の手首から漂っている。クールなアイリスと熟れた果実のバランスが、ゲランの「アプレ ロンデ」や「ルール ブルー」の社交的ないとこみたいな印象。もしくはフォービスムの肖像画。あるいは初めて着色化された映画の素朴な美しさ、不思議なアンズとバラの色をつけられた、灰色の影の濃淡だけで描かれたすべての顔。私の考えでは、これはすぐにでも偉大な作品の仲間入りができる。=TS

▷ ***Iris Fauve***（イリスフォーブ）　**アトリエ デ オール**　★★　シナモン パチュリ
アイリスとウードについては、どちらの香りもまるでしないのに、名前だけ香水に使うのは法律で禁じるべきだ。これは気持ちの良いシナモン調パチュリで、大したものじゃない。=LT

▷ ***Iris Gris***（イリスグリ）　**レジェンダリー フレグランス**　★★★　アイリス ピーチ
レジェンダリー フレグランスはアメリカで「イリス グリ」の名前を使う権利を持っている。おそらくヨーロッパでも持っているはずだが、この執筆時点では審理中である。詳しくは知らないが、どうやらジャック ファットが「イリス グリ」の復刻を決めたとき、レジェンダリーは商標を法外な大金で売ろうとしたが受け入れられず、結果「イリス ド ファット」が誕生したらしい。そうした出来事と「イリス グリ」を別の形で復元するというジャック ファットの決断に腹を立てたレジェンダリーは、ソーシャルメディアを使って、私を含む関係者全員の中傷を始めた。その行為に支持は得られず、名誉棄損訴訟（愚かすぎて訴えるほどの価値もない相手だと思うので、私は関わっていない）が進行中だという。10年前にTSと私があちらの「イリス グリ」の匂いを嗅いだときは、最悪の悲しいジョークだったので、ガイドには載せないことにした。今回、新製品のサンプルを求めたところ、レジェンダリーは拒否したので、2018年4月に「イリス ド ファット」が発売されてからようやく、私は匂いを確認できた。あちらが力を入れて改良したことはまちがいない。新しい「イリス グリ」はオスモテックの調合にかなり忠実で、おそらく参考に用いたのだろう。ジャック ファットの復刻版と比べれば、アイリスのトップノートについてはだいぶ劣り、ピーチのベース（オリジナルの「イリス グリ」にはほとんどない）はやや押しつけがましいが、それでも全体的には良質で、とても説得力のある仕上がり。=LT

▷ Iris Gris XO（イリスグリイクスオ） **レジェンダリー フレグランス** ★★ アイリス ピーチ

特許取得済みの老化加工（日焼けマシンとか?）を行ったという話だが、その結果、トップの香りはダメージを受けており、その後もあまり良くはない。=LT

▷ Iris Homme（イリスオム） **サトリ** ★★ ウッディ シトラス

薄い、パウダリーなシトラス ウッディで、アイリスのノートはさほど感じられない。=LT

▷ Iris Nazarena（イリスナザレナ） **アエデス デ ヴェヌスタス** ★★★★★ アイリス シガー

最近（「イリス ド ファット」参照）オリス根茎の調合の匂いをこれでもかというほど嗅いだため、最高級のアイリスに驚かされることは二度とないのだと残念に思っていた。とんでもない。ラルフ シュヴィーガーが作り上げた素晴らしい傑作について、香りのダイアグラム風に説明しよう。初めに頭の中で、アイリスからバイオレット（アルファイオノン）を差し引く。するとアイリスを美しくも不快にもするドライダストが残る。次にその色を失ったアイリスを、残りの香りで表現しなくてはならない。そこで会員制クラブの匂いのような、陰気でこもった感じのシガーとレザーのアコードを加え、気難しく厳粛なアイリスをミドルまで広げる。最後に、ヴァンサン ルベールが「イリス グリ」にピーチを添えたように、ふたたび作品に色をつける。ただし、今回はローズで。ドリアン グレイの肖像のように。=LT

▷ Iron Duke（アイアンデューク） **ビューフォート** ★★ アロマティック フゼア

私は好きではない香り。構成は悪くないが、処方のコストが見合っていない。やけに偉そうで、陳腐で、騒々しくて、強烈な合成香料が多すぎて、いかにも現代の男性向け香水という感じ。その匂いはエレベーターにいつまでも残り、元凶の気取り屋が建物を出て、エレベーターが三往復してもまだ消えない。=LT

▷ Isparta（イスパルタ） **パルフュメリ ジェネラール** ★★ ウッド プラスチック

この憂鬱で貧弱な香りの意図が何なのか、私には理解できない。=TS

▷ イッサラ *Issara*　ドゥシタ　★★★　メタリック フゼア

その優秀なトップノートは、マティーニとレトロなシェービングクリームを称える歌。残りはよく考えられた現代的なフゼアで、よくある粗雑な安っぽさはない。部屋の端と端にいても十分読み取れるくらい大きなフォントで「このバカに近づくな」と書いてある、がさつな「クール ウォーター」もどきとは違う。むしろ、もっと近づいていい匂いを嗅ぎたくなる感じ。=TS

▷ イスタンブール *Istanbul*　ガリヴァント　★★★　スパイシー アンバー

いわゆるアンバーの香りほど、ここはヨーロッパではなくアジアなのだと実感する香りは他にない。アンバーとは、ベンゾイン、ラブダナム、バニラに浸したアセトアニリドから成る、芳香性の固体である。ひとたびその匂いを嗅げば、たとえまだボスポラス海峡の西側にいても、自分がどんな土地に足を踏み入れたのかわかる。そこでは金を紙ほど薄く打ち延ばし、レースのように仕上げ、まるで技術など無価値だといわんばかりに重さで販売する。そこは金ぴかの土地、豪華でありながら安っぽい匂いのする香水の土地、偽物みたいな本物の宝石もあればその逆もある土地だ。ガリヴァントの「イスタンブール」はその陽気なおとぎ話の精神をとらえ、そこに何もつけ足さず、何も差し引かない。=LT

▷ イタスカ *Itasca*　リュバン　★★★　シトラス フゼア

すてきなレモン調のベチバー、とても立派。=LT

▷ ジェイドリーフティー *Jade Leaf Tea*　ジョー マローン　★★　混合グリーン

これを理解するのは難しい。香料は明らかに良質で、調合は巧み。目立って良いところも悪いところもないが、全体としては陰気と退屈が半々という感じ。=LT

▷ ジャドールインジョイ *J'Adore in Joy*　ディオール　★★　シロップ調フローラル

ディオールは「ジャドール」の姉妹品を次から次へと、まるで自動装置のごとく定期的に量産してきた。これは湿っぽいメタリックのキュウリ調に始まり、だれも喜ばせる気はないと宣言しているようだ。それから古臭く甘ったるいフルーティ フローラルに直行し、とんでもない力をふるう。それは嗅いだ人間の脳の恐怖を司る中枢を貫き、冷や汗を吹き出させ、逃げ道を探させる。言い換えれば、最初のデートにうってつけということ。=TS

▷ ***J'Adore Voile de Parfum***（ジャドールヴォワールドパルファム） **ディオール** ★ メタリック カスタード
嫌いなところがありすぎる。第一に、新しいアイディア、名前、ボトルを考えるかわりに、14年前に生まれたシリーズに姉妹品を加えることをよしとする、恥ずべき想像力の欠如。それでも、その姉妹品が前よりすぐれているか、せめてオリジナルに匹敵する良品ならば許せる。だが残念ながら、そんなことはない。これは輝かしい前作の方をちらりと見てから、大量のメタリックなヘリオナールのせいで食べられたものではない、総じて気持ちの悪いバニラ カスタードに落ち着く。これがディオールだって？ 偉大な存在も落ちぶれたものだ。=LT

▷ ***Jangala***（ジャンガラ） **ピエール ギヨーム** ★★ スパイシー マリン
ピエール ギヨームには、どうかペースをゆるめて、時間をかけて、香りが完成するまで調合に集中してもらいたい。これはなかなか良いがやっつけ仕事で、トップノートと記された香りは現れない。=LT

▷ ***Le Jardin de Monsieur Li***（ルジャルダンドムシューリ） **エルメス** ★★ 退屈なジャスミン
ジャン－クロード エレナはエルメスのために素晴らしい作品を生み出してきた。彼の庭園シリーズのほとんどは繊細な調合で、1枚ずつ層がはがれてゆき、試香紙（肌につけるよりずっと変化が早い）を何時間も観察する価値がある。透明感と複雑さを兼ね備えた彼の調香スタイルが、多大な影響力を持っていることはまちがいない。そういう意味で言うと、「ル ジャルダン ド ムシュー リ」は期待外れ。支配的なジャスミンのアコードが、調合に使われた上質なジャスミンの重たい面をなぜか強調し、そこにいかにも安っぽいベンジルアセテートの油性が加わる。トップのアコードは明らかに奇妙でフルーティなクリーム調で、キャロンの昔の「ニュイ ド ノエル」を思い出させる。しかしこの香りはそれ以上羽ばたくことはなく、時間が経つにつれ石鹸らしさが増してさらに陳腐になり、合成ジャスミンのシャワージェルと区別がつかなくなる。エルメスの香料リストでは、竹、金柑、四川ペッパーが挙げられるも、匂いからはまったく感じられない。いったい何があったか知らないが、エレナが絶好調でないことは確かだ。=LT

▷ *Jardin Rouge*（ジャルダンルージュ）　**リュバン**　★★　ウッディ ローズ
感じはいいがかなり退屈でフレッシュなウッディ　フルーティ　フローラルで、何百とある他の香りと大差ない。=LT

▷ *Jasmin*（ジャスミン）　**フラゴナール**　★★　けちくさいジャスミン
うわべだけの取るに足りないフローラル。=LT

▷ *Jasmin Angélique*（ジャスミンアンジェリーク）　**アトリエ コロン**　★★★★　ドライ ジャスミン
興味深く、珍しくもシンプルなジャスミンの解釈。インセンス、ガルバナム、ペッパーのノートが周りを囲む。ジバンシィの極上の（商業的には破滅の）男性向けフローラル「アンサンセ」からかけ離れているというわけではないが、もう少し軽くて、ナチュラルな感じ。地味で相応に気難しい、優秀な男性向け香水。=LT

▷ *Jasmin Rouge*（ジャスミンルージュ）　**トム フォード**　★★★　ハーブ調フローラル
ジャスミンとハーブの粗いスケッチ。匂いはみごとで容器の能書き通り、ルージュの要素はない。でもこの50mlの瓶に230ドル払おうという気の毒な人が、私には想像できない。ひょっとしたら赤いボトルのコレクターなのかも。=TS

▷ *Jasmin Tabac*（ジャスミンタバ）　**エボカティブ**　★★　シガレット ノーガハイド
エタ リーヴル ドランジュの機知に富む「ジャスミン エ シガレット」は、良質なジャスミンとタバコを再現した。あいにく「ジャスミン タバ」が再現するのは、せいぜい午前5時の郊外の駅。点滅する蛍光灯、紫に落ちくぼんだ重たげな目の人々、吸い殻のあふれる灰皿、焼け焦げた穴のあいた黄色いビニール張りのぼろぼろのシート。=TS

▷ *Jasmina*（ジャスミーナ）　**エイプリル アロマティクス**　★★　ジャスミン シトラス
構成に突出した点はあまりなく、大半はものすごく高級なインド産ジャスミンで、良い香り。私のような香りマニアが思い出すのは、ジャスミンの主成分であるベンジルアセテートは実のところ、トルエンとビネガーといった要素の寄せ集めの匂いがすること。広告では「催淫性にすぐれている」と愉快な紹介。=LT

▷ *Jasmins Marzipane*（ジャスミンマジパン） ランコム ★★★★★ ウッディ フローラル

ドミニク ロピオンは議論の余地なく、重々しく抽象的なフローラル（「アマリージュ」、「エイリアン」、「イザティス」、「カーナルフラワー」、「スーパースティシャス」、「フルール ド カシー」参照）の帝王だ。この分野の香りは、歴史的に過剰なほど多く作られてきたが、今でも世界が求めている。彼の香りは行き過ぎだと批判されることもある――確かに私は閉じた空間で長時間、彼のヒット作のどれかをつけた女性の隣には座りたくない――が人生には行き過ぎた香りを必要とする時期がある。私が「ジャスミン マジパン」と出会ったのは空港の免税店だった。商品を吟味しては落胆するという1時間を過ごしてからその匂いを嗅いだときは、体が宙に浮く感覚を味わった。求めていたのはこの香水だ！　そこにはロピオンが長く輝かしいキャリアで身に着けた、あらゆる技が詰まっているよう。いわば鉄筋コンクリート造りの香水だ。彼特有のパワフルな合成香料の足場が、エンパイア ステート ビルディングのようにくっきりと、角ばった形でそびえ立つ。建物につけられた怪獣の装飾さえゴージャスだ（この匂いから最もかけ離れた言葉は、ジャスミンとマジパンだと思う）。最後には、力強さと美しさの適切なバランス。これまで出会った偉大な香水の例に違わず、これをつけていると、これなしではわかりづらいことが色々わかると感じる。長く愛される傑作となるために十分検討された、つけるたびに異なる香り。=TS

▷ *Jersey*（ジャージー） シャネル ★★★ ラベンダー バニラ

なんて奇妙な獣だろう。ラベンダー バニラは主にゲランとキャロンの縄張りだ。すでに百100万回ほじくり返された場所で、シャネルの魔術師が何を見つける？　答えはとても賢明。ラベンダーは香りの境目でキャラメル調に外れがちだが、カンファー調のラバディン（「キャンディ アイランド」の再処方）で補うか、クマリンの苦みで覆うか（「ジッキー」）、あるいは徹底した甘さに浸す（「プール アン オム」）という手がある。シャネルが選んだ手法は、そのどれでもない。ラベンダーをメタリックなバイオレットリーフの大きなバックネットで挟み、さらにジャスミンを加えるのだ。これはいわばプロイセンの軍服を着て片眼鏡、乗馬鞭を携えたラベンダー。=LT

▷ *Jeu d'Amour*（ジューダムール） ケンゾー ★★★ フルーティ ウッディ

洋ナシとフリージアがノートに並んでいたら、香りつきの生理用品みたいな匂いをきっとだれもが想像するはず。そしてこの香水も、初めはその通りの匂いがする。ところが、「ジュー ダムール」は香りが落ち着くと、ジャコモの「パラドックス」タイプのフルーツサラダが満ちあふれ、不本意ながら思わず笑顔になってしまう。そして次に、「ビューティフル」（エスティ ローダー）を思い出させる、すてきなサワーウッディ フルーツのアコードが現れる。いい意味で予想外。=TS

▷ **Jimmy Choo Man Ice**（ジミーチュウマンアイス） **ジミー チュウ** ★★ グレープフルーツ アンバー

ハイヒールで富と名声を築いたジミー チュウが、ヴァンズ風のメンズスニーカーを1足495ドル、ハイトップは695ドルで販売するという楽観的な事業に乗り出した。それで靴というのは匂うから、中にスプレーするためのフレグランスも親切に売っているらしい。だって実際、どんな金持ちがジミー チュウの香水を買うっていうの？ 経営大学院に通ったことのない私でも、不平不満の嵐になるのは予想できる。香りは安っぽくて退屈。=TS

▷ **Jour d'Hermès**（ジュールドゥエルメス） **エルメス** ★★★★ ティー フローラル

ジャン-クロード エレナのように透明感ある香りを作る調香師は他にいない。香水業界では分析と模倣をほとんど制限していないというのに、1993年にエレナが初めて世界の注目を集めたブルガリの「オー パフメ オ テ ベール」の技巧は、いまだに彼が独占していると言っていい。難しいのは、透明度と彩度を同時に達成すること。色が少なすぎると、香りはただ貧弱で生気がない。色が多すぎると、光の輝きと新鮮さが失われる。「オー パフメ」に（そしてエレナの発見に刺激を受けた「シーケー ワン」や「トミー ガール」のような他の傑作にも）必要なのは、原料の改善だ。エルメスがエレナにもう少し開発予算を出せば、水彩画の傑作のように安定して魅力的な香りが生まれるだろうに。トップノートはティーの香り。「ジュール ドゥ エルメス」は昔の「アカシォサ」（キャロン）を思い出させ、最後には穏やかで清潔で安定した、おぼろげなフレッシュ フローラルに落ち着く。模範的なスタイルだから、おそらく男性向け香水としても優秀。=LT

▷ **Jour d'Hermès Absolu**（ジュールドゥエルメスアブソリュ） **エルメス** ★★★★ 透明フルーティ

ブルガリの革新的な「オー パフメ オ テ ベール」（1993、ジャン-クロード エレナによる調香）以降、人気を集めた「ティー（茶）」の香りは、香水の新しい地平を切り開いたと認識されている。ティーには神秘的な素晴らしい力があり、たとえば虫よけやベーコンの匂いを、アールグレイやラプサンスーチョンといった繊細で高貴な香りに変えてしまう。これを香水に当てはめれば、「シーケー ワン」（光のように現れた途方もなく強烈な香り）の奇跡を再び起こすことも、技能が許せば自由にできる。そうしたティーのドライで透明な性質を十分活用した初期の香水が、あの大いに中傷された「トミー ガール」だった。エレナは最初の発見から気を緩めることなく、おそらく彼の手がけた中で最高のティーの香り、「ジュール ドゥ エルメス アブソリュ」を完成させた。始まりは、抽象的なアプリコットを背景に起こるグレープフルーツの突風。そのシトラスが薄れて向かう先は、背後から光の差すステンドグラス。そこに描かれるのは、「ミス バルマン」や「アズリー」（エスティ ローダー）を彷彿させる、油絵のように古典的なウッディの香り。たいていのエレナの作品と同じく、彼の意のままにすべてが明かされる手法には驚嘆させられるし、紙に吹きかければ香りの移行をもっとゆっくり楽しむこともできる。残念ながら、様式か規制か予算か、何らかの理由のせいで、ドライダウンはやや簡素で失望する。それでも良い作品ということに変わりはないが。=LT

ジュールドゥエルメスガーデニア
▷ ***Jour d'Hermès Gardenia*** **エルメス** ★★ ガーデニアではない
フローラルの大失敗。重たげで乱雑な化学薬品で、全体的に不調和。ガーデニアはほとんど、もしくはまったくない。何が起こった？ =LT

ジャーニーマン
▷ ***Journeyman*** **ソイボール** ★★ スモーキー ウッド
すべてのニッチな香水ブランドに持つべき義務がある、スモーキーでウッディな香り。チェックの綿シャツを着てあごひげを生やした男性向け。=LT

ジョワイユーズチュベローズ
▷ ***Joyeuse Tubéreuse*** **ゲラン** ★★★ グリーン フラワー
このチュベローズのノートは、フレッシュなグリーン グラスノートとパウダリーな甘いフローラルで明るく華やぐ。ミモザとバイオレットの、誠実でうっとりするほど純真な方向性。ジャスミンやオレンジの花といったホワイト フラワーのグループに含まれる、チュベローズにありがちな重苦しさはない。結果、エスティ ローダーのショーウインドーから逃げ出してきたかのような、元気いっぱいの春のフローラルが生まれた。あまりゲランらしくもチュベローズらしくもないけど、良い。=TS

ジャストマイカップオブティー
▷ ***Just My Cup of Tea*** **ジ アート オブ フレグランス** ★ 化学薬品ティー

香水にティーを使うアイディアは、伝言ゲームを数年続けた結果、おぞましい緑色の蒸気が沸くような代物になってしまった。この香りはたとえるなら、ドライクリーニング剤としおれた花の中間という感じ。=LT

カラギョズ
▷ ***Karagoz*** **ニシャネ** ★★ ホワイト フローラル

Karagoz（黒い瞳）は、トルコの影絵芝居の登場人物。天真爛漫だがずるいところもある平凡なキャラクターで、教養はあるが気取り屋の「ハジワット」とは対照的。この標準仕様の現代的なホワイト フローラルには、カラギョズの魂がほとんど描かれていない。やや機を逸した印象。=LT

カラス
▷ ***Karasu*** **アポテカ テペ** ★★★★ コスタス ウッディ

トップノートの匂いを嗅いだとき、この香水には絶対アイリスを使っていると思った。でもメーカーの使用香料リストには載っていないので、私だけが感じた不思議な幻想なのかもしれない。実際、まったく使っていないのにこれほどの香りが作れるのなら、とても嬉しい。初めはアイリス バターのホログラム。次にこの香水が進むのは、陽気な（あるいはむしろ憂鬱な）方向。そしてアコードは素晴らしく埃っぽいウッディ根茎調に展開する。これはまだ訪れたことのない場所の匂いだが、私にはわかる。きっとそこは煩わされるものの何ひとつない、広々とした場所なのだ。アポテカ テペの妥協を許さない美学を、おそらく最も明確に表した香り。ささやき声と注目を浴びることを両立させた、稀少な実例。=LT

カールラガーフェルドプールフェム
▷ ***Karl Lagerfeld pour Femme*** **カール ラガーフェルド** ★★★ レモン ローズ

純粋培養のバラ色のほほをした初々しさを情けなく求める今日のフローラルは、意外な結果にゆっくりと収束しつつある。無臭の花だ。花屋に入って匂いを嗅いでみれば、私の言う意味がわかるだろう。香りより見た目ばかり重視して品種改良されてきた花は、包括的で、やや酸味のあるグリーン石鹸調の匂いに落ち着いている。それらの美しくも無能な花は、言ってみれば香水をつけていない花で、残った匂いはおそらくミツバチに花の体臭だとみなされている。どういうわけか、このメーカーはそんな香りを瓶詰めして、上質な品のかわりに売ることにしたらしい。その味気ないメッセージを伝える香水から私たちが思い浮かべるのは、鉢植えのアジサイの話くらいしか話題がない美男美女。特に悲しいのは、何か喜びのかけらでも残っていないかとこの不毛の地を引っかきまわした挙句、調香師が才能という宝物を使い果たしてしまうことだ。この香水の調香師として発表されている二人のうちのひとりは、あの偉大なクリスティーヌ ナジェル。最初の「イストール ドー」(2002) や「ナルシソ ロドリゲス」(2003) といったとびきり激しい香水が、彼女の真骨頂。この調香では明らかに実力を発揮していないが、それでも虹色のきらめきをかすかにアコードに添えている。遠くからはオフホワイトに見える車の塗料が、近づくと真珠色だとわかるくらいに。ピーチのバランス、マグノリアのレモン調、パウダリーなローズが精巧に組み合わされ、特に服に着けた場合はまったく前に出てこない。たくさんの才能の悲しいむだ使い。=LT

カシャーンローズ
▷ ***Kâshân Rose***　**ザ ディファレント カンパニー**　★★★　ペッパー調ローズ

心地よいペッパー調ローズ。ザ ディファレント カンパニーが極上の「オスマンサス」(2001) で完成させたドライなシトラス調を、もっとなじみ深い領域に移した香り。=LT

カシノワール
▷ ***Kashnoir***　**ラボラトリオ オルファティーボ**　★★★★　スパイシー ローズ

ばかげた名前が残念。というのも、これはセシル ザロキアンが手がけた、輝かしくなめらかで安らぎを与える作品だから。非常に高度でパウダリーなシトラス ローズは、控えめでダンディな男性にふさわしい。=LT

ケンゾーワールド
▷ ***Kenzo World***　**ケンゾー**　★★★　缶詰のパイナップル

ドール社の缶詰の中身である芯をくり抜いた黄色の果実を称える、まばたきくらい短い歌 (ヘリオナールのミルキーなメタリック フローラルの香気が私を照らす)。=TS

カーブサイドバイオレット
▷ ***Kerbside Violet***　**ゴリラ パフューム**　★★★★　ウッディ バイオレット

かつてキャロンの「ビオレット プレシューズ」という素晴らしい香水があった。1913 年にエルネスト ダルトロフが作成したその香水は、2006 年にキャロンに害悪を及ぼす専属調香師リチャード フレイスによって、完膚なきまで破壊された。元の香水はダルトロフの特徴である上品な構成で、有機化学のこの上なくすてきな分子、すなわちバイオレットの匂いのアルファイオノンに捧げられた詩である。イオノンはほぼまちがいなく、1900 年以前の香りの化学における最大の発見だったが、続く20年間、あまりにふんだんに使われたため、フランス語で安い香水を意味する「sent-bon」と同義語になった。うんざりするほどの甘さとドライなウッディは相容れない香りだと思われがちだが、イオノンはその二つの領域をたちまち結びつける。イオノンの匂いを嗅ぐと、数秒前まで優しかったのに突然怒り狂う人に恋に落ちたような気分になる。「ビオレット プレシューズ」は、安くはないが、高価な香りにしたいという誘惑に耐えてみせた。ダルトロフの優雅で飾り気のない伝統を立派に受け継いだのが、ラッシュの調香師、マルク コンスタンティンとシモン コンスタンティン。安っぽい瓶や窓ふきスプレー風のユーモラスな包装で、贅沢な発明品である香水に対抗する彼らの作品は、鋭いウィットと知性にきらめいている。「ビオレット プレシューズ」はパウダリーなレモンベースに対してイオノンを置いた。「カーブサイド バイオレット」は背景にローズ ウッドを選んでジャスミンを少し添え、どちらかといえば、バイオレットの矛盾する精神に前者より近づく。おみごと。=LT

キングダムオブバーレーン
▷ ***Kingdom of Bahrain*** **ロジャ ダブ** ★★★ シトラス ウッディ
きちんとしたシトラス ウッディ。真ん中に適切な量のローズ。値段は50mlで425ポンド。=LT

キングダムオブサウジアラビア
▷ ***Kingdom of Saudi Arabia*** **ロジャ ダブ** ★★ アニマリック フローラル
ありきたりなアニマリック フローラル。=LT

キズメット
▷ ***Kismet*** **リュバン** ★★★ シトラス オリエンタル
「シャリマー」(1925) に代表される、偉大なゲランが手がけたオリエンタルな香りの秘密は、昔のビンテージ品を確認すると、巨大なシトラスのトップノートだったことがわかる。それは水面下の膨大な負荷を相殺し、バランスを正確にとっているため、あれほど大きくありながら苦もなく飛んでいるように見えて、みな驚くのだ。「キズメット」はそれと同じことをしている。ただし今では、そのトリックにだれもが気づいている。=LT

コケシミズ
▷ ***Koke Shimizu*** **サトリ** ★★★ アロマティック フゼア
昔の「アザロ プール オム」(1978) の再処方前の様式に則った、強烈で古典的な1970年代のフゼア。=LT

▷ *Korrigan*（コリガン）　リュバン　★★★★★　スイート インセンス

シルクロードで品物を買いつける商人がキャラバンの荷下ろしをじっと見るように、香水評論家は雑多な由来の安ぴか物をより分けて、宝物を探さなければならない。ごくまれに、これまで知られていない地域との通商が開かれたと感じることがある。その地域の存在は、謎めいているがまちがいなく関連する品々と、奇妙なほら話を通じて、初めて明らかになる。「コリガン」は、どこかの山に囲まれた王国で生まれたに違いないと私が感じる、４番目の香水だ。信心深さとお祭り気分が交互に現れる。50代前半のフランス人調香師（マーク バクストン、ベルトラン デュシュフール、アニック メナード、そしてトマス フォンテーヌ）によって代々国策が決定される、地上の理想郷。その伝説の地について最初に教えてくれたのが、「コム デ ギャルソン 2 マン」（1999）や「タンブクトゥ」（ラルチザン パフューム、2004）、続いてル ラボの「パチュリ24」（2006）だった。それらすべてに共通するのは、シンプルながら魅力的な雰囲気で、インセンスとジンジャーブレッドの中間のような、さながら天使が働くパン屋の売り物。そのアイディア自体はまったく新しいわけではなく、シャネルの壮麗な「ボワ デジル」やゲランのやや乱雑だが実にかぐわしい「ボル ド ニュイ（夜間飛行）」といった前例がある。それでも現代の香料と構造が可能にした、それらの持つ星の輝く夜のように澄んだ空気は、新しい要素として挙げられる。「コリガン」は数ある香水の中でおそらく最も食用に適した香りで、人によっては少し甘すぎたりバター風味が強すぎたりするかもしれない。私個人としては、ロサンゼルスのラッキーセントで初めてその匂いを嗅いだとき、たちまち恋に落ちた。試香紙をくれた店員は、これを素晴らしいと思ってもらう気はありませんよといわんばかりの表情。べつに私を脅かす必要はないのに。かつては偉大な存在だったが忘れられていたリュバンが、こうして灰の中からよみがえった。これは今までで最もすぐれた香りで、これからもずっと代表作として残るだろう。=LT

▷ *Kuwait*（クウェート）　ロジャ ダブ　★★★　フルーティ フローラル

やけに感傷的なフルーティ フローラルに、困惑するようなアニマリックノート。動物園でロマンス小説を読んでいる感じ。=LT

▷ *Lace*（レース）　サラ ベイカー　★★　ウッディ ハーベイシャス

「レース」を調香したのは4160 チューズデイズのサラ マッカートニーらしい。彼女おなじみの、とんでもなく陽気な流儀で作られた、気ままでやかましく、心地よい香りの突風。クェンティン　ブレイクの児童文学*All Join In*を思い出させる。その物語では、子供たちの不協和音に囲まれた母親が、いっそ大騒ぎしてみんなで楽しむことにする。=LT

レディエンブレムロー
▷ ***Lady Emblem l'Eau***　**モンブラン**　★★　水っぽいピーチ
まるで90年代！　「レディ　エンブレム」は実に清潔で化学薬品らしいメロン　ピーチで、「ロードゥ　イッセイ」や「ニュー　ウェスト」の時代を思い出す。窓ふき用クリーナーをたっぷり浴びて朝風呂を済ませましたという印象を与えたい人向け（パーマ液の匂いを連想させる、妙にしつこい調子外れのノートも含む）。=TS

レディミリオン
▷ ***Lady Million***　**パコ　ラバンヌ**　★★　ピオニー　グレープフルーツ
こういう消臭スプレーのような香水は終わったと思っていたけれど、そうではなかった。そこらじゅうに打たれた広告のおかげで、成功まちがいなし。=TS

レディミリオンオーマイゴールド
▷ ***Lady Million Eau My Gold***　**パコ　ラバンヌ**　★★　フローラル　シトラス
優秀なアンネ　フィリポが調合したこの香水は、処方の予算をあまりに低く設定した経理と、さまざまな香料を禁止した監査を絞め殺したい気分にさせる。両者のせいで、基本的には良い構造なのに、きちんと飛び立つことができない。そのアイディア自体は新しくはなく、少なくとも「オスカー」（1977）までさかのぼる、トロピカル　フローラルとグリーン　ウッディの対照が面白いノート。良質なフローラルシプレになったかもしれないのに、まともなオークモスが欠けて、シトラスが制限され、サンダルウッドが利用不可能になった結果、成功は厳しくなり、たっぷりとした陽光のかわりにやつれた灰色を感じてしまう。しかし公平に考えれば、香りは一応まとまって、不合理なほどセンスのない名前と見た目と設定を思えば、驚くほどスタイリッシュ。その値段の安さを思えば、ジバンシィの「アンサンセ」（1993）ほどに貴重な男性向け香水と呼べるのではないか。これをあえてつける男性がいればの話だが。=LT

レーヌドゥヴェール
▷ ***Laine de Verre***　**セルジュ　ルタンス**　★★　アルデヒド　カシュメラン
興味深く刺激的なアコードが、香りの５分の１くらいはある。=LT

▷ *Lait Concentré*（レコンサントレ）　シャボー　★　コンデンス失敗

未開封の甘いコンデンスミルク缶を取り出し、水を張った鍋で数時間茹でると、メイラード反応によって褐色の半固体の物質ができあがる。牛に事欠かないアルゼンチンでは、ドゥルセ デ レチェと呼ばれるキャラメルだ。本物の豊かで複雑な恵みを複製しようという、「レ コンサントレ」の試みは失敗した。ただ、たとえ正しく再現できたとしても、こう訊かなくてはなるまい。コンデンスミルクの匂いを嗅ぎたい人間がどこにいる？ =LT

▷ *Lait de Biscuit*（レドビスキュイ）　シャボー　★　欠陥品ビスケット

香料の専門家が口を揃えて言うように、焼菓子の匂いというのは、高温で起こる再帰的な化学反応によって生まれる、合成香料の複雑な混合だ。その混合が複雑であるがゆえに、要求を正確に満たすことができる。つまり、貧弱な構成で香料の主な特徴を複製し、それが「子供時代の思い出を呼びさます」と主張するのは、人間の記憶、知性、香りのセンスを嘆かわしいほど見くびる行為だ。おぞましい。=LT

▷ *Lait de Vanille*（レドヴァニーユ）　シャボー　★★　ミルク 肌

沸騰させたミルクについて人が嫌うすべての要素と、バニラについて人が嫌うすべての要素が混ざり合っている。真ん中のベンゾインの塊が、ふやけた全体に背骨らしきものを与えている。=LT

▷ *Lait et Chocolat*（レテショコラ）　シャボー　★　フレーバー コーヒー

シャボーのハイパーリアリスト シリーズ、「レ」の香りの中で、これは少なくとも「大作」とは言えない。やけになった人がコーヒーに入れる、不快なヘーゼルナッツの混合物。=LT

▷ *Lamborghini L1*（ランボルギーニ）　ランボルギーニ　★★　コリアンダー アンブロックス

このジャンルの中で最悪というわけではないが、「L1」は退屈で独創性のないガラクタみたいな男性向け香水のクローン。ここで悪いお知らせ。スーパーカーのブランドを商品化するのは、愚の骨頂だと私は考える。たとえば、この世にフェラーリストアより悲しい存在があるか？（あるとすれば、そこで買い物する人くらいだろう）かつてランボルギーニは、イタリアのスポーツカーとしては異端のブランドだった。

設立は1960年代。創始者のフェルッチオ ランボルギーニは、トラクターや暖房装置を作っていたが、所有するフェラーリの製造品質とサービスに不満を覚えていた。この「L1」は予想通り、宣伝文句にこう記されている（翻訳は私）。「ランボルギーニを運転しているときと同じ感覚を得られる香り」。机を前に匂いを嗅いでみたが、華々しく調整された排気音も、自由自在に働くg力も、気分の昂揚と混じり合う不安な気持ちも、どれひとつとして感じられなかった。唯一の共通点は、サンプルを送ってもらうのではなく実際に購入した際、金を浪費してしまったという後悔に襲われたことかもしれない。=LT

ランボルギーニ
▷ ***Lamborghini L2*** **ランボルギーニ** ★★ アップル スパイス
面白味のない「クール ウォーター」系のクローン。=LT

ランボルギーニ
▷ ***Lamborghini L3*** **ランボルギーニ** ★★ ウッディ グリーン
すぐに忘れてしまいそうだが体裁のよいスーツ姿の男性向け香水。=LT

ランボルギーニ
▷ ***Lamborghini L4*** **ランボルギーニ** ★★ パウダリー スパイス
この旧式の自動車を最後に運転した人物がつけていたのが、「アビ ルージュ」（ゲラン、1965）。=LT

ランプブラック
▷ ***Lampblack*** **ブルーノ ファツォラーリ** ★★★★ スモーキー ベチバー
ウェブがもたらした最大の功績のひとつが、それまで家族や友人にしか知られていなかった天賦の才（イタリアでは「自宅のディナーでは有名人」と言われる）を見つけやすくなったことだ。おそらく、あらゆる芸術の中でも香水制作は特に、プロの秘儀というベールに包まれている。正規の教育を受けていなくても素晴らしい才能を持つバイオリニスト（私たちはフィドラーと呼ぶ）、作曲家（ポール マッカートニーは楽譜が書けない）、建築家（フランスのシュヴァルの理想宮が好例）、シェフ（すべての有名なシェフの母親や祖母）といった存在を私たちは受け入れる。ところが非常にすぐれたアマチュアの調香師がいると聞くと、いまだに多くの人が衝撃を受けてしまう。でも調香師になるのに、グラースで生まれ、ハリウッド的フランス語を話し、「永遠に女性的なるもの」を信じ、大きなブランドの機関室で十年間あくせく働く必要はない。ただそれが得意でありさえすればいい。ブルーノ ファツォラーリはフランス出身のビジュアルアーティストで、香水に関わりはじめてから、まだほんの4年だ。私が思うに、彼はPRでありのままを語り、自分自身の香りを調合している。その香水は実際、まさしくプロの仕事だ。「ランプブラック」は私のお気に入りで、優雅でスモーキー フレッシュな調合。ここ数週間の大半、これをつけて過ごしている。これはシプリオールの名称でも知られるナガルモタというスモーキーな香料を用いることで、危険なほど大量のベーコンとレザーの狭い合間をどうにか通り抜けて、残されたタールではなく天に昇る煙を表すことに成功している。ロベール ピゲの大いに嘆かわしい最新版「クラバーシュ」のように、ファツォラーリはそこに控えめなシトラスのトップノートと高級なベチバーを結びつけて、穏やかでスタイリッシュで健全な男性用香水を完成させた。非常に良い出来。=LT

ランテルヌルージュ
▷ ***Lanterne Rouge*** **オーフォリー** ★★★★ マンダリン オスマンサス

赤いランタンは中国では縁起の良い物だが、フランスでは（どうして香水メーカーはくだらないフランス語の名前をとりあえずつけるのだろう?）列車の最後尾に灯る赤いライトを指し、のろまを意味する。私は学校の教師にいつもそう言われていた。「ランテルヌ ルージュ」は、私たちに「ミヤコ」をもたらした魔法の発見を、オー兄弟がさらに展開させた香り。今回はそこまでドラマチックではないものの、心地よいシトラス オスマンサスの背景は同じで、プラムのノートが甘さを補う。あいかわらず大がかりで、非常に良い。=LT

ラルムデュデセール
▷ ***Larme du Désert*** **アトリエ デ オール** ★★ インセンス ウッディ

標準仕様のインセンスの香り。適正な品質で、特に面白い点はない。=LT

ラレア
▷ ***Larrea*** **ラ キュリー** ★★★ スモーキー ムスク

ツーソンの小さな香水会社が発表した香水のシリーズは、私の好みにぴったり合う。濃密なスモーキーノートは香水業界から長いあいだ姿を消していて、近頃ではその存在こそが「ニッチ」を表すしるしになっている。「ラレア」は、クレオソートブッシュの学名にちなんだ名前。強いスモーキー ムスクで、おそらくやや未熟だが、非常に心地よい。=LT

ラトオスクーロ
▷ ***Lato Oscuro*** **アルス ミラビーレ** ★★ シトラス ウッディ

有能だがさえないシトラス ウッディの男性向け香水。=LT

▷ ***Lavande 44***（ラヴァンド） **ラニア J.** ★★★ スイート ラベンダー

パコ ラバンヌの「プール オム」（1973）風のすてきで物悲しいラベンダーだが、そこまで完成度は高くない。でもより自然ではある。=LT

▷ ***Lavande Trianon***（ラバンドトリアノン） **ランコム** ★★ 酸っぱいラベンダー

「ラバンド トリアノン」は、キャロンの「プール アン オム」の華麗でシンプルな甘いラベンダーを、スポーツ用デオドラントのような耐久性があり騒々しい合成香料を加えて、現代風にしようとしている。それはまるでケーリー グラントの写真をトラックスーツ姿に編集して、現代風にしようとしているかのようだ。いい考えとは言えない。=TS

▷ ***Lavender & Coriander***（ラベンダー＆コリアンダー） **ジョー マローン** ★★★ グリーン ラベンダー

経験上、ジョー マローンの香水の中で最高のものは、容器に書いてある通りの香りだ。たとえば２番目に出た「ライムバジル＆マンダリン」（1991）は、今でも私にとってベストな香りと言える。この「ラベンダー＆コリアンダー」はまさにそのスタイルの心地よい高品質のラベンダーで、外れのノートがない。グリーン レジン性の方向に、ジュニパーとワームウッドのひねりが加わる。すてきだが持続時間はとても短い。=LT

▷ ***Leather & Artemisia***（レザー＆アーテミシア） **ジョー マローン** ★★★★ フレッシュ ウッド

初めてその香りを嗅いだ1986年以来、私はヤン ヴァスニエを高く評価している。彼は故郷のブルターニュ地方ディナールにある小さな会社ディバインで、数多くの香りを調合した。ヴァスニエのスタイルは独創的で、ときに風変わりではあるが、けしてわざとらしくはない。彼はただ普通の人間とは違う感覚で、物の匂いをとらえているように思える。「レザー＆アーテミシア」は美しく、気持ちを昂揚させるフレッシュ グリーンで、ほぼミント調の構成だが、グリーンの部分は草というより砂糖漬けで、実にかぐわしい。やや持続時間は短めだが、それでも大半の香水よりは長持ちする。=LT

▷ ***Leder 6***（レダー） **J. F. シュヴァルツローゼ** ★★★ バニラ スエード

なめらかで、きっちり仕上がったスエードのアコード。私の好みにはベージュが強すぎるが、よい香り。=LT

▷ ***Leopard***（レオパルド）　**サラ ベイカー**　★★　フローラル ハーベイシャス
これは強烈なヒッピーのフローラル。基本的にうるさいが、不快な騒音ではない。=LT

▷ ***Light***（ライト）　**ネアンデルタール**　★★★★　アニマリック ローズ
調香師ユアン マッコールは、「ダーク」のマリン アニマリックベースで論理的な調香を行った。そして壮麗なアラブ様式で、巨大なローズをトップにどんと置き、エドゥワール フレシェの「ユヌ ローズ」（フレデリック マル、2003）を彷彿させる、高コントラストで全体に美しい構成を作り上げた。ただしウッディ アンバーは少なめ。とても良い。=LT

▷ ***Light My Fire***（ライトマイファイアー）　**キリアン**　★★　ウッディ オリエンタル
退屈で重くて時代遅れの、スパイシー ウッディ オリエンタル。=LT

▷ ***Lignum Vitae***（リグヌムビタエ）　**ビューフォート**　★★★★　フルーツ クランブル
ビューフォートのレオ クラブツリーは、物語を語る達人だ。その香りの描写は、堂々たる邸宅に飾られたヴァン ロー一族の膨大な絵画の1枚を思い出させる。丘の上の戦場、赤と青の軍服、立ち上る煙、不思議にも4つのひづめを宙に浮かせている馬。これはケードの木、マリン クロノメーターと歴史的な経度の掌握を表しているそうだ。実際の「リグヌム ビタエ」の匂いは、かぐわしいフルーツ クランブル。私に言わせれば、このイギリスの香水は基準子午線に負けないくらい、世界の歴史に大きな貢献を果たしている。=LT

▷ ***Like This***（ライクディス）　**エタ リーヴル ドランジュ**　★★　ジンジャーブレッド フローラル
女優ティルダ スウィントンが、「家庭の香り」というコンセプト（ウェブの紹介によると、その子供時代の家というのは、1000年の歴史を持つロマンチックに崩れかけているスコットランド男爵の屋敷）で、エタ リーヴル ドランジュと共同制作した香水。それは焼菓子と花の軽い寄せ集めで、最後に面白くて好ましくなくもないアコードになり、洗いたての犬の匂いを思わせる。全体としてまとまりに欠け、ティルダ スウィントンがこれっぽっちも先鋭的でないことは明らかだ。=TS

ライラックアンドヘリオトロープ
▷ ***Lilacs and Heliotrope*** **ソイボール** ★★★ グリーン フローラル
りりしく、恰幅のよいフローラルで、クリスティーナ ヘンドリックス風に身に着けるとよい。ポートレート ネックラインの真っ赤なドレスで。=LT

リラゼクスキ
▷ ***Lilas Exquis*** **ジャック ファット** ★★★ ライラック バイオレット
ふだん私はライラックの香りがすると遠くへ逃げる。安っぽいイギリスの悪臭の記憶がずっと脳に焼きついているためだ。だからこの香水がうまくいっていることにはすごく驚いた。とても透明感があって軽く自然なライラックのノートからは、ジェット燃料油のような匂いがしない。ルカ マッフェイから聞くところによると、グリーンの中心にはバイオレットリーフのアブソリュートを使っている（必要なのはわかるけれども常軌を逸した贅沢さ）。フレッシュな水彩の青色は、あえて言うなら、美しく滅びたフローラルの男性向け香水「アンサンセ」（ジバンシィ、1993）を連想させる。麦わら帽子と花柄のワンピースは忘れよう。これは男性がつけることで素晴らしさを発揮する。=LT

リリーオブザバレー
▷ ***Lily of the Valley*** **パルファム クオルターナ** ★★ カシス ローズ
これはポション ファタル シリーズの香水で、あまのじゃくなほどこっけいな香り。確かに、スズランには毒がある。とはいえ、この花からは香料を抽出していない。スズランによる気持ちのよいフレッシュ グリーン シトラス ホワイト フラワーの香りは古典的なアコードで、音楽作品『ピーターと狼』のピーターの旋律を香りに翻訳したかのよう。けれども、この香水からはそんな匂いは全然しない。=LT

リリーオブザバレーアンドアイビー
▷ ***Lily of the Valley & Ivy*** **ジョー マローン** ★★ グリーン フローラル
このさえないグリーン フローラルを調香したのは、偉大なクリスティーヌ ナジェル。これに初めて微量に含まれた、ひねくれたローズのアコードは、1年後に世間を騒がせた「ギャロップ」（エルメス、2016）で用いられた。歴史的に見れば興味深いが、それだけ。=LT

リリープールフェム
▷ ***Lily pour Femme*** **ロジャ ダブ** ★★ リリー フローラル
型通りのリリー。=LT

▷ ***Lilylang***（リリーロング）　**シルヴェーヌ ドゥラクルト**　★★　イランイラン ジャスミン
取るに足りないホワイト フローラル。=LT

▷ ***Limanakia***（リマナキア）　**ピエール ギヨーム**　★★　ソルティ ジャスミン
「リマナキア」（ギリシャ語で小さな港）は、スズランの面白い解釈。トップノートにはあまり現れないが、背後にカロンとヘリオナールによる波しぶきが感じられる。良いのだけれど、終わりは醜悪なウッディ アンバー。=LT

▷ ***Lime Absolue***（リムアブソリュ）　**サークル デ パフューマー**　★★★★　シトラス ベチバー
ゲランの「ベチバー プール エル」風のとても良いベチバー。ゲランのその香水は見つけるのがいつも大変で、今では製造されていないので、何が何でもこれを入手するべき。=LT

▷ ***Limestone***（ライムストーン）　**ソーン ＆ ブルーム**　★★　アニマリック レモン
フレッシュなシトラスから不快なコスタスへ、これほど早く移る香水は他にない。この香りは、私の女友達が前にたまたま出会った男のことを思い出させる。その男はビーチから戻る途中の松林に潜んでいて、彼が着ているスピードの水着を指して「どう?」と言ってきた。その率直さには感心するが、無作法。=LT

▷ ***Limon de Cordoza***（リモンドコルドーザ）　**ザ ディファレント カンパニー**　★★　オリエンタル シトラス
感じは良いが記憶に残らないシトラス オリエンタル。=LT

▷ ***Liqueur Charnelle***（リキュールシャルネル）　**ピエール ギヨーム**　★★　フルーティ アーシー
ゲランの「卑俗の極み」が「エリクシール シャルネル」シリーズだった。ということは、この香水は「シャルネル」のアルコール版だろうか。でもここに含まれる官能性はゼロ、ただトゥッティ フルッティ ウッディのアコードがあるだけ（おきまりのものすごいウッディ アンバーも、当然添えて）。コードレス電話の説明書くらいの面白みはある。=LT

▷ ***Liquid Dreams***（リキッドドリームズ）　**エイプリル アロマティクス**　★★★　シトラス オスマンサス
ひたすら心地よく、多くを求めないレモンとレモングラスのアコードに、オスマンサスの穏やかな背景。良い。=LT

▷ ***Lisbon Blues***（リスボンブルース）　**SP パルファム**　★　ガルバナム 洗剤

ニッチで小さなメーカーが情熱をもって開発した作品をあまりに低く評価するなんて、まったく気が進まない。でも悲しいかな、読者の信頼は裏切れないのだ。SP パルファムのチームは、高品質のグリーン、レジン性の香料（そのほとんどは明らかにガルバナム）を大量に取り入れ、フローラルと組み合わせた。そうして作り出されたのが、「バン ベール」とはほど遠い、アヒル型の容器に入った、トイレで尿汚れを落とすのに使う緑のジェルみたいな匂い。=TS

▷ ***Lithium***（リチウム）　**ニュービー**　★★★　ローズ オリエンタル

フルーティなローズにパチュリの油脂性の煙の香り。すごくヒッピーっぽい。=TS

▷ ***A Little Star-Dust***（アリトルスターダスト）　**ウォルデン**　★★　トンカ チュベローズ

なめらかで高品質、やや退屈なクマリン チュベローズのオリエンタルで、一様な淡黄褐色。=LT

▷ ***Loewe 001 Man***（ロエベ　マン）　**ロエベ**　★★★　キャロット アンバー

男性用香水のぞっとするような現状を思えば、私はこれを相対評価で見て、良しと言うつもりだ。たとえそれが「KL オム」（ラガーフェルド、1986）と「ディオール オム」（2005 年版）を半分ずつ混ぜ合わせたものだとしても。=LT

▷ ***Loewe 001 Woman***（ロエベ　ウーマン）　**ロエベ**　★★★★　ウッディ フルーティ

ややさえないがスタイリッシュな香水。最新のスイート ウッディ風で、その上に気持ちよいほど唐突、威嚇的で、強い酸味のあるトップノート。見栄えのいいデート相手が初めて笑顔になったとき、端まで磨かれた歯が見える感じ。素晴らしい。=LT

▷ ***London***（ロンドン）　**ガリヴァント**　★★★　グリーン ローズ

ロンドンの大好きなところは、何世紀ものあいだ続く自由放任主義が生んだ、けばけばしい壮麗さだ。ガリヴァントの「ロンドン」のダーティなグリーン ローズは、日曜の朝早く近くのソーホーを歩きながら味わう、あの素晴らしい二日酔いの感覚をとらえている。そして夜の記憶を勢いよく洗い流す道路清掃車をかわして歩く、夜会服姿のカップルに出くわすのだ。=LT

▷ ***Love Affair*** (ラブアフェアー)　**ダイアン ペルネ**　★★　フレッシュ ローズ

安っぽくてずいぶん陽気なフレッシュ ミント調ウッディのささやかなローズもどき。バーゲンで半額になりそう。=LT

▷ ***Love and Tears: Surrender*** (ラブアンドティアーズサレンダー)　**キリアン**　★★★★　グリーン ジャスミン

私見だが、キリアンの香水の青くさい名前は、中身にとってあだになる。長年にわたり、想像できる限り最高の抽象的なフローラル（「トミー ガール」、「ビヨンド パラダイス」、「ジャドール」、「オスカー フロール」）の調香に取り組んだのち、最近のカリス ベッカーは、よりリアルなフローラルにその才能を注いでいる。これはその好例で、ふわりと舞い上がるグリーン ジャスミンに、心地よさのあまり体が震える、露のようにさわやかな感覚。涙も降伏もいらない。愛はともかくとして。=LT

▷ ***Lucky Wish*** (ラッキーウィッシュ)　**アナ スイ**　★★　レモン フリージア

黒板に立てた爪。=LT

▷ ***Lui*** (リュイ)　**ゲラン**　★★★　クローブ ベンゾイン

ゲランの男性向け香水が最も似合うのは、自己批判的で柔らかい髪質の男性。そして本物の香りには、良い点も悪い点もすべて備わっている。初めの香りはすごく魅力的で、腕につけるのがおすすめ。美の恵みに囲まれ、全体に抑制された心地よさを感じる。それがしばらくすると、顔を引きつらせた禿頭の男に憧れるとか、もっとタガの外れた付き合いを人は求めるようになるのだ。これは普通より鋭い香りで、アールデコ調の華麗なボトルは、ほぼ名前の由来である「リウ」（1929）から着想を得ている。アニック メナードの傑作「ボワ ダルメニ」（ゲラン、2006）の精神に非常に近いものを感じるが、よりシンプル。悪くないが、ゲランにしては一風変わっている。=LT

▷ ***Lullaby*** (ララバイ)　**フランチェスカ デローロ**　★★　フルーティ フローラル

独創性のないフルーティ フローラル。=LT

▷ ***Lumière Blanche*** (リュミエールブランシュ)　**オルファクティブ スタジオ**　★★　カルダモン アーモンド

心地よいがいくぶん未熟で、温かくフレッシュなアコード。香りは良いが実用本位すぎる。この種の香りが好きなら、ルイーズ ターナーの「ファーレンハイト32」

（ディオール、2007）を求めればいい。このアイディアの完成形だ。=LT

▷ ***Lumière Noire pour Homme***（リュミエールノワールプールオム）　**メゾン フランシス クルジャン**　★★　スパイス パチュリ

甘いオリエンタルを表した、まとまりのないごた混ぜの香り。ニューヨークの街角に広げたテーブルの上で売られていた、ガラスの小瓶入り「エジプト風」香油を思い出す。「アンテウス」（シャネル）のかわりに半額のこれを買うという人がいたとしても、私にはどうすることもできない。=TS

▷ ***Lune Féline***（リュヌフェリーヌ）　**アトリエ デ オール**　★★　スパイシー バニラ

かなり気の抜けた、高カロリーなバニラ調。「ド レール」のエチルバニリンを求めた折にジャック ゲランが極力避けていた、ありとあらゆる調子はずれのバニラ アブソリュートを使っている。天然のバニラが素晴らしい匂いではないことを、人はいつになったら学ぶのだろう？ =LT

▷ ***M***（エム）　**ピュアディスタンス**　★★★　シトラス ウッディ

しっかりとした立派なウッディ スパイシーの構造に、シトラスのトップ。=LT

▷ ***Ma Bête***（マベート）　**エリス パフューム**　★★　アニマリック フローラル

「ジュディ」（ゲラン、1927）のように無味乾燥なウッディ シプレの影響を受けた「マ ベート」は、興味深いとはいえ、私には無骨すぎるアニマリック フローラル。もっと穏やかな終わりならよかったのに。=LT

▷ ***Maai***（マーイ）　**ボグ**　★★★★　重厚なシプレ

フランスのデザイナー、フィリップ スタルクが、かつてインタビューでこう言ったのを覚えている。作品のこまごまとした質感やディテールについて制作側に指摘する必要のない国はただ二つ、日本とイタリアだと（発表しよう、私はイタリア人だ）。ボグ（フランス語でプログラミングの「バグ」）の香水の非常に美しいパッケージは、他のニッチなメーカーの多くが見習うべき、ラグジュアリーの基準を打ち立てている。「マーイ」（イタリア語で「nee-ver！」）は過去から吹く激しい風で、オリジナルの「ダンディ」（ドルセー、1925）のような、第二次世界大戦前の時代に作られた香水にとてもよく似ている。見た目も昔の香水風の上品な黄褐色。この香りを嗅ぐ喜びについてどれだけ大げさに褒めても、けして褒めすぎにはならない。携帯電話の着信音を2か月ぶん聴いてから、ウィーン フィルハーモニーの演奏を最前列で聴くようなものだ。その音色は輝くばかりで、演奏されるのが『こうもり』であってもかまわない。そして「マーイ」はそれよりはるかに素晴らしいのだ。「歴史の終焉」の前から人に知られ愛された、ありとあらゆる最高の香料を満載したかのような、骨太のアニマリックなウッディ シプレ。ムスク、オークモス、ユーカリ、シダー、ベルガモット、パチュリ、サンダルウッド、ジャスミン、イランイラン、ローズ、チュベローズ等々。珍しいことに、そのすべてが香水の説明書きで挙げられている。デンマークの皮膚科医監修、スイスの有機化学者作成の香りに心底うんざりしている人は、この香水をぜひお試しあれ。=LT

▷ ***Macaque***(マカク)　**ズーロジスト**　★★★　ウッディ ジャスミン
めかしこんだ姿のラベルに示されている通り、アカゲザルの生まれつきの気高さにふさわしい香り。この洗練された抽象的なウッディ フローラルを調香したのは、4160 チューズデイズのサラ マッカートニー。このときは厳かな気分だったのだろう。=LT

▷ ***Mad Madame***(マッドマダム)　**ジュリエット ハズ ア ガン**　★★　ローズ シプレ
まるでエスティ ローダーが、床用洗剤を加えた「ノウイング」の新シリーズを発売したかのよう。=TS

▷ ***Mademoiselle Rochas***(マドモワゼルロシャス)　**ロシャス**　★　フルーティ フローラル
アイリス バイオレットノートの最近の傾向は、安いバイオレットや高価なアイリスという詩趣からは遠く離れ、ビール酵母の酸っぱいパンみたいな匂いにきわどく近づいている。この香水も、トップの酸味あるレッド カラントのお決まりの突風と相まって、あの変わったローデンバッハのようなベルギービールの匂いに似てきている。なぜ人はこの種の香水をいまだに作って（あるいは身に着けて）いるのか、私には謎だ。節約したお金でブリュッセルに飛んで、一晩過ごすほうがいい。=LT

▷ ***Maduro***(マドゥロ)　**フォート & マンル**　★★　ウッディ フルーティ
他すべてのフォート & マンルの作品にいっそう感謝したくなる香り。というのも、このアニス調アニマリックのバランスはやや崩れているらしく、残りの時間でそれを

整えようとしているから。=LT

▷ ***Magnol'Art***（マグノラルト）　**サークル デ パフューマー**　★★★　マグノリア シナモン

レモン調のフレッシュなマグノリアと埃っぽくて甘いカシー（キンゴウカン）の中間の、面白くて少し不調和なアコード。それが結局、心地よいけれど興味を引かないフローラル オリエンタルになる。=LT

▷ ***Magnolys***（マグノリス）　**アンドレ プットマン**　★★　ホワイト フローラル

言いようのないほど退屈で独創性に欠けるホワイト フローラル。=LT

▷ ***Maître Chausseur***（メートルショシュール）　**エクストレ ダトリエール**　★★　スパイシー ハーベイシャス

このニッチな会社の奇抜なアイディアを理解するまでは時間がかかったし、いまだにすっかり理解した自信はない。そのアイディアとは、香水のインスピレーションとして、そして工芸自体へのオマージュとして、職人の仕事場の香りを表現することらしい。そこまではどうにかついていける。問題は、その香水が表すという職人の世界から、香りが完全に切り離されているように思えることだ。映画『パフューム』のためにクリストフ ロダミエルが用意した、めまいがするほど素晴らしいコレクションとは全然違う。「メートル ショシュール」はハーベイシャス スパイシーのアコード。これを嗅いで即座に靴職人を思い浮かべる人がいたら、連絡してほしい。それから病院へ行くことをお勧めする。実際には、奇抜なアイディアと実物のあいだの距離はあまりに遠く、結びつけるのは困難だ。アイディアはいい、でもアートディレクションがまちがっている。=LT

▷ ***Maître Couturier***（メートルクチュリエール）　**エクストレ ダトリエール**　★★　退屈なアンバー

この香水は原則として、制作者たちへの期待値を低くしておくべきだった。仕立屋の工房を連想する香りなど特にないのに、何かしらの雰囲気はあるかもしれないと思わせてしまう。たとえば女性の訪問客。ボタンを箱から選ぶ洋裁師。無表情で見上げる洋裁師の前には、この世の人とは思えないほど美しいモデルが立っており、上着のボタンを留めてもらうのを待っている。さて、みなさんは何を思い浮かべただろうか。そして実際、どんな香りがする？　答えは及第点のオリエンタル。=LT

▷ *Maître Joaillier*（メートルジョワイエール） エクストレ ダトリエール ★★ アルデヒド調バルサム

戦前の素晴らしいフランス映画（おそらく監督はルネ クレールだが、タイトルが思い出せない）で、泥棒が豪華なアパートメントで金目の物を探すシーンがあった。泥棒の一人である老いた男が、突然立ち止まって言う。「ここは金の匂いがするな、刈りたての草みたいな匂いだ」。そこで男の嗅覚に従って、泥棒たちはマントルピースの上の大理石板をずらし、光輝くルイドール金貨を見つける。調香師がこの映画から着想を得たとはあまり思わないが、宝石職人へのオマージュとされるこの香水は、心地よいバイオレット リーフ グリーン。=LT

▷ *MajaïnaSin*（マジャイナシン） ザ ディファレント カンパニー ★★★ フルーティ シトラス

もしこの世のすべてが論理で回っているのなら、私はこの香水をきっと嫌うはず。典型的なガムを噛んでいる若者の香り。もう何度目かわからないほどの「シフォン ソルベ」（エスカーダ、1993）の焼き直し。トップはあらゆる酸っぱいカシスとストロベリーで、背景はマグノリア風のよくある免税店の匂い。ところが、この香水は本当に良い出来で、ベルガモットとマロングラッセの組み合わせがすこぶる楽しい。思わず笑顔にさせられる、最低でも★3つの価値はある品。=LT

▷ *Mandala*（マンダラ） マスク ミラノ ★★★★ ウッディ アンバー

初めてアンバー ケタルの匂いを嗅いだときの記憶がよみがえる。それは小さな1mlのねじ蓋式ボトルの隅に少しだけ入っていた白い粉だった。20年前の話だ。当時それは最も洗練されて最も高価なウッディ アンバーだった。匂いはまるでナイトクラブでシャツや爪を光らせる紫色のライトのよう。あるいはもしコカインの分子が飛び散ったらまちがいなくこんな匂いだという匂い。でもそれはさほど強い匂いではなかった。私が心の中で切に求めたのは、それと同じだがもっと強烈な匂いだ。どうやら地球上の香りを研究する全化学者も同じ思いだったらしい。20年後の今日、何千もの分子を経て、私たちはアンバー エクストリーム R、アンブロセニド Rといった化物のような香料の群れを抱えている。その間にオークモスは制限され、本物のサンダルウッドは消え失せた（少なくともインド人が再び木を育てるようになるまで）。調香師はどんなタイプの香水でもウッディ アンバーを使えばいいと考えた。それがシャツのポケットにスパナを入れるくらい、隠しきれない香りだとしても。なぜかと訊かれれば、ウッディ アンバーは香りを輝かせるからだと調香師は答えるだろう。実際、ドライダウンの香料は不足しているし、それらの分子はずっと消えないのだ。クリスティアン カーボネルの手がけた「マンダラ」は、そんなナンセンスを断ち切る、私の知る中で最も言い訳がましくないウッディ アンバーのノート。巧みな構成で示されるのは最高級のインセンスで、天空の清澄な青い光に向かってどこまでも上昇する。「マンダラ」に最も近いのはアルマーニの傑作であり高価な「ボワ ダンサン」だが、それに比べるとこちらは若干ドライでクリーン、見劣りがするかもしれない。崇高だが身に着けるのはおそろしく難しい香り。=LT

マンダリングラシアル
▷ ***Mandarine Glaciale*** **アトリエ コロン** ★★★ スパイス ハーブ

アトリエ コロンはその名の通り、いかにもコロン向きという感じの多種多様なシトラス フルーツの香りを、ほぼ強制的に作らされている。これはマンダリンとは思えない。でもそのかわり「プロバンスのブーケ」のハーブやスパイスの匂いが強く、今はなき壮麗な「シルベスター」（ビクター、1946）風だ。悪くない。=LT

マンダリーノ
▷ ***Mandarino*** **リュバン** ★★★ シトラス ジャスミン

麗しく上質で大らかな、非常にインドールの強いジャスミン シトラスのアコード。正しく作られた「アクア アレゴリア」シリーズのよう。=LT

マンドレイク
▷ ***Mandrake*** **パルファム クオルターナ** ★★★ アップル ルバーブ

まさかマンドレイクが実はルバーブだったとは。=LT

マリーンウォッカ
▷ ***Marine Vodka*** **アリソン オルドイーニ** ★ フルーティ フゼア

やたらと不快で下品な代物。ロシャスのすぐれた「グローブ」（1990）の遠縁にあたる。=LT

マリニス
▷ ***Marinis*** **サンタ エウラリア** ★★★ レモン ミント

面白くて明るい、フレッシュで不調和なシトラス ソルティのアコード。「ダーティ」（ラッシュ）や「オー デ メルベイユ ブルー」（エルメス）風。『ピーターと狼』のピーターは陽気な口笛を吹いて狼を探しに行く途中、きっとこんな香りだったはず。=LT

マロカン
▷ ***Maroquin*** **アネット ヌファー** ★★★ インセンス ペッパー

ニッチな香水メーカーが成し遂げた永久不滅の偉業のひとつは、インセンスを荘厳なミサとは関係のない、重要な香料として前面に押し出したこと。ヒーリーの「カーディナル」等、すぐれたインセンスの香水はこれまでにもある。インセンスの質自体も向上しており、一般的なものから素晴らしいオマーン産やソマリア産のものまである。インセンスには細く弱々しいところがあるので、香りに重みを加えるのが難しい。シトラスやアンバーといった他の香料とのアコードは不安定だ。「マロカン」は珍しくしっかりしたインセンスのアコードで、甘みとレザーが少しだけ加わり、美しく安定して香りが長く続く。=LT

▷ ***Masculin Pluriel***（マスキュランプリュリエル） **メゾン フランシス クルジャン** ★★ ムスク フルーティ

クルジャンの最初の大ヒット作「ル マル」を呼び戻したものだが、あまりの安っぽさを恥じる気配はまったくない。これは居間を航海する、3本の巨大なマストを擁する立派な船、デオドラント号だ。=TS

▷ ***Master Cedar***（マスターシダー） **ザ パフューマーズ ストーリー バイ アッツィ** ★★ ベチバー ペッパー

10年前の男性用香水を模倣したような匂い。=LT

▷ ***Le Mat***（ルマット） **メンデットローザ** ★★★★★ ナツメグ イモーテル

「ル マット」は、長いあいだ失われていた香水の思いがけない生まれ変わりだ。私にとって大きな意味を持つその香水とは、1948年にジャン カールが調合したルシアン ルロンの「エル…… エル……」で、発売から数年後に製造中止になった。かつて私はひと瓶持っていたが、熱心すぎる清掃人が逆さまにしたせいで、悲しいことに空っぽになってしまった。それは香水の中でもとりわけ感動的で稀少なアコード、すなわちローズとカモミールだった（今もそうだ）。カモミールには心に深く染み入る、熱くドラマチックな効果があり、壮麗なローズと混ぜると、可燃性の魂が火遊びしているような印象を与える。私は一度、ジャン カールの息子マルセルと調香師ギ ロベールの手を借りて「エル…… エル……」の再現を試み、かなり近づくことができた。しかし「ル マット」はそれよりさらに近い。驚いたことに、基本的に組み合わせの可能性が無限にある香水の中に、同じ場所に収束する力らしきものが存在するのだ。それは調香師の手を引き、より力があり、より意味のある形態へと導いていく。これはいわば、私たちの元に再び舞い降りた天使だ。天界に帰ってしまう前にその匂いを嗅がなくては。つい最近、マイケル エドワーズのデーターベースをチェックしたところ、「ル マット」の調香師はフレールのアメリー ブルジョアとアンネ-ソフィー ベハーゲルだと記されていた。エドワーズもこの香りを描写するのに天界という言葉を使う（明白なメッセージが瓶に含まれているようだ）が、信じられないことに香料リストにカモミールが載っていない。この形態に別の方面から（おそらくイモーテルのノートを経て）たどり着けるものだろうか？　香水にまつわる謎はけっして消えない。=LT

▷ ***Mayura***（マユラ）　**オーフォリー**　★★★　シベット フローラル

「マユラ」はオーフォリー独自の様式に忠実な、怪物めいた甘いフローラル。全長約30メートルの人食いジャスミンは、親指ほど太い巻きひげを通気口から寝室に音もなく忍ばせて、就寝中の人の首を絞め上げる。さらにオー兄弟がそれに足そうと考えたのは、二つ先の州に生息するネコ科の動物が警戒するようなシベットのノート。畏敬の念が奮い立つ。=LT

▷ ***MB01/“Cut Gardenia”***（カットガーデニア）　**ビール**　★★　フローラル偏頭痛

近年、ヨーロッパの香水会社は、自分たちのイメージするアラブ市場に合わせるようにウードの香水を作っている。それと同じく数十年作り続けてきたのが、自分たちのイメージするアメリカ女性客を獲得するためのホワイト フローラルだ。その想像上のアメリカ女性とは、グリフォンやエアレーのように空想的なハイブリッド。半分は1980年代のジーン スマート、もう半分は1990年代のロザンヌ バー。ヘアスプレーで髪を固めたブロンド美人と冷凍ブリトーを電子レンジにかける田舎者で、匂いの好みは夜行性の蛾と同じ。つまり、架空の「アメリカの女性」がその髪ほど強烈なホワイト フローラルを求めているという前提で、少しでも資本主義的衝動を持つ香水会社はどこも結局それを作るのだ。一方、マーク バクストンが手がける「ガーデニア」の香りは、まったくそういうものではない。というのも、ブランドのウェブサイトで本人が認めている通り、ガーデニアのエキスは手に入らないから。むしろ「MB01」は、粗雑で甘ったるい、やや胸がむかつくホワイト フローラルのブーケで、シャネルの「ガブリエル」の悪い部分に似ている。そういうものしか望まない女性にぴったりの香り。=TS

▷ ***MB02/“Wild Horses”***（ワイルドホース）　**ビール**　★★★★　バイオレット ベチバー

ユニセックスのベチバーなんて、嬉しい提案。ベチバーにはリコリスの面があり、リコリスはすでにバイオレットとの組み合わせで大きな成果を上げている（ロリータ レンピカの「プール オム」参照）。計算してベチバーとバイオレットを組み合わせたマーク バクストンを称えたい。ソフトフォーカスのウッディな香りが全体をひとつにまとめている。そこから連想するのは「テール ド エルメス」だけど、ナッツのうっとうしさ（変人（ナッツ）ではなくウォルナッツのほう）はないと言っていい。総合的な印象は、明快で温かく、鋭い知性が光る。これは珍しくも快活なベチバーだ。バクストンいわく、アコードはシャネルの「N° 19」に基づくらしい。でも長年「N° 19」を使っている身から言わせてもらえば、特に似ていないし、おまけにこちらのほうがずっと良い。=TS

▷ ***MB03/ "Nighttime"***（ナイトタイム） **ビール** ★★★ インセンス オリエンタル

インセンスの香水は、ニッチな香水メーカーにとって必須項目になったようだ。これは控えめなアンバー オリエンタルを背景としていて、同ジャンルの他の香水と比べればわりに薄く、より甘い香り。ドライダウンは少々ちぐはぐ。=TS

▷ ***Meerschaum***（メルシャム） **ソイボール** ★★★★ タバコ ベンゾイン

「ミツコ」の暗い側にスパイスを足した構成。このタイプの香水は安心感と強壮効果があまりに素晴らしいため、私の分析力では太刀打ちできない。幸いその場にいたTSのコメントによれば、「コカ・コーラみたいな匂い！」。その言葉はまったく侮辱ではない。なにしろコカ・コーラの秘密のレシピといえば、ごくわずかしか存在しないことで有名なのだから。つまり香りの世界で言うなら模倣のできないアコード、1世紀経ってもだれも飽きていないシトラスとスパイスのブレンドだ。それはすなわちゲランの領域。=LT

▷ ***Mélodie de l'Amour***（メロディードラムール） **ドゥシタ** ★★★★ ピーチ調チュベローズ

2017年のArt & Olfaction Awardsの職人部門で優勝した、きれいでフルーティなチュベローズ（もしくは、より穏やかで優しいチュベローズ）。「フラカ」を上等にした感じ、ということは、実を言えば「フラカ」より面白みに欠けるのだけど、それでもすてき。=TS

▷ ***Mélodie du Cygne de la Main***（メロディーデュシーニュドラメン） **ダリ オート パフュメリ** ★ バニラ プラリネ

忌まわしく安っぽいチョコレートグルメ。=LT

▷ *Mellis*（メリス） **アネット ヌファー** ★★★ バルサミック スパイシー
心地よいバルサミック スパイシーの構成。=LT

▷ *Mem*（メム） **ボグ** ★★★★★ ラベンダー ジャスミン
アントニオ ガルドーニが調合した香りの中で、「メム」は群を抜いて複雑で野心的。調香紙で匂いを嗅ぐと、まるで閉じた本を前にしているような気分で、非常に濃密な香りが理解を超えて展開する。肌につければ、その本のページをそよ風が1枚ずつめくって中身が読めるように。「メム」は『パルジファル』規模の107人編成オーケストラが演奏する、全3幕の作品だ。トップはフレッシュなカンファー調のラベンダー ローレル。「善良な人々よ、恐れるな。スパイシー フレッシュな男性用香水で安心するとよい」と言って、自分だけで幸せな暮らしを送る。そのすぐあとに続くのが、自然な資質を表す、巨大で思いがけず立派なジャスミン ローズのアコード。そして背景には、壮大でレトロなボグ風のアニマリックなドライダウン。バランス、質感、純粋に華麗なシンフォニーという点で、「メム」は非常に高尚な部類に属する。どんな調香師が成し遂げたとしても途方もない偉業だが、普段は建築家として働いていると知ったらますます感心する。=LT

▷ *Memoirs of a Trespasser*（メモワールオブアトレスパーサー） **イマジナリー オーサーズ** ★★ バニラ 薪の煙
これはまちがいなく、コニャックとたき火で炙ったマシュマロ。=TS

▷ *Meraviglia*（メラビリア） **レ プロフーモ** ★★★★ ペッパー インセンス
ダークでリッチなウッディ スパイシーの調合。レ プロフーモというブランドのこだわりは、調香師の名前を完全に伏せることのようだ。でもこれだけ良い香りなのだから、否定的なコメントを載せるのは野暮だろう。=LT

▷ *Mercury*（マーキュリー） **ニュービー** ★★ グリーン フルーティ
鋭く薄い、フルーティ ウッディ メタリックなアコード。要するに、現代の男性向け香水。=TS

▷ *mi2*（ミートゥー） **ナン ベイリー** ★★ ウッディ アンバー
「ミートゥー」という名前には、失敗に終わったアップルのブランド戦略や、長らく聴いていないプリンスの曲のような趣がある。ところがメーカー側の宣伝文句によれば、この香水は天使の力を生活に送りこむという情熱的な使命を担っているらしい。悲しいかな、陽気なローズ グレープフルーツ フランキンセンスのトップノートの次に襲いかかってくるのは、記憶にある限り最も悪魔的なウッディ アンバー。その魔法の力であなたを捕まえて、降参するまで揺さぶって離さない。=TS

ミッドナイトブラックティー
▷ ***Midnight Black Tea*** **ジョー マローン** ★★ スモーキー スパイス
まるで「ゴールデン ニードル ティー」。同じ調香師、明らかに同じ内容。スパイシーなアンバー調の香りはルームスプレーやキャンドルにするのによさそう。でも結局は中途半端な良い香水というだけ。=LT

ミッドナイトダチュラ
▷ ***Midnight Datura*** **パルファム クオルターナ** ★★ フローラル オリエンタル
「ミッドナイト ダチュラ」の宣伝文は、その「催淫性」について長々と語っている。冷や汗をかき、立っていられなくなって嘔吐する姿をセクシーと思えるなら、ぜひ試してみるといいい。この有毒植物は温暖な地域のいたるところに分布しているから。これはポション ファタル シリーズの中でも、とりわけ腹立たしい代物だ。実際のダチュラの香りはとても素晴らしい。その白い花々は夜になると、まるでスプリンクラーが静かに作動するかのように、甘い香りを振りまく。また複製が容易な香りなので、レモン調ホワイト フラワーの石鹸などに使われている。この香水は予想通り、けしてそのたぐいの香りではない。無数にある他の商品と変わらない、退屈なホワイト フラワーのオリエンタル。=LT

ミッドナイトウード
▷ ***Midnight Oud*** **ジュリエット ハズ ア ガン** ★★ ウッディ ローズ
ホームセンターの通路みたいな匂い。安いカーペットが揮発性物質をまき散らしている。=TS

ミモザアンドカルダモン
▷ ***Mimosa & Cardamom*** **ジョー マローン** ★★★ 暖かいミモザ
高名な「アライア」のマリー サラマーニュが、ここではヘリオトロピンに興味深くスパイシーな転換を加えている。うるわしく感動的、センチメンタルなトップノート。あたりさわりのないミルキーでマイルドな、すべてにおいて好ましいハートノートは、オルチャタを身にまとったかのよう。ドライダウンはグリーンへ向かい、感じの良いまま。私の口には合わないけれど、うまくできている。=LT

▷ ***Milano Caffè***（ミラノカフェ）　**ラ ヴィア デル プロフーモ**　★★★★　ベチバー モカ

ドミニク デュブラナ、別名サラーム アタールは、独学で調香師となった天性の才能を持つ人物で、イスラム教の学者でもあり、慈善家として活動もしている。才能ある人間が簡単にできることが、残りの大多数の人間にとっては難しいどころか不可能であるという事実を、デュブラナは完璧に示している。私は香水の構造について彼の説明を聞く機会があったが、それはだれにでもできることだと彼が（誤った）確信を抱いているのを、いつも面白く思っていた。その活動には天然香料だけを使うという制限を課しているにもかかわらず、彼の作品は香りが良いだけでなく、構造やアイディアにすぐれ、意外性もある。「ミラノ カフェ」はその好例だ。ローストしたコーヒー ココアのトップノート（香水で使うとたいてい悲惨な結果になる）は、濃厚でなじみ深く、快活な始まりで、これがまじめな香水であるとわかる。続く美しいベチバーのハートノートに、申し分なくドライで透明感のあるドライダウン。おすすめ。=LT

▷ ***Mimosa Indigo***（ミモザインディゴ）　**アトリエ コロン**　★★★　スイート レザー

主流であるフルーティ パチュリの香りを乗っ取り、スエード レザーの方へ向かわせる面白い試み。その策略はしばらくうまくいくが、手袋をした手で隠した顔に気づいたとたん、幻想は消える。それでもたいていの同類の香りよりは心地よく、はるかにまし。=LT

▷ ***Mirabilis***（ミラビリス）　**コキレート**　★　コーヒー フローラル

コーヒーくさい息。=LT

▷ ***Misia***（ミシア）　**シャネル**　★★★★　エレガント バイオレット

初めにわかりきっていることを言わせてもらうと、これは良い匂いだ。現代の香水という広い文脈で考えてみれば、それは当たり前ではなく、むしろ感謝すべきことである。それでは詳しく解説しよう。「ミシア」は初め、少しパワー不足に思えるが、それは嗅覚を失わせる力を持つイオノンを大量に含むせいかもしれない。この香水は巡航速度に落ち着くと、「31 リュ カンボン」や「28 ラパウサ」、その他最近のレ ゼクスクルジフ シリーズが中継点となるパターンに収まるようになる。どうやらシャネルは、原材料の品質や調合技術ではどこにも（特に昔のライバルであるキャロンやゲランには）負けないと確信しているらしい。それゆえに、大胆であれというプレッシャーとは無縁で、少しずつ前進すればよく、前に成功したことの大半を毎回繰り返し、新しい要素を一つか二つ加えている。今回は「31」の蜂蜜調パウダー、「28」のパンの香りがするイロン、「No. 5」のマイルドな抽象性が、主にローズとイオノンで構成された新しい背景で語り直される。「ミシア」は笑顔のない「リップスティック ローズ」(フレデリック マル、2000)、もしくは強烈な力を持たない「パリス」(サン ローラン、1983) といったところ。最近「カーブサイド バイオレット」(ゴリラ パフューム) について語る機会があったが、私の意見では、イオノンは少し粗悪なくらいが最高だ。この飾り立てたバージョンは、非常に豪華だが、親しみに欠けるような印象を受ける。とても良い香りということに変わりはないが。=LT

▷ ***Mister Marvelous***（ミスターマーベラス） **パレード** ★★ グリーン レモン

壮大で独特、強烈なグリーンのトップノート。残念ながら、すぐにむきだしで粗雑な香りに。=LT

▷ ***Miu Miu***（ミュウミュウ） **ミュウ ミュウ** ★★ グリーン ローズ

かつてはヒドロキシとして親しまれていたヒドロキシシトロネラールを調香師のパレットから追放したことによって、唯一もっともらしいスズラン (ミュゲ) の香料は禁止され、優しいホワイト フローラルは私たちから奪われた。その流れはまた、ブルゲオナールからフロルヒドラルまで、ミュゲを騙る詐欺師の新世代の登場を後押ししている。分子とヒドロキシの関係は、警官の警笛と牧神パーンの笛の関係のようなものだ。開き直った調香師は、オフホワイトからホワイトへ、まばゆいばかりの白へと、香りの強度を上げていき、今では原子力の太陽が1000個集まったようで、果たしてこの先また匂いを感じることはあるのだろうかと人に思わせる。かつてロラン バルトが「影のない光は隅のない空間を生み出す」と言ったように。隅とはもちろん、ガンマ線から美が逃げこめる場所だ。なぜ女性は魂が焼却されるような匂いを嗅ぎたがるのか、私には想像がつかない。女性が白衣と白いシューズを身に着けた歯科助手で、微生物の根絶を訴えようとしているというなら話は別だが。良い面を挙げれば、この方向へさらに推し進めるのはおそらく不可能なので、比較すると他のあらゆるホワイト フローラルは心安らぐ香りになりそうだということ。=LT

▷ ***Miu Miu l' Eau Bleue***（ミュウミュウローブルー）　**ミュウ ミュウ**　★★　グリーン スイカズラ
化学薬品的な苦いグリーンと甘いフローラルノートの、乱雑で取るに足りない不調和なミックス。めちゃくちゃな香水がまたひとつ。=LT

▷ ***Miyako***（ミヤコ）　**オーフォリー**　★★★★★　柚子 オスマンサス
伝説によると、ベルギーの若き作曲家ギヨーム ルクーは、ワーグナーのオペラ『トリスタンとイゾルデ』がパリで初演された際、最初のコードを聴いたとたん気絶して担架で運ばれてしまい、残りを聴き逃したらしい。私が初めて「ミヤコ」の匂いを嗅いだとき、彼と同じ目に遭わずにすんだのは、ただ体が丈夫だからにすぎない。また正確に言えば、そのとき私が手にしていたのは、番号のみがラベルに記された3 mlのサンプルだ。嗅覚アート大賞のファイナリストを選考する審査員を務めていたため、嗅覚アート研究院から送られてきたのだ。少なくともルクーは、自分が何に打ちのめされたのかを知って慰めを得ていた。私はそれが何か知らなかったし、辛抱強い性格でもない。すべての審査が終わると、香水の祭典Esxenceの発表数日前に、私はファイナリストの事前通知を受け、あの謎めいた香りが審査に残っていると知った。
ネットで調べたところ、あの香りと説明が一致する香水はただひとつ、マレーシアの会社オーフォリーが制作した「ミヤコ」だった。推測が合っているか確かめるため、私はサンプルを請求した。感心なことに、会社は私が審査員であると知っているが審査が終わったことまでは知らないため、審査に影響を及ぼさないように「ミヤコ」を除くすべてのサンプルを送ってきた。それからファイナリストが発表されてようやく、私は新鮮なサンプルを受け取った。それが職場に届くと、素晴らしい匂いのする封筒が待っていますよと、ラボがメッセージを送ってきた。
「ミヤコ」の主な香りは極上のオスマンサス。この香料に私が初めて恋したのは、資生堂の「ノンブル ノワール」(1982) に出会ったとき。アプリコットからレザーまで、オスマンサスは幅広い香りの特徴を備える。スイセンと同じで、それだけでほぼ香水ができる。ただし、おそらく信じられないだろうが、調香ではあまり役に立たない。というのも、どの部分がそっくり残っていて何が加わったかは心で理解できるといわんばかりに、混ぜ合わされた他のノートがメッセージをあいまいにしがちなためだ。「ミヤコ」が素晴らしいのは、オスマンサスを初めから終わりまで広げられること。偉大なソーテルヌワインのように、これは途方もない重みと甘みと、トップの激しい酸味のバランスが取れており、香料リストにある柚子を思わせる。「ノン

ブル ノワール」は、強烈なローズの香りを持つダマスコンを使って、同様の成果を上げた。ミドルとボトムは何かウッディなノート。TSが言うには、大量のサンダルウッドを含む（私にはわからない）、砂糖漬けピーナッツの温かいノート。
ここまで述べてきたことはすべて単なる付随的な話で、「ミヤコ」の不思議な性質をまったく説明していない。どういうわけか、快活なシトラス、アプリコット、ピーナッツ、ウッド、レザーのノートを、私はすべて組み立て直して悲劇的な絵に仕上げ、それを陰気で風通しが悪くカビ臭い地下空間のノートに囲まれた、甘美で輝かしいローズとして受け止めた。これは今まで私が嗅いだ中でもとりわけ胸を打つアコードで、言葉や音楽がなくとも、冥府へ下るオルフェウスのイメージが伝わってくる。独学の調香師がこの香水界のトリスタンのコードを見つけただけでなく、残りの楽譜を書くことができたという事実には、ひたすらに驚かされる。魅力あふれるが悲しいほど儚い、他の多くの職人の香水とは違い、これは香りが堂々と続き、まず燃えるように輝く総奏に広がり、森の中のメゾフォルテで終わる。私にとって不変のお気に入りはこれまでただひとつ、1919年にジャック ゲランが手がけた香りしかなかった。これは二つめだ。=LT

▷ **Mmmm...**（シー） **ジュリエット ハズ ア ガン** ★★★ バニラ バニラ
バニラアイスクリームの匂いを求める女性たちへ。まったく、こんな「シャリマー」もどきは相手にしなくていい。私のブラウスにジェラートを流しこんで今行くから。これはトップにアーモンドを散らした大量のバニラアイス。=TS

▷ **Modern Muse**（モダンミューズ） **エスティ ローダー** ★★★ ジャスミン ティー
数年前、空気中に何やらかぐわしい、淡いフローラルの香りが漂っていることに、私たちは気づきはじめた。繊細で甘い石鹸調の安定したミュゲだけど、ヒドロキシシトロネラールは入っていない。明るくきらめくシャージュは、空気をくすぐる虹色の泡のよう。いったい何？　これがその答えだ。発表された資料のどこにも「ディオリッシモ」の名前がないのは当然としても、その影響はこの香水のいたるところで感じられる。あの香りを再現しよう（必ず失敗するが）とはしていないのに、あのアイディアの魂はきちんと理解しているのだ。紙に吹きかければ、その真実が浮かび上がる。これはティーの香りだ。レモン調で、メタリックなホワイト フラワーのアコードと交わり、気取らず、ただいい匂いがする。残念ながら持続時間は短いが、ずっと良い香り。=TS

モダンミューズシック
▷ ***Modern Muse Chic*** **エスティ ローダー** ★★★ アニス調ウッズ

アニス調ジャスミンと、主に合成香料の匂いがする控えめで抽象的なアコードの、体裁のよい組み合わせ。特定の何かの匂いがするわけではなく、ウッド系の印象を与える構造。甘さとドライの循環するバランスは、ダナ キャランの抽象的なリリーの香り「ゴールド」を思い出させるけれど、残念なことに安っぽさが顔を出す。肌よりも紙につけるほうが興味深い印象で、意外にフルーティな一面も。もしかするとDKNY（ダナ キャラン ニューヨーク）の香水や、映画『パフューム』のためにクリストフ ロダミエルが用意した香りで以前使われた、あのダバナのアコードかもしれない。処方にもっと費用をかけられたなら、単に上出来どころでなく、珠玉の逸品が生まれた可能性がある。=TS

モダンミューズニュイ
▷ ***Modern Muse Nuit*** **エスティ ローダー** ★★ ウッディ フルーティ

最新の強大なオリエンタルは、香水のSUVだ。むだに大きく、かき集めた悪趣味な香料でいっぱいで、風情や慎みもなく、上昇志向の初心者に贅沢な気分を与えることを期待して、運転マナーは最悪。どうかレストランの席やコンサートで、これの隣に駐車するはめになりませんように。=LT

モダンミューズルルージュ
▷ ***Modern Muse le Rouge*** **エスティ ローダー** ★★★ 食用ローズ

モダン ミューズ シリーズは迅速に発売されてエスティ ローダーのカウンターに並んでいる。ボウタイをした礼装姿でいかり肩をした物々しい兵士の部隊のように、あるいはアクションヒーローのチームのように、それぞれが異なる役割を専門として。「モダン ミューズ ル ルージュ」（典型的な香水につける名前）はパーティガール。一般に、グルメ系香水は逆説的に胃をむかつかせる傾向にあるが、これは下品でも吐き気を催すものでもない。ありとあらゆるローズとラズベリーが結びついて、実際に赤色のイメージが脳裏に浮かぶ。共感覚を誘発する作品としては賛辞を送りたい。ただし、これも本当に持続時間が短い。以前のローダーはいくらでも予算を使って姉妹品さえ完璧だったのに、モダン ミューズ シリーズはその伝統を破り、予想よりずっと早く香りが消えていく。=TS

モダンミューズルルージュグロス
▷ ***Modern Muse le Rouge Gloss*** **エスティ ローダー** ★★ スパイス ローズ

オリジナルの「モダン ミューズ ル ルージュ」はあれほど明確な目的を持ち整然とした構造だったのに、なぜこのめちゃくちゃでスパイシーな姉妹品を続けて出したのか、理解に苦しむ。フルーティなローズのノートは元の「ル ルージュ」を参照しているものの、残りは乱雑なできそこないのスパイシー オリエンタル。ハートノートは平板なプラスチックのよう。=TS

▷ ***Mohur***(モウル) **ニーラ ベルメール クリエーション** ★★★★ カルダモン ローズ
自分がよく知っていると思うものの録音を高品質のスピーカーで初めて聴いてみると、その録音が行われた部屋の様子が音でわかることに驚くかもしれない。大きいか小さいか、音がこもっているか響いているか、散らかっているか片づいているか。目を閉じれば、その見えない空間の概観が自分のいる空間に重なる。私にとってMohurはそれと同じで、ニスを塗った家具、刺繍入りのクッション、ブラインド越しに差しこみ青と赤の絨毯を照らす光が心に浮かぶ。香りを構成するのはミルキーなウッディノートとカルダモンの煙で、自宅より居心地のよい家のホログラムを魔法のように作り出す。ローズの香りを発散できる肌につけるのが最も賢明。紙や布ではミルキーなスパイスが際立ち、めちゃくちゃになる可能性もある。奇跡的に、これは翌日も素晴らしい香りが続き、シャワーを浴びても消えないのに、けっして騒々しくはない。個人的にお気に入りのシリーズで、自分でもつけるつもり。=TS

▷ ***Mojave Ghost***(モハベゴースト) **バレード** ★★ ムスク バイオレット
脂っこいバイオレット。=LT

▷ ***Mojito Chypre***(モジトシプレ) **ピエール ギヨーム** ★★★★ フルーティ アーシー
私は本当に、この新しい香りの形態が大好きだ。この形態は究極的には「ディオレラ」に由来すると考えられるが、これまで判明している限り、この香水がおそらく最初の作品（2015）で、「ネビュラ 2」（オリベル）、「アマングスト ウェーブズ」（ギャラガー フレグランス）も続いて登場した。この香りの形態は、いわば透明感のあるフルーツサラダ。自然な香りなどめざす気もなく、甘美でインチキなパパイヤノートに向かい、ウッディー アーシー アコードのトップの上に不安定に乗っている。こうした稀少でリラックスできる香りは、彫刻よりもいわゆる現代アートのインスタレーションに近い。楽しくて、覚えやすくて、ユニーク。上出来だが、ドライダウンはやや粗い。=LT

▷ モンゲラン *Mon Guerlain* ゲラン ★★ ラベンダー バニラ

ゲランの最新の「大作」発表は、世界がかたずを飲んで待ち構えていたと言っても過言ではない。でも結局、ゲランは2016年1月から20の香水を発表したが、世界を変えるような香りはひとつもなかった。これは会計士のために考えられた香水だ。ゲランの親会社LVMHは、このブランドをディオール並みに大きくする時が来たと思っているらしい（ゲランは香水と化粧品だけで服飾を扱っていないので簡単ではないだろうが）。それなのに会社が取った行動は、MBAを取得した連中が正しいと考えることだった。順に挙げると、フォーカスグループを使って香水のダメなところを話し合う。アンジェリーナ ジョリーをシリーズの顔として雇う。広告を死ぬほど打つ。私にはどうでもよいことだが、きっとこれは成功して大儲けできるだろう。芸術面では、「サムサラ」（1989）や「アンソレンス オー ド パルファム」（2008）の新バージョンを私は期待していた。イメージしたのは、青色灯が回転する過積載の香水輸送車隊。なにしろ調香師のティエリー ワッサーは、屈強な男を泣かせるほどの制約下でさえ、何でも作ってしまうのだから。

トップノートは勇ましく美しいラベンダーで、ファミリーカーに「ジッキー」の翼を取りつけたような感じ。でもやがてだれもが気づく。この香水では他に興味深いことは何ひとつ起こらないのだ。中心のアコードは、ここ数年成功をしている要素をすべて混ぜ合わせた、妥協の産物。この香水はおそらく、パラディゾーネ R（ヘディオンというジアステレオマーで、フィルメニッヒ社開発部門の化学者の才能の証）を中心に構成され、大量のクマリン、平凡なジャスミン、バニラ、オーストラリア産「サンダルウッド」（名前だけ）、しなびたちっぽけなアイリスと組み合わせている。この煮込みスープの唯一の長所は（ワッサーチームの香りなら予想通りだろうが）、たいていの同類の香りに比べて騒々しくなく、途切れ途切れにならないこと。そしてゲランのオーケストラは、陳腐な旋律でも大したものに思わせる演奏をするということ。がっかり。=LT

▷ モンパリスクレ *Mon Paris Secret* ジャン・ミッシェル デュリエ ★★★ キャラメル バジル

ゲラン風（というか「ジッキー」風）のフレッシュ パウダリーの甘いアンバー。きれいにまとまっているが、八方美人な現代のグルメを少し連想させる。=LT

▷ モンスールデジール *Mon Seul Désir* ジュー エ マッド ★★★★ ナツメグ ベンゾイン

まるで遠い過去からよみがえった亡霊。1992年、ジャック ボガートから「ウィットネス」という香水が発売された。「ウィットネス」は素晴らしい旋律だったが、ちゃちな音の出るおもちゃの8ビットサウンドチップでむだに消費され、その輝かしさの分だけいらだちが募った。身に着けるには品がなさすぎるが、結局のところ忘れがたい香り。それが今、ステファニー バクーシュのおかげで、オーケストラとして戻ってくる。私は「キャシャレル プール オム」のようなナツメグの香りはさほど好きではないが、これは例外。フランス語のアコードという言葉には、音のコードと香水のアコード、両方の意味がある。そして、この毒入りジンジャーブレッドのコードはユニーク。=LT

▷ ***Monsieur***（ムシュー）　**フレデリック マル**　★★★★　パチュリ インセンス

まっすぐでみごとにバランスのとれた、力強いインセンス シダー パチュリのアコード。ともすれば不格好なヒッピーの調合になりかねない材料で、ブルーノ ジョヴァノヴィックは偉大な才能にかかれば何が生まれるか示している。しかし多くのマルの香水と同じく、これも宙に舞い上がるような、最後のひと吹きの詩情が欠けている。比較のため、神秘的な「バレンシアガ プール オム」（調香師ゲラルド アンソニー、1990）を試してもらいたい。=LT

▷ ***Moonlight in Heaven***（ムーンライトインヘブン）　**キリアン**　★★★★　シトラス マグノリア

この愚かな名前を、どうか毛嫌いしないでほしい。これはひそかにベチバーが含まれる、大いに創造的で斬新な香り。香料が複雑なアコードで結びつく、すぐれた「ベチバー プール エル」（ゲラン、2004）に近い。ここではココナッツ バスマティ米のアイディアがみごとに功を奏している。=LT

▷ ***Moramanga***（ムラマンガ）　**コキレート**　★　チュベローズ ソリフロール

これはありふれたチュベローズ。ニッチでろくでもない会社の証といえる香料リストつきで、しかも載っているすべての香料に国の名前が並んでいる。「エチオピア産（原文通り）オポポナクス、マダガスカル産チュベローズ、ポリネシア産イランイラン、マダガスカル産バニラ、アジア産ムスク」という風に。いったい全体この材料（そのほとんどはどのみち嗅ぎとれない）はどこ産なのかと、客が気になってしょうがないとでも思っているのだろうか。=LT

▷ *Moschino Toy*（モスキーノトイ）　**モスキーノ**　★★　シトラス アップル

昔、調香師であり化学者である仲間、ロジェール デュプレと交わした会話を思い出す。そのとき私はある分子を「うんざりする炭素10のアルコール」と評した。それに対して彼は義憤に駆られた口調で言い返した。「うんざりする炭素10のアルコールなんてものはない！」もちろん彼は正しかった。それに香水制作ではいまだにこの広大な領域で、一度にひとつのアルコールを使うという針路を取っている。今日の市場で売るために化学者は価格を抑える必要があるからだ。その多くはあまりシトラスらしくはないが、「「オーソバージュ」に近いけど違うものを」とか「フレッシュだけどオーデコロンはだめ」と言う顧客にうってつけだ。このスタイルの香水として参考になるのが、「キャシャレル プール オム」（1981）と「クール ウォーター」（ダビドフ、1988）の二つ。後者はすぐれた香水として評判を集めたが、その香料、ジヒドロミルセノールにはだれもあまり注目していなかった。この種の香水の難しいところは、特にドライダウンで実用本位の香りがすること。蒸発して香りを失うにつれ、どんどん安っぽくなってしまう。「モスキーノ トイ」は、その残念な結果を示す適例だ。始まりは魅惑的でドライ、泡立つジントニックの陶酔感があり、良い前兆に思える。15分後にはホテルのシャンプーに。=LT

▷ *Moth*（モース）　**ズーロジスト**　★★　アニマリック フローラル

調香師の稲葉智夫（「ナイチンゲール」参照）に才能があるのは明らかだ。でもこの石鹸調フローラル アニマリックの調合はいただけない。=LT

▷ *Mother Nature's Naughty Daughters*（マザーネイチャーズノーティードーターズ）　**4160 チューズデイズ**　★★　ストロベリー綿菓子

楽しいが頭の悪そうなフルーティ フローラル。=LT

▷ *M.O.U.S.S.E*（ムース）　**オリベル**　★★　オークモス クローブ

夢中になれない香り。感じは良いが何をめざしているのかわからない。これが発売されてから7年のあいだに、オリベルは大きく成長したと思う。=LT

▷ *M.O.U.S.S.E II*（ムースツー）　**オリベル**　★★★　ミント ラベンダー

最初の「ムース」からほんの1年後、それよりもはるかにすぐれて、大胆で、成功した香りが生まれた。とても楽しいミント調スパイシー ゴムのようなトップノートで、背景は静謐なラベンダー。しなやかで遊び心のある構造は、すでにネビュラ シリーズの到来を暗示している。目覚めの香りに最適。=LT

ミスターボノコップスパープルハット
▷ ***Mr. Bojnokopff's Purple Hat*** **フォート & マンル** ★★★ フレッシュ スモーキー
ラシー フォートの巧みな調合は、ゲランの男性向け香水でのティエリー ワッサーのスタイルを思い出させる。読みやすい大活字のようなトップノート、続いて明かされる香りの巧みな配置、フレッシュさと深みのみごとなバランス、洗練された心地よく複雑な背景。このシトラス スモーク ベチバーは最高で、職人の手がける香りと古典的な優雅さがうまく組み合わさることを示している。=LT

ミスターバーバリーオードパルファム
▷ ***Mr. Burberry eau de parfum*** **バーバリー** ★★ フゼア どら声
現在、大量生産される男性向け香水には、一般的に二つのタイプがあると考えられる。ひとつは、どれほどの濃度でもどんな状況下でも胸の悪くなる香り。もうひとつは、もっとおとなしくてもっと良い香料を使えば、耐えられるかもしれない香り。フランシス クルジャン（思い出してほしい、「ル マル」の調香師だ）が手がけたこの香水は、後者のタイプだ。独創性はかけらもないが、格別に悪いというわけではなく、でも呆れるほど大声でわめいている。インターネットの香水掲示板に張りついて、「周りの反応」や「下着を脱ぎたくなる」といった漠然とした評価に憧れているバカな連中には、まちがいなく評判が良いだろう。=LT

ミスターバーバリーオードドワレ
▷ ***Mr. Burberry eau de toilette*** **バーバリー** ★★★ シトラス フゼア
これよりずっと良い「マント フレッシュ」（ヒーリー）を連想させる、きりりとしたミント調のトップノートが見え隠れし、それから月並みなフゼアが続く。型通りではあるが、中心のアコードに伴うレモン調のざわめきのおかげで助かっている。結論：これはものすごく騒々しい香りだとLTは評している。でも私はかなり静かだと思うので、ある種の主要な香料への嗅覚が欠けているのかもしれない。教訓：もしあなたが香水を買って、すてきな異性を香りで誘惑するつもりでも、代案は考えておいたほうがいい。外見を整えるとか、面白い話を用意しておくとか。=TS

▷ **Mr. Vetivert**（ミスターベチバー） **ザ パフューマーズ ストーリー バイ アッツィ** ★★ スチーム ベチバー

ミュグレーの「コローニュ」(2001) の面白みのない遠い親戚。=LT

▷ **Mrs. Gloss Made Me Do It**（ミセスグロスメイドミードゥーイット） **4160 チューズデイズ** ★★★ キャンディ オリエンタル

ラルチザン パフュームの「バニラ」の精神を継ぐ、快活な綿菓子グルメ。先人と同じく、エチルマルトールの焦げた砂糖の匂いが明るいフローラルの背景に収まり、あまりに食べ物っぽい悪趣味な匂いになるのを防いでいる。=TS

▷ **Muguet Porcelaine**（ミュゲポースレン） **エルメス** ★★★★ スズラン

最近では天然のミュゲ（スズラン）の香料は入手できず、究極のミュゲ「ディオリッシモ」のような香りを求めるなら1956年までさかのぼる必要がある。だから新しいミュゲのソリフロールなんて、試香紙とガスクロマトグラフィーと質量分析法を駆使して編み出した、仲間を感心させるためのアカデミックな試作にすぎない。「ディオリッシモ」の中心だったヒドロキシシトロネラールも、現在では使用が制限されている。それでも驚いたことに、ジャン－クロード エレナは、スズランと呼ぶにふさわしい香りを生み出すことができるのだ。おまけにその香りはドライダウンまでずっと長持ちする。「ミュゲ ポースレン」はたとえそのほほえみが消えるときでも、他の香水のようにバラバラになるのを断固として許さない。これは技術の驚異であり、一流の調香師による特別授業。=LT

▷ **Le Musc et La Peau**（ルムスクエラポー） **パルフュメリ ジェネラール** ★★ ウッディ ムスク

肌（peau）ではなく、単なるムスク。洗濯したばかりという印象を与えたい人におすすめ。=TS

▷ **Musc Intense**（ムスクインテンス） **ニコライ** ★★★ ローズ 洋ナシ

生き残りをもくろむフリーの調香師は、自分の作品の中で最低でもひとつ、ロマンス小説に相当する香水を発表しなくてはならない。何かピンクでふわふわとして無害な商品を求めて店にやってきた女性（ときには男性）のために。無害という点は重要で、というのもそうした方向性で努力した結果、たいていはドライダウンでバービー人形もどきの怪物になり果てるからだ。崩れかけの化粧か柔軟剤をほのめかす、ひどく感傷的な調合に。ニコライが提供する香りは、しつこいくらいキュートだが、心地よい質感をずっと維持する。もし絶対にピンクを検討しなくてはならないなら、周りの人のことを（楽観的に）思いやって、これを求めるといい。=LT

▷ ***Musc Tonkin*** (ムスクトンキン) **パルファム ド エンパイア** ★★★★ アニマリック アンバー

香水におけるいわゆるアニマリックノートは、多様な動物の香りをカバーしている。たとえばケトンが異常なほど大声で歌う、大環状ムスク。そしてシャワーは人間の発明品で、清潔を保つために排水溝に流れ落としてしまったものがあるのだと思い出す、カストリウムやコスタスといった複雑な調合まで。アニマリックノートには極端な使い道が二つある。「ムスク クブライ カーン」（セルジュ ルタンス、1998）のように公然とするか、「ラ ニュイ」（パコ ラバンヌ、1985）のように非常に複雑な香りの中で野卑な背景音になるか。「ムスク トンキン」が提供する新しい香りは、シンプルなアコード。そこではアニマリックノートがアンバーの背景に収まり、それなのに妙にフレッシュな匂いを生み出している。ひそかに含まれる美しいヘリオナールのおかげだろうか。素晴らしい。=LT

▷ ***Musk Aoud*** (ムスクウード) **ロジャ ダブ** ★★ ウッディ オリエンタル

雑然とした、目的のないオリエンタルな調合。=LT

▷ ***Musk Oud*** (ムスクウード) **キリアン** ★★★ ウッディ ムスク調

非常に心地よいが、うわべだけで特徴のないフレッシュ ウッディ。アルベルト モリヤスを自動装置で調合した感じ（その年彼は、他に19の香水を作った）。=LT

▷ ***Mx.*** (ミックス) **エリス パフューム** ★★ スパイシー フレッシュ

感じがよくスパイシーでフレッシュな「ロム イデアル」風。いい匂いだが、これといって言うことはない。=LT

▷ ***My Burberry*** (マイバーバリー) **バーバリー** ★★★ シトラス フローラル

初めてこの匂いを嗅いだとき、何か昔の香水を思い出しそうになったが、どれだけ考えてもそれが何かわからなかった。数時間経ってようやく、答えが突然降ってきた。「グラン ド サーブル」だ。1980年に発売された、ニッキー ヴェルフェイユの忘れられた傑作。世間ではほとんど知られていない。マイケル エドワーズの

『Fragrances of the World』のデータベースにも載っていないし、eBayでごくたまに見かけるだけ。私はたまたま大きめのサンプルを二つ持っていて、非常に高く評価している。「マイ バーバリー」と共通するのは、シトラス フローラルに加わる独特のひねり。これは人間の気質にたとえて考えると一番わかりやすい。つまり、シトラス フローラルを刺激的にしているのは、フレッシュで心地よい表面の下に潜む、氷の女王のようなそっけなさだ。その究極の例がシャネルの「クリスタル」で、お忍びで来店できるものなら、きっと女神アテナだって身に着けただろう。もうひとつの究極の例は「オスマンサス」（ザ ディファレント カンパニー）で、手の届かない夢のような哀愁が漂っている。その二つのあいだのどこかに、注目を集めるけれど気安さは抑えた、皮肉がきいて優雅で、やや厭世的で淡い香りの領域がある。「グラン ド サーブル」は、弱々しいが水気のあるメロンノートのハーモニーを取り入れて、その領域に到達した。「マイ バーバリー」は、奇妙なマルメロ（花梨）ジャムのアコードで同様の結果を出している。全体の香りは心かき乱す出会いのよう。もしこの香水が女性だとしたら、きっと自分が好きになるかどうかより、彼女に嫌われていないかどうかのほうが気になってしまう。=LT

マイバーバリーブラッシュ
▷ ***My Burberry Blush*** **バーバリー** ★★★ アップル ローズ
きれいで上品ぶって礼儀正しいささやかなフルーティ ローズは、はにかみ屋向け。構造は「エンヴィ」（グッチ）で、ほのかなパイナップルが官能的なミステリーの代わりを務めている。これをつけていれば、あなたがだれにも気づかれたくないと思っていることに、みんな気がつくはず。=TS

マイロ
▷ ***MyLO*** **ラボラトリオ オルファティーボ** ★★ リリー フローラル
心地よく複雑で、それでもなんだか退屈なリリー フローラル。=LT

ミルレード
▷ ***Myrrhiad*** **ピエール ギヨーム** ★★ ミルラ リコリス
ルタンスの傑作「ラ ミール」（1995）の遠縁に当たるが、はるかに劣る。=LT

ミステリアスウード
▷ ***Mysterious Oud*** **シャボー** ★ 化学薬品 ウッド
シャボーの不快な「オー アンブレ」の醜悪な（そしてぞっとするほど安っぽい）トップノートを漠然としたスモーキーノートに取りつけて、大した結果を出していない。=LT

▷ ***Nacre Blanche***（ナクルブランシュ） **アントニオ アレッサンドリア** ★★★ オレンジ チュベローズ

これはほぼまちがいなく、アレッサンドリアの香水の中で最も繊細な香り。他の全作品と同じく、熟練の技による複雑なアコードを示しているが、これはより移ろいやすくて淡く、水面に描くマーブル模様のよう。ロシャスの「ビザーンス」(1987)を連想させる。=LT

▷ ***Naias***（ナイア） **サンマルコ** ★★★ フローラル ムスク

「ナイア」はおそらく、ジョバンニ サンマルコの香水の中で最も主流となる香りで、これを独立した調香師が作り上げたこと自体に感動する。私が思い描く対象ユーザーは、まばゆいばかりのフローラルを愛するけれど、実際には無難な香りを望む人。=LT

▷ ***Naja***（ナジャ） **ベロプロフーモ** ★★★★ スイート ベチバー

ベロ ケルンはスイスの偉大な独立系調香師だ。少し前、私はついに彼女と会ったのだが、忘れられないほどチャーミングで、ユーモアに富み、燦然と輝く人物だった。彼女の香水は、ルイス カーンの建築を彷彿させる。スケールが大きく、もったいぶったところや月並みなところがないのに、見かけは無骨な様式で、偉大な才能を伝えきれていない。私が思うに、これは彼女の最高傑作だ。ベチバーとロックローズの途方もなく大きなアコードは、そよ風のような青みがありながら、聖塔ジッグラトのように堅固。その中間の段階はすべて、遠い星のスパイス市場にたちこめる香りで満ちている。ドライダウンになると、この神秘的なおとぎ話に心当たりのある人が出てくるだろうが、それはまちがいではない。「ハバニタ」のバニラを古き良き1960年代の「イングリッシュ レザー」と替えたものを想像すれば、「ナジャ」の外郭が見えてくる。内部で何が起きているかは、鬼才ベロ ケルンだけが知っている。=LT

▷ ***Nanban***（ナンバン） **アーキスト** ★★★ インセンス レザー

アーキストの断りの返事はかなりそっけなかった。「あいにくサンプルの送付はしておりません。よい一日を」。「ナンバン」はインセンス、エゴノキ、ミルラという上質な樹脂性物質のカクテルで、そこに若干のペッパーが加わる。かなり良いが、それもドライダウンで大きなウッディ アンバーが現れるまで。=LT

▷ *Narciso*（ナルシソ） **ナルシソ ロドリゲス** ★★★★★ ウッディ クリーミー

ごくまれに、良いアイディアがきちんと実行され、止められない勢いで適切な判断が下されるようなことが起こる。その伝説的な香水の例が「オピウム」（サン ローラン、1977）と「エンジェル」（ミュグレー、1992）。同時ではないが、どちらも頑固な芸術家肌のディレクターによって作られた。彼らは全行程を通して調香師やデザイナーと共に働き、途中で気を散らすことも目的を曖昧にすることもない。アートにおける一貫性とは、格闘技における集中力と同じ意味を持つ。それはすなわち、だれもが手にしているのと同じ方法で（たとえばベチバー、格闘技なら素手）、奇跡のような結果（香水の金字塔、格闘技なら寸勁という技）を出すことだ。次々と考えが降り積もる前に、私が最初に受けた印象は「「ブルー」じゃないか！」。それは1964年以来ずっと気に入っている香りで、パウダリーなアンバー、ウッド、ムスクという、フゼア調の不調和なトップノートのアコードがいい。二つめに気づいたのは、そっと忍び寄りすぐさま部屋いっぱいに広がるような、途方もない輝きだ。ナルシソ ロドリゲスから最初に発売された香水、「フォー ハー」はその点で印象的だったが、「ナルシソ」はそれに勝ると思う。そうして香りが軌道に乗るにつれて、楽しみが適度に増していく。「ナルシソ」には、おそらくこれまで実現したことがない規模の技巧が凝らしてある。初めの10分は、この頃の香水でよく使われる、陳腐な香りであふれかえる。バニラ、ミモザ、フローラル 石鹸調ノートという、見慣れたパステルカラーのパレットだ。そのすべてがあどけなく穏やかな感じだが、やがて人は気づくことになる。かわいらしいお人形だと思っていたものは、実は50階建てのビルほどもある化け物で、クリーム色のエナメル革のストラップシューズで蹴りつけてくるのだと。

この香水の成功を支えているのは、やはり調香師の力だ。制作したのは壮麗な「チャイナタウン」（ボンド ニューヨーク、2005）を手がけた、オーレリアン ギシャール。重厚な構造を意識するだけでなく、ガーデニアから日焼けオイルまで幅広い要素を取りこんで、あらゆる隙間を埋めつくした。アイディアはまったく異なるとしても、私が思い出したのはパトゥの「スブリーム」（1992）。ウッディ フローラルの甘い香りで良いと思った最後の香水だ。「ナルシソ」を好きになった決め手は、最近の同類の香水と違って、クリーンな香りではなかったこと。この香水の不健全ななまめかしさは、「ウバ」（2009）のようなアムアージュの香水を連想させる。もう少し遠いところで言えば、偉大なアンバー グリスの怪獣、ギ ロベールのオリジナルの「ディオレッセンス」（1969）。それを今日の主流な香水で試すとは、ずいぶん大胆だ。最後に、パッケージについて一言。いつもなら気にもしない点だが、今回は触れるべきだと思った。この立方体のボトルの内部には白色の液体が泡のように浮かび（いったいどうやった?）、偶然ではなく、香りの意図を完璧に要約している。つまり例に違わず、細部まで綿密に統制されたデザイン。=LT

▷ ***Narciso eau de toilette***（ナルシソオードトワレ） **ナルシソ ロドリゲス** ★★★★ スモーキー スイートネス

私は「ディオレッセンス」「オピウム」「ラッシュ」のようなラクトンの傑作を偏愛しており、その匂いを嗅ぐと、何が起こっているのか把握する前から、きまって昂揚感が湧き上がる。その理由はいくつか考えられるが、ひとつには、香水にとってラクトンは石工技術に等しいという点が挙げられる。つまり人が寄りかかったり、周りを歩いたりできるような構造物を築く力になるということだ。また、おそらくラクトンは常に乾燥性をわずかに含むという点も挙げられる。それによってミルキーな温かみを相殺し、そこからバランスのとれた構成が自然に広がる、結晶の核の役目を果たすのである。それから、自らの青春時代を思い出すという理由もある。その頃はもちろん、香りの黄金時代であったに違いない。偉大なジャン ギシャールの息子であり、彼自身が素晴らしい調香師であるオーレリアン ギシャールは、ラクトンがお気に入りだ。傑作「チャイナタウン」（2005）や「ナルシソ」（2014）でのラクトンの使用に注目すると、この香水の起源であることがわかる。ギシャールは数々の素晴らしい作品の中で、まるでフランスの一流調香師に代々受け継がれているような、力と優雅さを組み合わせている。一流調香師は（おそらく学校へ行くだけでは絶対近づけない方法で伝授される知識を用いて）、斬新さとは結局、論理的に伝統から生まれるのだと示している。ギシャールの香水は、ひとつの動物種のようにすべてが同類なのは明らかで、アストン マーティンが何年もかけて展開してきた様式を連想させる。確かにジェームズ ボンドの細長いDB5には驚嘆した。だがもっと幅広で低くて見劣りのする最近のモデルを見ると、本当に悲痛な気持ちになる。同様に、「チャイナタウン」や「ナルシソ オー ド トワレ」の内部編成は、「イグレック」（サン ローラン、1964）や「ジバンシィ Ⅲ」（1970）のような古典的グリーン シプレの構造を元にしているようだ。それらの濃厚で複雑でドライなさざめきからは、自分たちは他とは違う「香水」なのだという声が聞こえる。しかしそうした昔の香水はある種の堅苦しさを放ち、なつかしく思い出されるものの今では時代遅れで、もはやみごとな構成を隠すような必要もない。「ナルシソ オー ド トワレ」の旋律は、最初から厚かましいほど自信たっぷりで、長く続くドライダウンに至るまでずっと好ましい。ドライダウンは珍しく、タールのノートを含み、これはまた優秀な男性向け香水になるのではないかと思わせてくれる。=LT

ナルシソロドリゲスフォーハーフルールムスク
▷ ***Narciso Rodriguez for Her Fleur Musc*** **ナルシソ ロドリゲス** ★★★ ウッディ フローラル

これまでナルシソ ロドリゲスの香水は、構造よりも質感を優遇してきた。つまり、旋律より音色を。確かに、曲として考えると、それはやや無調で面白みに欠けている。いわば洗練された心地よく知的なバックグラウンド ミュージックで、静かに広がってきらめき、けしてすてきなディナーやコンサートのじゃまにならない。ナルシソ ロドリゲスの香水はどれも、その複雑なドライダウンが注目に値する。これはカリス ベッカーの熟達したウッディ フローラルの形式を取り入れ、静謐で心を昂揚させる香りが何時間も続く。他のナルシソ ロドリゲスの香水と比べて、この姉妹品のほうが少しばかり明るくてフルーティ。夜明かしをした暗いラウンジから外に出ると、太陽が輝いているような感じ。素晴らしい男性用香水もぜひ作ってもらいたい。=LT

ナシブロッサム
▷ ***Nashi Blossom*** **ジョー マローン** ★★ 洋ナシ 花

まったく退屈でさえない、ぼんやりした石鹸調の、明るすぎるささやかなフローラル。香水をきらいな人向け。=LT

ナサック
▷ ***Nassak*** **タミーン** ★★ サフラン ローズ

タミーンのトレジャー コレクションの中では、群を抜いて興味深い香り。簡素だがしっかりした、サフラン ローズのアコード。二つの香料はどちらも脇に寄り、抽象的で物憂げなパウダリーノートを生み出すが、最大ボリュームで香るバスマティ米とたいして変わらない。=LT

ナスタチウムクローバー
▷ ***Nasturtium Clover*** **ジョー マローン** ★★ スイート ジャスミン

眠気を催すスイート フローラル。=LT

ネイビーラム
▷ ***Navy Rum*** **コキレート** ★★ ウッディ ライム

騒々しい男性向けシトラス。バデダス風のイソボルニルエステルのような匂いによって結びついている。液体石鹸と混ぜれば入浴剤にできるかもしれないが、これを体に振りかけるために大金を払うことは絶対ない。=LT

▷ ***Néa***（ネア） **ジュー エ マッド** ★★★ キャラメル プラム

グルメという用語はたいてい誤った呼び方だ。というのも組み合わせのまちがった食べ物の匂い（例：フレーバーコーヒー）は概して不快だから。グルメの目的は、デザートを思い出させることではなく、あの驚嘆すべきアルチンボルドの肖像画（ほほは桃、鼻は洋ナシ、唇はサクランボという男）のような存在になることだ。この分野における二つの手本はおそらくディオールの「ドルチェ ヴィータ」（1995）と、残念ながら製造中止になった「バッジェリー ミシュカ」（2006）。「ネア」はその二つほど幸福な感じではなく、クラシックな女性向け香水という幻想にますますしがみついている。意外なのは、ずっと先のドライダウンまで完全にアコードを維持していること。昨今の同類の香りの大半は、崩れて缶詰のフルーツサラダになっているというのに。=LT

▷ ***Nebula 1: Orion***（ネビュラワンオリオン） **オリベル** ★★★★ スペース フゼア

この頃ニッチな香水のあいだに、新しく相当に素晴らしい傾向が見られる。「汚された古典」（ジャック ルーシェが演奏するバッハ）、「80年代の怪物」（マーチングバンドが演奏するブルックナー）、「無気力な90年代」（歯医者のドリルのための哀歌）、「常軌を逸した2000年代」（調香師にとっての父なる神）、ニッチなミニマリスト（眠たげなルドヴィコ エイナウディ）。それらを経てようやく独立系の香水が、クリストフ ロダミエルが生涯ずっと取り組んできた、『ブレードランナー』の世界観に追いついたと思う。この香水は、そうしたまだ不完全な新しいスタイルをとてもよく表しており、意外にも、ルドニツカの最後の名作「オーシャン レイン」（マリオ ヴァレンチノ、1990）を思い出させる。どうやら彼もまた、多彩な抽象性を求めて奮闘していたらしく、それが今まさに実現できるようになったのだ。よく聞いてほしい。これこそが未来だ、香りが違う。=LT

▷ ***Nebula 2: Carina***（ネビュラツーカリーナ） **オリベル** ★★★★ ミント調靴墨

エリオ ペトリの1970年公開の映画『殺人捜査』で忘れられないシーンがある。美しいフロリンダ ボルカンが、感情をコントロールしようと努める冷静な警官役のジャン マリア ヴォロンテに、こう言い放つ。「お巡りさん、靴墨くさいわよ！」もしこの映画のリメイク版を作るなら、彼はこう答えればいい。「「カリーナ」をつけてるから」。この香水と、やや構成の甘いギャラガー フレグランスの「アマングスト ウェーブズ」は、トップにクールなノートを置く石油化学のアコードを臆せず追求している。要は、ジェット燃料で作るミント ジュレップ。これらの香水が私の知らない第三の香水から着想を得たのか、あるいは単に芳香性のエーテルの同じ部分から香りを引き出したのか、それはわからない。いずれにしても、その斬新さと自信過剰な感じが大好きだ。=LT

ネクタル
▷ ***Nectar*** **サンタ エウラリア** ★★ ココナッツ バニラ
取るに足らない、退屈なペストリー店の陳腐な香り。=LT

ネクタールドフレール
▷ ***Nectar de Fleurs*** **シャボー** ★ 空気非清浄剤
本来なら、これは卵型の白いプラスチック容器に入れて売られるべき。赤いバラをエアブラシで描いて、青いリボンを結んで、トイレのフックに掛けるのにちょうどいい小さなリングをてっぺんにつけて。=LT

ネクターオブラブ
▷ ***Nectar of Love*** **エイプリル アロマティクス** ★★ チュベローズ ジャスミン
かなり甘くて変化はないが、及第点のフローラル ブーケ。=LT

ネロリウートルノワ
▷ ***Néroli Outrenoir*** **ゲラン** ★★★ リーフ調コロン
シトラス フラワーとリーフの心地よくシンプルで軽いアコード。野心に駆られて単純。=TS

ニューヨークインテンス
▷ ***New York Intense*** **ニコライ** ★★★★★ パウダリー ビスケット
私がニコライの香水を知ったのは1989年、ヴィクトル ユゴー通りに1号店がオープンしてすぐのこと。オリジナルの「ニューヨーク」に一目ぼれをして、それから10年間つけていた。その後、意気地のないIFRAと愚鈍なデンマークの皮膚科医が高尚な改革運動を始め、香水業界を荒廃させることになる。オークモスやさまざまなシトラスの香料は制限され、「ニューヨーク」はその魔力を失った。そうした苦難の時期、パトリシア ド ニコライが親切にも昔の作品のサンプルで私を助けてくれたことには、永遠に感謝したい。そして今、どんな華麗な錬金術を使ったかは謎だが、「ニューヨーク」はあらゆる非難をかわして、さわやかなビターオレンジ、甘いビスケット、夢心地のラベンダーというユニークな組み合わせで、再び栄華を極めた。現時点でこれを超える男性向け香水が他にあるとは、私には思えない。この驚異の香りに最も近いのは、おそらくゲランの「ムッショワール ド ムッシュ」だが（パトリシア ド ニコライの祖父はゲラン一族だと思い出す）、「ムッショワール ドムッシュ」とは異なり、「ニュー ヨーク インテンス」にはけだるい気取り屋の痕跡はまったくなく、ひたすら瞑想的で安定して落ち着きがある。=LT

▷ *Night Flower*（ナイトフラワー） **エリス パフューム** ★★★ カルダモン アニマリック

これはモーリス ルセルの「ムスク ラバジュール」の再解釈に近い香り。その着想の源と同様、過剰に濃厚で甘いアニマリック フローラルのオリエンタルは、食事や考え事をする場にはまったく向いていないが、あからさまに性欲をそそる効果は一応ある。その重く濃密で甘い香りを嗅ぐと「病的」という言葉が頭をよぎるため、私ならその二つよりむしろ「ウバ」（アムアージュ）か、失われて久しい「ショッキング」（スキャパレリ）を選ぶだろう。=TS

▷ *Nightingale*（ナイチンゲール） **ズーロジスト** ★★★★ ウッディ フローラル

ズーロジストの香水から受ける主な印象は、一貫性があり創造的でひたむきなアートディレクション。わかりにくくて無視されがちな香料が、ブランドを生産量以上の存在にする。細部（みごとなボトル、素晴らしいラベルの図案、優美なタイポグラフィーと印刷、サンプルボックスを「ナチュラル セレクション セット」と呼ぶユーモアのセンス）はすべて同じ方向性で仕上がり、たいていのニッチなメーカー（ときに大会社も）の統一性をよく示している。「ナイチンゲール」を調合したのは、日本人の香水ライターであり独学で調香師になった稲葉智夫。どうやら彼は、日本の皇后に向けてその妹が書いた11世紀の和歌からインスピレーションを得ているようだ。皇后は出家することが決まっており、妹は和歌を詠み、別れの贈り物として姉に数珠と梅の枝を渡した。

稲葉智夫に天与の才能があるのは明らかだ。今回、その発想はとても明確に伝わり、香りの中で衰えることはない。その中身と関係のない大げさなPR活動とは正反対だ。「ナイチンゲール」が属する小さな香水の群れは、あまりに面白いことをするため、何が起きているか理解するには、何度も映像を巻き戻さなくてはいけないと感じる。最終的に、私は6枚の試香紙を前にしていた。これから述べることが東洋かぶれのたわ言みたいに聞こえる危険性は承知している。しかし私にとって日本の美の力とは、儚さと永続性の詩的なコントラストだ。鮮やかに花を咲かせる木の隣に、古くとも完璧に維持された黒い木造建築を描く、川瀬巴水の版画のように。トップノートとドライダウンは香りが続くあいだ1000回は変わるので、時にまつわる詩は、まさに香水の本質を示している。難しいのは、たった1枚の絵の中で、究極の瞬間を保つと同時に、その合間に散乱するガラクタを避けること。控えめなみずみずしい花と埃っぽいドライウッズの、透明感のある不断のコントラストこそ、「ナイチンゲール」のすべてだ。上出来。=LT

▷ ***The Nightingale Cup***（ザナイチンゲールカップ） **カルト オブ セント** ★★★ シトラス ローズ
ものすごく感じのいいレモン調ローズ。=LT

▷ ***Nin-Shar***（ニンシャール） **ジュー エ マッド** ★★★★ スモーキー ローズ
メソポタミアの女神にちなんで名づけられたという（このNinという名前を私は学術文献で見つけられていないが）この香水は、これまで香りの領域では別々の場所に存在してきた二つのスタイルを、適切にまとめている。一つめは、鮮やかなウッディ ローズで、アラブの香水では主要な香料だ。初めて西洋に進出したのは、今では製造中止の「シナン」(1982)。これは大ヒットしたため、今出回っているボトルの大半は偽物だ。二めは、スモーキーな柵用塗料のクレオソートで、「ランプブラック」（ブルーノ ファツォラーリ）や「スカイブ」（カヌー）を連想する、汚れた手にデニムのオーバーオール風。私の知る限り、この二つをうまくまとめた香水は他にない。この「ニンシャール」は、美しくにぎやかなスタートからダークな薬品調のドライダウンまで、確かな輝きを放っている。=LT

▷ ***Nirmal***（ニーマル） **ラボラトリオ オルファティーボ** ★★ ウッディ フローラル
心地よく、特徴のないウッディ フローラル。=LT

▷ ***Nirvana***（ニルバーナ） **エボカティブ** ★★★ ウード ウード
ウードによる、まるで絆創膏のような安っぽいにかわの強烈な匂い。たいていのウードがそうであるように、その強烈な匂いはしだいに薄れ、よりソフトで温かく、甘くなる。他にはこれといって言うことはない。=TS

▷ ***No. 1*** **コグノセンティ** ★★★ イランイラン ベルガモット

このシリーズの香水に対する私の第一印象を、停止したブログから引用しよう（2016年記述）。「洗練というのは、定義するのは難しく、認識するのは易しい。コグノセンティの６種類のサンプルを並べたとき、その匂いを嗅ぐ前から私は衝撃を受けた。優美でシンプルなパッケージ、名前（数字に副題がついているが、「ダチュラ壊滅」みたいに変てこなものではない）、よくある仰々しいたわ言からかけ離れた率直な説明書きに驚いたのだ。香りはどれも多種多様だが、その印象は家族のように類似する。目を見張るほど独創性があり、魅力的なトップノート、複雑で愛嬌のあるハートノート。今、再び匂いを嗅いでみても、その印象は確かに変わらない。この香りは、イランイランのバナナっぽい面が石鹸調のベルガモットとうまく交わり、背景はレザーとウッズの巧妙なアコード。上出来」=LT

▷ ***No. 5 l'Eau***（ロー） **シャネル** ★★★ シトラス フローラル

ときとしてシャネルからは、上流階級の英語のアクセントを香水に加えることを使命にしているような印象を受ける。すなわち、世代から世代へ受け継がれる、後天的に得た技術によって、平凡なものを堅苦しい命令に魔法のように変えるのだ。これはやがて香水界のキーラ ナイトレイになる。つまり、きれいで、血色が悪く、やや栄養不足で、美しい装いに身を包み、説得力がなく、じゃれつくように命令を下し、もし彼女だったらとイメージできるくらい個性がないこと。その点からすると「ロー」は非常によい香りで、その調合はシトラス フローラルの落とし穴の周りを忍び足で歩いているよう。きついレモン、鼻につくローズ、ベンゼン系ジャスミン、合成香料のサンダルウッド、化学薬品のムスクのすべてが、みごとに避けられている。しかし全体としては華奢でキュートすぎるため、これを効果的につけられるのは、大柄でひげ面、獣っぽい笑みを浮かべ、ふさふさの眉毛の下にラグビーの傷がある男くらいしか想像できない。=LT

▷ ***No. 8*** **コグノセンティ** ★★★ レザー トンカビーンズ

コグノセンティの全香水と同じく、申し分のない出来。上品で自然な香りのする調合は、ヒッピーの領域の洗練された側でちょうど立ち止まった感じ。これはオークモスとシダー ウッドのドライで苦いアコードを追求。どうやらアルデヒドを巧みに用いて、ざらついた鋭さを加えている。=LT

▷ ***No. 15*** **オーフォリー** ★★ 石鹸 ココア

オーフォリーは注目すべきブランドで、二人のオー兄弟、ユージンとエムリスが創設した。二人の見た目は、クアラルンプールで香水の調合をしているより、MIT で高電圧回路遮断機を設計していると言うほうがうなずける。2016 年、会社設立の1年目に、彼らは「ミヤコ」を生み出した。それは煽情的な香りというだけでなく、新しい嗅覚の形でもあり、それまでは高級なデザートワインでしか見られることのない技巧に基づいていた。すなわち、大変な甘みと途方もない酸味のバランスである。今では彼らは事実上、この香りの空間の一角を所有しており、ここ2年はその香りを探究してきた。「ミヤコ」に追いつくのは難しく、それにおそらく発表する香水が多すぎる（これは 15 作目だ)。「No. 15」は不気味な作品で、ゴジラ級の柔軟剤の匂いがする。これを好きとは言えないが、これをつける勇気のある人がいたら、喜んで匂いを嗅ぎにいくだろう。=LT

▷ ***No. 16*** **コグノセンティ** ★★★ トマト リンデン

コグノセンティのラインナップの中で、私が気に入っている香り。二つのぴったり補い合うノートの巧みな結合に基づいている。物悲しげでしなやかで甘いリンデンと、とげとげしくて青臭くて神経に障るグリーントマト。ジャン－クロード エレナの「アン ジャルダン オン メディテラネ（地中海の庭)」（エルメス、2003）をどことなく思い出すが、こちらのほうがコンパクトで率直。=LT

▷ ***No. 17*** **コグノセンティ** ★★★ ネロリ ベルガモット

信じがたいことにメーカーはシベット シプレと記しているが、私にとってはしっかりした上質なシトラスコロンの香りで、締めくくりはムスコン風のアニマリック ムスク。クラシカルで気持ちが良い。=LT

▷ ***No. 19*** **コグノセンティ** ★★★ スイート イランイラン

面白くて珍しいイランイランのアコードにラベンダーとラブダナムが加わり、フレッシュとスイートのあいだでうまく釣り合いがとれている。強烈な合成香料がドライダウンを乗っ取ることはない。全体のバランスとしては、ペリドットやトルマリンといった色のついた宝石を連想させる。繊細で印象的。=LT

▷ ***No. 30*** **コグノセンティ** ★★★ イモーテル インセンス

イモーテルによる扱いにくく強烈なフェヌグリークのノートに、インセンスを合わせて構成された、私には嗅いだ覚えのないアコード。他にはウッディとレザーのノートでいい具合に満たされており、若干動きに乏しいが非常に心地よい香り。=LT

▷ ***No. 32*** **コグノセンティ** ★★★ サイプレス ウード

ウェブサイトの説明にある「なまめかしく退廃的なブラック アガーウッド」という言葉にひるまないでほしい。これは心地よく礼儀正しい香りで、独創性にあふれるわけではないものの、さわやかなレジン調ウッディ。そしてマイルドでフレッシュ、ほぼカンファー調のハートノートからは結局、過剰なほど強いウッディ アンバーの匂いがする。=LT

ノワールエクスキ
▷ ***Noir Exquis*** **ラルチザン パフューム** ★★ アニス調ウッディ

はっきりした目的も予算もない寄せ集め。乱雑で不快。他の無数にある、粗野なミルキー ウッディの男性向け香水を彷彿させる。=TS

ノワールオブスキュール
▷ ***Noir Obscur*** **アントニオ アレッサンドリア** ★★★★ ウッディ バルサミック

バランスという言葉は、出来の良い香水を説明する際によく使われるが、それはたいてい「正しい」と言いたいだけのように思える。バランスには二つの基準があり、ひとつは時間を示す縦軸（移り変わりの働き）、もうひとつは各瞬間を示す横軸（アコードの働き）。「ノワール オブスキュール」は、アントニオ アレッサンドリアの他の作品に比べてパッと目を引くものではないが、両軸に沿って穏やかな曲線を描く構成の好例だ。ウッディなオリエンタルは、ベルナール シャン（「カボシャール」「アラミス」）なら称賛したはず。濃厚でドライでなめらかでダークだが、どことなく軽やか。みごとな作品。=LT

ノマド
▷ ***Nomade*** **クロエ** ★★ パッションフルーツ タイム

安っぽいフルーティ フローラルで、わずかでも独創性を発揮しようと必死な調香師による、興味深いとさえ言える試み。=TS

▷ ***Noorolain Taif***（ヌーロレンタイフ） **タミーン** ★★ ペッパー ローズ

ドライでウッディなローズ、濃度と柔らかさが足りない。=LT

▷ ***Norne***（ノーン） **スランバーハウス** ★★★★ アニマリック ウッディ

現代の香水業界では、革新的な物事はニッチなブランドから生まれる。それはたいてい、毎日毎日フォーカスグループや顧客調査のルーティンをこなしてストレスを溜めた優秀な調香師を獲得したときか、処方に資金を追加して品質を上げげたときに起こる。ところが、現代の視覚芸術や実験文学により近い、別のタイプの革新もあり、そこでは香水の性質そのものについて問われている。香水とは瓶に入ったメッセージだと私は考えるが、それはスタイル、持続時間、内容にほとんど制限を設けない。たとえばそれは小説であり（「ミツコ」）、歴史ロマンスであり（「プロメスド ロード」）、簡潔な短いジョークであり（「アザロ オム」）、哀歌であり（「アプレ ロンデ」）、恋愛詩であり（「オマージュ アタール」）、俳句である（「ディメーター」）。「ノーン」の場合は、野生の獣のうなり声というところ。スランバーハウスはポートランドに拠点を置く小さな会社で、奇妙なものを高く評価する香水ファンにとても愛されている。そして実際、この会社の作品は並はずれて風変わりだ。その作品を普通の香水だと言うのは、狩猟ホルンのアンサンブルを交響楽団だと言うのと同じこと。trompe de chasse（狩猟ラッパ）で映像を検索してもらえば、私の言いたいことがわかるだろう。おそろしく立派で、耳障りでしつこい大きな音。「ノーン」はまさにそういう香りで、肌につけると、カテキューに近いレジン調リコリスから、温かくバルサミックなタバコへ徐々に変わる。行儀のよい香りではなく、極上の無作法な香り。=LT

▷ ***Not a Perfume***（ノットアパフューム） **ジュリエット ハズ ア ガン** ★★ セタロックス セタロックス

またしても、原料をひとつしか使っていないという、うぬぼれ屋の香りが現れた。今回はフィルメニッヒ社の上質なセタロックス。私はこいつをガスクロマトグラフでわざわざ調べる気はないが、セタロックスがこんなにムスクらしい香りだった覚えがなく、疑わしく思っている。P&G の石鹸作成者が 10 年前から知っていたことをニッチなメーカーが発見し、その 100 倍の値段をつけている。あくびがでそう。=LT

ノートドユズ
▷ ***Note de Yuzu*** **ヒーリー** ★★★★ 柚子 グレープフルーツ

「ノート ド ユズ」のトップに来るのは、不思議なシトラスの喜びあふれる一陣の風。柚子とグレープフルーツは、それぞれ猫の尿と硫黄の印象がはっきり表れ、とても大きな楽しみを添える。その興奮が収まると、マンダリンを経て興味深い場面転換が起こり、非常に多義的なシトラスノートが、アンバー グリスを思わせる、奇妙で詩的なハートノートになる。そのように、この香水が明るい笑顔からとろけるような柔らかさへ変わる様子は、純粋に喜ばしくて斬新だ。ドライダウンは「ムッシュバルマン」を連想させる。つまり、まったく不服なし。=LT

ノートダムール
▷ ***Notte d'Amore*** **パンテオン** ★★ 石鹸調フローラル

この香水は、病に倒れる前のラファエロの、最後の愛の夜を描いているという。きっと彼は気分が悪くてバスルームにこもっていたに違いない。これはシャンプーみたいな匂いがするから。=LT

ニュイアンダルーズ
▷ ***Nuit Andalouse*** **パルファム MDCI** ★★★★ おびただしいフローラル

ポール パルケの「ル パルファム イデアル」（ウビガン、1900）以来、フローラルは極上の香水の中心を占めてきた。作るのが簡単だからではなく、大変だからだ。花や植物からそのまま抽出した原料は、本物のような匂いにはならない。花の匂いを再現するには、必ずプラトンのイデアの世界を通って戻らなくてはならない。その過程で何かが失われることはよくあり、その場合は結局、上品なホテルの水彩画に描かれる花のような匂いに落ち着く。本物のフローラルは、絵などまったく思い出させない。素晴らしいフローラルの香りに出会うと、たいていの人は目を閉じる。まるでそのローズ自体が、抽象的なものをめざしているかのように。セシル ザロキアンの「ニュイ アンダルーズ」は、そこにあふれる喜びを加える。この傾向の香りとしては最高に素晴らしい。=LT

ニュイドチュベローズ
▷ ***Nuit de Tubéreuse*** **ラルチザン パフューム** ★★★ ペッパー チュベローズ

ここ数年、どこかの偉大な調香師がときどき立ち上がって、まるで数学者ダフィット ヒルベルトのように、未解決問題のリストを同業者に配りでもしているのだろうか。「だれも「フラカ」を思い出さないようなチュベローズを作ろう」。そうして「ツイリー」のひねくれた女性向けフゼアから、この素晴らしくドライで薄いペッパー調のアコードへ移り、今ではその旧友に気づくことはめったにない。良い出来。=TS

▷ ***Nuit Magnétique***（ニュイマグネティック）　**ザ ディファレント カンパニー**　★★★★★　バルサミック ベルガモット

このガイドの執筆中、ごくたまに出会った素晴らしい香水のひとつ。その自然と喜びが湧き上がるような香りを何度も楽しみたくて、私はたて続けに3回も試香紙にスプレーした。トップのフレッシュで温かい（だれも気にしないだろうが、ジンジャー プラム）アコードは、とてもみごとな判断で、安定して、非常に斬新でミステリアスなので、実際にはまるで音楽のよう。このレベルの香水（少し驚いたことにクリスティーヌ ナジェル作）は、コード、旋律、音色の中ほどで釣り合いのとれた、ユニークな成果を上げている。そして「ニュイ マグネティック」が空中に散りながら香るとき、さらに嬉しいことがわかる。使用されている香料は目新しくも高価でもなく、それどころかランコムの経理さえ通るほどの平凡な材料なのだ。モダンなフローラル オリエンタルを手がける他の調香師はみな、悲しみをビールで紛らわせているに違いない。この最高の作品は、汚く安っぽい香りとかけがえのない貴重な香りを同時に実現している。クリスティーヌ ナジェルは、言葉を配列しなおして、現代の香水の機知に欠けるお喋りを詩に作り変えた。天才。=LT

▷ ***Nuit Rouge***（ニュイルージュ）　**アントニオ アレッサンドリア**　★★★　ルバーブ グレープフルーツ

この香水の始まりは、どこまでも広がる快い大音響、リストから着想を得た液状のピアノ協奏曲。そして数オクターブの雷鳴が轟くと言ったほうが近い、煽情的なアコードを構成するのは、ルバーブ アミド（私にとってはいつも馬の毛とシダー ウッドの中間の匂い）とグレープフルーツ。そうしたオーケストラの力をまとめるのは勇敢な者にしかできないが、アントニオ アレッサンドリアはあり余るほどの勇気を持っている。最初の花火が終わると、「ニュイ ルージュ」は、段階的かつ適切に決められた移行を経て、初めの燃え立つ残り火を散りばめた、スタイリッシュなウッディパウダリーのドライダウンへ向かう。大胆な構想、洗練された調合、最高級の原料。すなわち、アレッサンドリアが手がけるイタリアの香水は、ワインで言えば「スーパータスカン」と等価値の香水を生み出すようだ。=LT

▷ ***La Nuit Trésor***（ラニュイトレゾール）　**ランコム**　★★　フルーティ フローラル

香水の中には、激しい内部競争によって、誕生したものがある。思い浮かぶのは、査定人やフォーカスグループが「まだ足りない！」と言いつづける光景。そうこうするうちに調合が濃すぎて一種のひずみが生じ、意図していなかった新しい香りが亡霊の声のように混沌から現れる。この兵器級のフルーティ フローラルから生まれた不気味な代物は、私にとってはまるで新鮮な魚の皮の匂い。=LT

ラニュイトレゾールアラフォリ
▷ ***La Nuit Trésor à la Folie*** **ランコム** ★ フルーツ系グルマン

売れない小説家はいろんな料理を皿の上で混ぜ合わせて食べるという話を思い出す。そこにデザートまで混ぜた感じ。ひと皿で一度に味わえるとはいえ、これがランチならカシスのリキュールを染み込ませたフルーツ系パンプディングに刻みたばこを散りばめたみたいで、どうにも食指が動かない。=LT

ヌン
▷ ***Nun*** **ラボラトリオ ルファティーボ** ★★★ ハスの花っぽいフローラル

商品名はエジプトの神話で太古の水の神の意。憂いを秘めた修道女（nun）の意ではなく、地上に向けて降下する飛行機の機内で下界を見下ろしつつギターをつま弾く若い女性のイメージでもない。メランコリックで少し重めで、派手さを抑えたフローラルの香りに仕上げた腕は立派だが、私にはピンと来ない。=LT

ニュワ
▷ ***Nüwa*** **ロジャ ダブ** ★★ ローズ バニラ

甘すぎるローズの香りにうんざりする。=LT

オーアブソリュートスウェド
▷ ***O-Absolute Swede*** **ブラッド コンセプト** ★★ フルーティ レザー

ミニマルで目新しさはなく、素っ気ないが、過剰ではないフルーツ系レザーノート。=LT

オークルエルインセンス
▷ ***O-Cruel Incense*** **ブラッド コンセプト** ★★ アニマリックなお香

「O」は畏敬の念を込めた感嘆詞の「おー」ではない。血液型にこだわるブランドがO型の人向けに用意した香水だ。ここまで素っ気ないと、かえって面白い。癖のあるアニマルノートとかすかなインセンス（お香）が不思議と調和している。=LT

オーデロランジュリー
▷ ***Ô de l'Orangerie*** **ランコム** ★★★ シトラス フローラル

ホワイト フローラルとシトラス系オーデコロンという意外な掛け合わせが成功している。二人の調香の達人アン フリッポとドミニク ロピオンの手になる確かな品。=LT

▷ Objet Céleste（オブジェソレスト） ヴォルネイ ★★★★ アーモンド ムスク

現在のヴォルネイの最高傑作にして、往年のヴォルネイ作品の復刻版ではない製品の第1号でもある。トップノートはバルサムとビターなアーモンドの美しくも奇妙なハーモニーで、クールとウォーム（温か）の間を揺れ動き、アメリカの家庭ではおなじみのデオドラント石鹸「アイリッシュ スプリング」の香りを思い起こさせもする。「最高に美しいものには必ずどこかに調和の乱れがある」と言ったのはエドガー アラン ポーだが、この不思議なトップノートが消えた後の展開も謎めいていて、最後はムスクとレザーで終わる。実に独創的で、非常に洗練された逸品。=LT

▷ Oblìo dei sensi（オブリオデイセンシ） アルス ミラビーレ ★ ホワイト フローラル

単なるベビーパウダー。=LT

▷ Obscuro（オブスキュロ） サンタ エウラリア ★★★ スモーキー アンバー

このところ人気のペンキみたいでスモーキーな香りを軽めにした、独創的とは言えないが賢明な香水。ただし燻製っぽさはすぐに消えて、これぞ王道と言わんばかりのモダンオリエンタルの香りが顔を出す。=LT

▷ O/E（オーイー） ボグ ★★★★ カンファー シトラス

アントニオ ガルドーニは時を経て進化を重ね、そのマルチな才能と豊かなアイディア、そして底知れぬ博識の持ち主であることを証明した。今の彼は当初のレトロなスタイルをきっぱり捨てて新たな挑戦に踏み出している。この「O/E」はシトラスやウッディといった伝統的に男性向けの香りに独特な解釈をほどこしており、トップノートには清涼感のある稀少なカンファーを使い、その後に松とクローブのアコードが香り立つ仕組みだ。こういう香水に出会うと嬉しくなる。=LT

▷ Old Books（オールドブックス） ザ パフューマーズ ストーリー バイ アッツィ ★★ パチュリ ペッパー

安っぽい香り。ベースに使われることの多いパチュリにスパイシーなペッパーのお香をふりかけたようなアコード。まったく楽しくないし、時代遅れだ。=LT

▷ Olibanum（オリバナム） エボカティブ ★★★ インドから来た乳香

まさしくインド産乳香（学名：boswellia serrata）の香りそのもの。=TS

オリンピア
▷ ***Olympéa***　**パコ ラバンヌ**　★★　フローラル アンバー

こんなにも盛大な幕開けから拍子抜けしたラストに行き着く舞台があるだろうか。スプレーすると合成香料の美しく盛大な歌声が高らかに響き、とんでもなく大量のアンバーとキャラメルのアコードが主張しまくり、２分くらいはむせてしまうが、その後はあっさり退場し、裏方さんがステージの掃除を始める。そんな感じ。こんなのはやめて「コリガン」を買うべし。=TS

オンブルフュルティーブ
▷ ***Ombres Furtives***　**ジャン - ミッシェル デュリエ**　★★　ウッディ アンバー

名うての調香師デュリエが、いたずら半分に作った高価なくせに退屈で男くさい香水。素敵にスモーキーなバーチタールにIFF 社の合成香料アンバーエクストリーム（こちらは思春期の若者の悩みを抽出したような香り）を混ぜている。デュリエの悪い冗談だ。=LT

オンブルインディゴ
▷ ***Ombre Indigo***　**オルファクティブ スタジオ**　★★★　サフラン インセンス

典型的なウッディ グリーンに独創的なひねりを加えたマスキュリンな香り。何の取り柄もなかった「オー デュ ソワール」（シスレー、1990）を上等な葉巻に生まれ変わらせた感じだ。香りは薄くて頼りないが、明らかに他の香水とは一線を画している。=LT

オムニアクリスタリンロー
▷ ***Omnia Crystalline l'Eau***　**ブルガリ**　★　干上がったシトラス

こんなに薄いトップノートは「ライト ブルー」（ドルチェ ＆ ガッバーナ、2001）以来だ。柑橘系のフルーツをミイラにしたらこんな感じか。おそらく、もともと香水が好きではないのに何かつけなくてはいけないと信じる人たちをターゲットにした香水だろう。彼らにとっては、香りは弱ければ弱いほどいい。アルベルト モリヤスは彼らのニーズに応えて香りを薄めに薄め、結果として良さも個性も洗い流してしまった。香水売り場でお試し用の紙につけても、たぶん何も香らない。それでも家に持ち帰れば、かすかな香りの悲鳴が聞こえる。悲しくて、私はごみ箱に放り込んだ。=LT

オムニアパライバ
▷ ***Omnia Paraiba***　**ブルガリ**　★　フルーティ シトラス

もしかすると最近のアルベルト モリヤスは、彼の神経回路を模した人工知能に仕事をさせているのではないか。そうでないとしても、最近の彼の仕事はローマン オパルカの絵画を思わせる。オパルカは1から順に数字をびっしり書き連ねてキャンバスを埋め尽くした連作を遺している。絵の具の色は最初はグレーだったが、新しい作品を手がけるたびに少しずつ白を加えていった。晩年の作品はほとんど白地に白だったが、それでも2011年に世を去るまでに書いた数字は合計560万7249個。モリヤスはまだ生きていて、すでに449の香水を世に出しているが、その作品はだいぶ白地に白に近づいてきた。彼の作品でよかったのは21番目から26番目くらいだ。=LT

ウーロンティー
▷ ***Oolong Tea*** **ジョー マローン** ★★ ひたすらフルーティ

安くて何の特徴もない模造品を1000個ほど集めて混ぜ合わせたら、こんなのができるかもしれない。これを嗅いだとき、思い浮かんだのは家出人捜しの張り紙によくある絶望的な記述。「中肉中背、髪はブラウン、失踪時の服装はジーンズに白いTシャツ」。これじゃ特徴になってない。=LT

オパルデュ
▷ ***Opardu*** **ピュアディスタンス** ★★★★ インドール フローラル

インドールはとかく誤解されやすい有機化合物だ。香料の教科書を開くと、決まり文句のように「高純度のときは糞の臭いだが、稀釈すると甘い花の香りになる」と書かれているが、実にナンセンス。濃度に関係なくインドールはインドールであり、その香りは嫌な口臭と防虫剤の両極の間のどこかに位置する。ただし天然の花は、この口臭の要素を巧みに取り入れて素敵な香りにする術を心得ている。人間も合成品のジャスミン香料にインドールを加えて天然ものを再現しようと試みるが、どうしても防虫剤くさくなりがちだ。その理由は解明されていないが、どうやらアニー ブザンティアンは神秘の扉を開ける秘術を見つけたようだ。この作品は最高にインドールっぽいフローラルでありながら、防虫剤っぽくはなっていない。おみごと。=LT

オーパス
▷ ***Opus VIII*** **アムアージュ** ★★★ ウッディ アンバー

のっけから強烈なマリンとウッディ アンバーが香るので、ついに老舗のアムアージュまで安っぽいマッチョなスタイルに屈したのかと心配になった。本来ならドライダウンに合いそうなノートを最初に持ってくるという予想外の展開だが、その後の香りは肌になじみ、徐々に消えていく。ボトルのサイズも形もグッチの「エンヴィ フォーメン」を思わせるが、ジンジャーが勝ちすぎることはなく、樹脂の微妙な配合がいい。とくにオリジナル感もインパクトもないが、手堅いユニセックスの香水だ。=LT

オレンジビターズ
▷ ***Orange Bitters*** **ジョー マローン** ★★★ 強烈なオレンジ
親しみやすくて温かく、スパイシーなオレンジが香る。いたって普通ではあるが、不快感はない。=LT

オレンジブロッサム
▷ ***Orange Blossom*** **ソーン & ブルーム** ★ カルダモン ハニー
カルダモンにハニーを加えるとサフランに気の抜けたワインを合わせた香りになるという発見だけが取り柄。=LT

オランジェモワ
▷ ***Oranger Moi*** **アリソン オルドイーニ** ★★ フローラル オリエンタル
少なくとも調香師のブノア ラプーザは低予算なりに面白い香りを作ろうと努力したのだろう。1980年代に流行したフルーツカクテル系の香りに仕上がっており、どことなくディオールの「プワゾン」に似ている。=LT

ロレーデュボワ
▷ ***L'Orée du Bois*** **ジャック ファット** ★★★ ハニー ミモザ
このブランドのために調香師ルカ マッフェイが手がけた4つの香水ラインの1つ。エレガントなハニー ミモザで、フローラルでパウダリーなありふれた香りだが、費用を惜しまず丁寧に仕上げている。私の好みではないが、ありふれた同類の香りのなかでは際立っている。=LT

オリベ
▷ ***Oribe*** **サトリ** ★★★★ グリーン フローラル
ずっとこんな香りが欲しかった。やっと出会えたという気分。純粋で快活な、育ちのいい花屋の女の子という印象。無残にも茎を切断され、見た目だけで買われていく花々の妬みなんてなんのその、濃厚なヒヤシンスとリリーの香りの存在感で圧倒する。グッチの「エンヴィ」(1997) からバレンシアガの「フローラボタニカ」(2012) まで、多くの調香師がこの素晴らしくも扱いにくい香りに挑んできたが、現時点ではこれが最高の到達点だ。ドライダウンは心地よく落ち着いた緑茶の香り。おみごと。=LT

オリジン
▷ ***Origin*** **アクアリス** ★★ フルーティ フローラル
ウッディでフルーティなローズ。よくある平凡な香りだ。=LT

ロリジナル
▷ ***L'Original*** **アンドレ プットマン** ★★★ グリーン ウッディ
アンドレ プットマン（1925-2013）はフランスの有名なインテリア デザイナーであり、その非凡な表現力と知性は誰もが知るところ。彼女が世界的な香水メゾンであるフレデリック マルの店舗をプロデュースしたことも有名だが、この香水は彼女とマル、そして調香師オリビア ジャコベッティのコラボレーションから生まれた。正直に言えば、こういう淡いグリーン系の香りはあまり好きではない。グリコリエラールという香料には飽きているし、生気を感じず面白味もないからだ。しかし、こういう香りを好む人がいてもおかしくない。=LT

ロルフェリン
▷ ***L'Orpheline*** **セルジュ ルタンス** ★ カシュメランのお香
これがセルジュ ルタンスの香水とは驚きだ。彼が見放したものだとすれば、私たちも手を出すべきではない。=LT

オスカーフロール
▷ ***Oscar Flor*** **オスカー デ ラ レンタ** ★★★★ 満開のフローラル
芸術家が目指すのは、天界の完璧さを地上にもたらして形にすること。調香師のカリス ベッカーも1996年に「トミー ガール」という素晴らしい作品を世にもたらし、人々に感動を与え、自らの名を世に知らしめた。その後も彼女は同じ路線で次々と大作を発表した。暖かい午後の陽射しを感じさせる「ジャドール」（1999）があり、凜とした冬の朝を思わせる「ビヨンド パラダイス」（2003）があった。私はこういうスタイルの香りが好きだ。それはカリスと私が友人だからだと邪推する人もいるが、とんでもない。公平を期して言えば、このタイプの香水には厄介な問題が二つある。まず、これは精緻な芸術品であり、その良さを理解するには（肌よりも）試香紙につけたほうがいいということ。本来は天使のように無垢な香りなのだが、これを人がまとうと過剰な潔癖症に見えてしまう。二つめは純粋に技術的な問題で、おそらくアルデヒドとアルコールが喧嘩してしまうのだろう、品質の劣化が早い。実際、私の持っている2007年製の「ビヨンド パラダイス」はすでにツンと鼻を突く香りになっている。年代ものの「トミー ガール」もそうだ。それでこのタイプは敬遠されるようになったのだが、雌伏10年、ついに満開のフローラルが復活した。その象徴が2012年の「フローラボタニカ」で、あれは「トミー ガール」のスタイリッシュな妹分だった。あれでカリス ベッカーは過去の栄光を取り戻した。そして今、「オスカー フロール」に到達した。技術的にはほぼ完璧で、トップノートからドライダウンまで、どこにも欠点がない。おそらくこれが彼女の最高傑作となるだろう。

彼女の創造力が枯渇したとは思わないが、完璧主義者の彼女でもこれ以上は無理だ。思うに、この香水を実際に身にまとうかどうかは問題でない。私自身も、大切なコレクションを並べた棚に飾っておくつもりだ。大好きなコンコルドの模型と並べて。=LT

▷ ***Osmanthé***（オスマンテ）　**サークル デ パフューマー**　★★★　キンモクセイのお茶

キンモクセイ（オスマンサス）の花の香りを引き出したアコードは絶妙で、トップノートも強すぎず、実に快適。特筆には値しないが、悪くない。=LT

▷ ***Oud***（ウード）　**メゾン フランシス クルジャン**　★　シトラス シダー

ラベルの記載が間違っている。ぼんやりしたフルーティなシダーウッドといった感じで、ウード（沈香）の良さがまったくない。強いて言えば歯医者さんの待合室の匂い。あとチョコレートも香るけれど、食べる気はしない。=TS

▷ ***Oud Ambroisie***（ウードアンブロアジー）　**ランコム**　★★★★　ストロベリー ウード

ウードを知る人なら誰でも知っているように、ウードが陰なら陽はローズ。ピーナッツバターが陰なら陽はジャム、ディオニソスが陰なら陽はアポロなのと同じだ。調香師のイリアス エウメニデスはこの陰と陽を組み合わせて明瞭かつ意外な、しかもおいしそうな香りを生み出した。フルーティ フローラルの香料を加えるとローズは甘くなりすぎるものだが、ここではウードの奥深く複雑な香りを添えることで、陳腐になりがちな香りをみごとに輝かせている。オリジナルのローズ シプレがそうであるように、陰と陽がダイナミックに合体している。素晴らしい。個人的には、ランコムはセレブを起用した大々的な広告でもっと宣伝すべきだと思う。おめかしした女子学生に独占させておくのはもったいない。=LT

▷ ***Oud Bouquet***（ウードブーケ）　**ランコム**　★★★　ベンゾイン ウッディスモーク

ニッチなメーカーがウードに手を出す場合、たいていはボトルに「ウード」と書いたラベルを貼り、ウードをたっぷり詰めておしまい（合成品を使うか天然物を使うかは、ご予算次第。ただし天然物は品質にばらつきあり）。しかし調香師ファブリス ペルグランはウッディに樹脂っぽい要素を加え、甘くてスモーキーな香りに仕立てた。ただしウッディ アンバーが強すぎるのは残念。スプレーボトルに入れたままにしておくのが世のため人のため。=TS

▷ **Oud Couture**（ウードクチュール）　**ヘレラ コンフィデンシャル**　★★　ローズ ウード
香水のブランド名に「コンフィデンシャル（極秘）」とか「プライベート コレクション」とかの語を見つけるたびに腹が立つ。そもそもプレスリリースを書いて発表した時点で、すべては「極秘」でも「プライベート」でもなくなるのだ。ちなみにこの製品のプレスリリースには「伝説のオリエンタルな香料に新しい解釈を加えた」とあるが、とんでもない。ローズとウードの組み合わせを愛する人なら誰もが知っている処方を手堅く再現しただけだ。アラブ圏の人なら何百年も前から知っているとおり、このアコードは天の恵みだ。ウードの神秘的な荘厳さは、まるで暗くて狭い地下室。それがきらびやかなローズに出会うと、配合さえ間違えなければ、かつて夜空を焦がしたかがり火のように煌々たる明るさを放つ。アラブ諸国の香水売場ならたいていどこでもローズ ウードは扱っているし、値段ももっとリーズナブルなはずだ。中東まで飛ぶ時間はないけれどキャロライナ ヘレラの店に行くついでがある人向け。=LT

▷ **Oud de Nil**（ウードドニル）　**ペンハリガン**　★★　ウッディ シトラス
複雑で精度の高い組み合わせも、配合の段階でコストをけちって台無し。もっとお金をかけて再トライしてほしい。=LT

▷ **Oud for Love**（ウードフォーラブ）　**ザ ディファレント カンパニー**　★★　サフラン キャラメル
不可解で、出来が悪く支離滅裂。調香師ベルトラン デュシュフールによる無責任な配合だ。=LT

▷ **Oud Immortel**（ウードイモルテル）　**バレード**　★★★　ウッディ スパイシー
ウッディでスパイシーな佳作。シトラスとカルダモンの愛すべきフルーティなトップノートで始まり、パチュリのウッディ感あふれるドライダウンで終わる。この製品が世に出た2010年には珍しかったが、今ではニッチなブランドが競って作っている。=LT

▷ **Oud No.3**（ウード）　**ラ ヴィア デル プロフーモ**　★★★　キザなウード
ウードはジンコウ属の木に寄生した菌類のおかげで生まれるかぐわしい香り。その品質は木の種類や産地、熟成の度合いによって大きく異なる。アンバー グリスと並んで最高に複雑な香りのひとつであり、動物の尿の匂いからカビ臭いのを経てウッディやハニー、アンバーまでが含まれる。しっかりしたローズとブレンドすれば最高で、そのときウードは真っ赤なドレスを翻してフラメンコを踊る女性ダンサーを引き立てる最高に無表情な男性パートナーの役を完璧に引き受ける。しかしドミニク デュブラナの手がけたこのウードは、つま先のとがった靴を履いた背の高い男の独演会という感じ。荒々しいトップノートを飼い慣らそうとした形跡はあるが、まだ激しすぎて逃げ出したくなる。それでも15分ほど耐えれば、新品のキャンバス生地を思わせる心地よい香りへと落ち着いていく。これぞ本物のウード、たいていの人には敬遠されるだろうが、好きな人にはたまらない香りだ。=LT

▷ ***Oud Palao***（ウードパラオ） **ディプティック** ★★★ 「アビ ルージュ」のローズ版

スパイシーとスモーキーとローズのアコードは楽しくて温かみがあり、魅惑的で官能的。少しシャイで、ゲランの銘品「アビ ルージュ」のヒッピー版といったところ。=LT

▷ ***Oud Saphir***（ウードサフィール） **アトリエ コロン** ★★ スエード ペッパー

調香師ジェローム エピネットのスイーツ シリーズ。手っ取り早くスエードと合わせた月なみな構成。=LT

▷ ***Oud Satin Mood***（ウードサテンムード） **メゾン フランシス クルジャン** ★ バラのクッキー

なかなか興味深い失敗作。アーモンドビスケット風のグルマンとフルーティなグリーン ローズが調和していない。ローズエッセンスのクオリティが良いだけに、その華やかさが仇となり、ちぐはぐな香りしかしない。失礼だけど、ウードは入っているのかしら？ =TS

▷ ***Oud Shamash***（ウードシャマシュ） **ザ ディファレント カンパニー** ★★★ ウッディ オリエンタル

それ相応のリッチ感もあり、心地よいが平凡なウッディ オリエンタル。=LT

▷ ***Oud Silk Mood***（ウードシルクムード） **メゾン フランシス クルジャン** ★★★ ウッディ ローズ

これもクルジャンの「ウード」シリーズ。ホメオパシーの治療薬のような名ばかりの代物に比べれば、そこそこの出来。モダンでウッディなシプレのベースにレモンリキュールのようなゼラニウム ローズを加えていて、華やかなローズと深みのあるウッディのアコードがいい。ただしオード パルファムは軽めで、よりレモンが際立つ。

=TS

▷ *Oud Velvet Mood*（ウードベルベットムード） **メゾン フランシス クルジャン** ★★ コーラ ウード
コーラ（シナモン、ナツメグ、バニラ、シトラス）と歯科矯正されたウード。=TS

▷ *Oudh Infini*（ウードアンフィニ） **ドゥシタ** ★★★★ シベット ウード
この世には、官能的な動物系の香りをこよなく愛する熱心な香水ファンがいる。そういう人は海狸香（ビーバーのマーキング分泌物）やヒラシウム（ハイラックスの排泄物の化石）、シベット（ジャコウネコの肛門付近から採れるもの）、アンバー グリス（海水でマリネされたマッコウクジラの脂肪）、ムスク（哀れなシカさん）に目がない。でもこうした素材は手に入りにくいし、今はセックスレスで不妊症か無精子症の脱臭剤もどきが香水として幅を利かせている時代。と思っていたら、強烈な獣臭フェチの方々に朗報あり。フルーティやフローラルのノートにウードを忍ばせる最近のトレンド（運がよければ絶品になるけれど、たいていはイチゴのケーキにポルチーニを隠したような駄作になる）に背を向けて、ドゥシタ（タイ人の女性が数年前に立ち上げたブランド）はこの香水でムスクとシベットを惜しげもなく前面に押し出している。ウードっぽさもそれほどなく、むしろビーチの簡易トイレのよう。ハダカデバネズミ（群れで生活している）が共用トイレを転げまわり、臭いでコロニーの仲間だと主張する生態を思わせる。さて、私はこれを身にまとうでしょうか。正直言って、肌につける予定はなし。それがエチケットだと思うから。私にはアムアージュの「ウバ」で十分。早くもネット検索を始めた方々は、きっと1本395ユーロという値段にびっくりするでしょう。でも、試してみる価値あり。=TS

▷ *Oudh Lacquer*（ウードラッカー） **ソイボール** ★★ ウッディ スパイシー
エッジの利いたウードをローズ以外の何かと合わせるという勇気ある試み。あいにく複雑きわまりない素材の渦に繊細なウードが呑み込まれ、ほとんど消えている。勇気は認めるが、結果は意味不明。=LT

▷ *Oudwood Veil*（ウードウッドベール） **40ノーツ** ★★ 合成品のウッディ
今の時代、もっと本物のウードっぽい香水は山ほどある。=TS

オキシジェン
▷ ***Oxygen*** **ニュービー** ★★★ サフラン ウッド

液体酸素に樹木を浸した香水なんて、今にも爆発しそうでちょっと怖い。でも調香師アントワン リーの作品は温かみのあるムスクとおがくずのザラザラ感がうまく調和していて、ウッディな合成香料ばかりの今の時代には好感が持てる。=TS

パチュミニマル
▷ ***Pachou Minimal*** **ソイボール** ★★★ フローラル オリエンタル

スパイシーなフローラル オリエンタルの香りがあふれていた20年前なら埋没してしまっただろうが、今これを嗅ぐと古き良き時代がよみがえってくる。嗅いで心地よくてこそ香水という伝説の調香師ギ ロベールの名言が生きていた時代が。=LT

パシフィックロックモス
▷ ***Pacific Rock Moss*** **ゴールドフィールド & バンクス** ★★ シトラス アップル

愛らしいパッケージの容器に入った冷却水。意味不明。=LT

ページ
▷ ***Page 29*** **フランチェスカ デローロ** ★★★ ローズ ウッド ペッパー

このブランドの製品ラインではベストな作品で、上等な素材を使った興味深いウッディ オリエンタルの香りだ。特筆に値するものはないが、よくできていて心地よい。=LT

ペールファイア
▷ ***Pale Fire*** **アポテカ テペ** ★★★★ リコリス ココア

甘さ抑えめで鼻孔をくすぐる「ハバニタ」（モリナール）を巧みに再構成しているが、安っぽいバニラとベチバーがかかとを鳴らして踊りまくるような騒がしさはなく、ソフトで美しいアンバーのアコードと骨太なウッディ アンバーが効いている。考え方として一番近いのは偉大だが廃盤になって久しいパトゥの「スブリーム」（1992）だろうが、あれよりもシンプルでスリム。天然香料と合成香料のコントラストもみごとだが、（私のように）ウッディ アンバーにやや過敏な人の評価は分かれそうだ。=LT

パロマイライセス
▷ ***Paloma y Raíces*** **ホモ エレガンス** ★★★ コーヒー チュベローズ

フランスの鉄道駅には「列車の陰にまた列車」と書いた標識があり、止まっている列車の前で線路を渡ろうとする人に背後から襲いかかる別の列車の絵が描かれている。この香水で「止まっている列車」がどちらなのかは不明だが、チュベローズとコーヒーがみごとにマッチしているのは確か。初めて嗅ぐアコードだが、コーヒーは苦手な私でも納得の香りだ。ただしクリーミーでひたすら甘いチュベローズをもっと際立たせてもいい。チュベローズの新しい冒険はいつでも大歓迎だ。=LT

▷ **Panache**（パナシュ） **パルファム デルラエ** ★★★★ レモン ジャスミン
才能と独創性に恵まれた調香師ヤン ヴァスニエにたっぷりの予算を与えて高品質の天然香料を使わせ、マッチョでもセンチメンタルでもない「ユニセックス」な香水を作ってくれと頼んだら、できあがったのがこれ。かの有名なシラノ ド ベルジュラックに捧げる香水といった感じで、魅惑と知性とハートの純粋さが融合している。ブランドを率いるデルラエ ルースとヴァスニエが、持てるものすべてを注ぎ込んだ逸品と言える。すべてのレベルで満足させてくれる香水はめったにないが、これは華々しく始まり、印象的かつ謎めいたハートノート（大きなフローラルとスパイシー ウッディの間の綱渡りがみごと）を経てドライダウンに行き着く。このドライダウンがまた素晴らしく、たぶん3種類のまったく異なるムスク様の合成香料を使っている。すごい。=LT

▷ **Pand**（パンダ） **ズーロジスト** ★★ パチュリ アップル
まったく理解できない。アップルの匂いをつけた木工用ボンドみたい。子どもが欲しがるようなら、あげちゃって。=TS

▷ **Panorama**（パノラマ） **オルファクティブ スタジオ** ★★ ラディッシュ ベルガモット
カントリー歌手ジェイク オーウェンの歌に「青いバナナは買わない」という詞があった。もう時間を無駄にしたくないという意味らしいが、この香水なら（お金はともかく）時間の無駄はなさそうだ。ラディッシュにガルバナムとフルーツのトップノートは楽しくて独創的で、たしかに青いバナナの匂いがするが、ほんの数分で消えてしまい、後には何も残らないから。=LT

▷ **Parfait de Roses**（パルフェドローズ） **ランコム** ★★★ バニリン ローズ
よくできているけれど、きつめで古風なローズの香水。大金持ちの未亡人に憧れる10代の少女（あるいは10代に戻りたい老貴婦人）にぴったり。トップノートが重めで、ドライダウンに繊細で華やかな香りがくるという逆転の発想が効いている。=TS

▷ *Parfum de la Nuit 1*（パルファムドラニュイ）　**ロジャ ダブ**　★★　スパイシー オリエンタル
目新しさのないスパイシー オリエンタル。=LT

▷ *Parfum de la Nuit 2*（パルファムドラニュイ）　**ロジャ ダブ**　★★★　ラム アンバー
酔っ払いそうで甘いウッディなココアの香り。悪くはないが、100mlで995ポンドはいかがなものか。=LT

▷ *Parfum de la Nuit 3*（パルファムドラニュイ）　**ロジャ ダブ**　★★★　ウッディ シトラス
上記「ラ ニュイ 2」の単なる派生品だが、悪くはない。=LT

▷ *Paris Seychelles*（パリセイシェル）　**ピエール ギヨーム**　★★　薄いフローラル
極上のシルクが安物のナイロンと違うくらいに、本物の香水はこれとは違う。=TS

▷ *Party*（パーティ）　**センティフィック**　★★　スパイシー フローラル
材料の質はよさそうだが、私の鼻は「マグノリア」よりジャスミンのノートを感じた。いずれにせよ、このブランドの常として何かが足りない。=LT

▷ *El Pasajero*（エルパサヘロ）　**レンリン**　★★　デリケートなフローラル
西洋ナシのような繊細なフローラルだが、香りがあまりに稀薄だと思う。=LT

▷ *Patchouli Clouds*（パチュリクラウズ）　**マリナ バルセニラ**　★★　カンファー パチュリ
パチュリにほんの少しのシナモン。=TS

▷ *Patchouli-Oud*（パチュリウード）　**アフィネッセンス**　★★　ペッパー ベチバー
「インドネシアの奥地に育ち、今ではほとんど手に入らなくなった天然のアガーウッド（沈香）はパフューム界の至宝。アフィネッセンスは最高のパチュリ精油をこれと調合し、自慢の香りに新たな輝きをもたらします」という宣伝文を、調香師ニコラス ボニヴィルは何度も聞かされたことだろう。その上で、彼は賢くもそれを無視し、ペッパーの効いたウッディな香水でよしとした。100mlで335ユーロ。=LT

▷ *Patchouliful*（パチュリフル）　**ラボラトリオ オルファティーボ**　★★　スパイシー パチュリ
賢明で独創的だが、少なくとも私の嗅覚では調香師セシル ザロキアンのいうパチュ

リとシトラス、スパイシーのアコードを感じ取れない。ハートノートには珍妙なアニマリックな香りがある。=LT

▷ ***Pays Dogon***（ペイドゴン）　**モンシラージュ**　★★　スモーキー ベチバー
かなりアグレッシブで、おまけに発想力に乏しいグリーンノートとベチバー、スモークのアコード。=LT

▷ ***PC01/"Mango Tree Forest"***（マンゴーツリーフォレスト）　**ビール**　★★★　シトラス フローラル
悪くないハーブ系のウッディ シトラスで、いい素材を使っているのに美学の素養を欠いているのが残念。=LT

▷ ***PC02/"Hippie Essence"***（ヒッピーエッセンス）　**ビール**　★★★★　トルコの砂糖菓子
ユーモラスで緻密、砂糖を溶かしたローズウォーターを想起させる逸品。みごとだ。=LT

▷ ***Peacock Throne***（ピーコックスローン）　**タミーン**　★★★　ローズ ジャスミン
大げさで露骨だが不快な感じはしないフローラル。使うのは女性の寝室限定。=LT

▷ ***The Pearl***（ザパール）　**ノラ ノーランド**　★★　ホワイト フローラル
素っ気ない1980年代風のアルデヒド系ホワイト フローラル。バルマンの名作「イボワール」（1979）とカルバンの「マダム カルバン」の中間をねらったようだが意味不明。=LT

▷ ***Pearl Oud: Doha***（パールウードドーハ）　**キリアン**　★　ウッディ フルーティ
やっつけ仕事のひどいオリエンタル系。ウイスキーとバナナのリキュールで作ったカクテルのような匂いだ。=LT

▷ ***Peau d'Ailleurs***（ポーダジュール）　**スタルク パリ**　★★　大地のムスク
調香師アニック メナードとデザイナーのフィリップ スタルクが手を組んだ作品。私は二人とも尊敬しているが、今回はただ話題を作りたかっただけだと思う。残念。ズーロジストの「バット」に使われているゲオスミン（雨上がりの草木の香り）が目立つのみで、面白さもユーモアもない。一体何があったのか。二人の天才がそろう

と反目し、互いの才能を相殺するのかもしれない。=LT

ポードピエール
▷ ***Peau de Pierre*** **スタルク パリ** ★★ 大地のウッド
上記「ポー ダジュール」よりも先にこれを嗅いだら、これぞ「雨上がりの香り！」と言うところだ。後だったら、そしてゲオスミンのノートを除いたら、何も残らない。どうでもいい男性用の芳香剤だ。=LT

ポードソワ
▷ ***Peau de Soie*** **スタルク パリ** ★★★ ラクトニック シプレ
おとなしくて落ちついた感じの、つまりドライダウンにふさわしい香りが最初から鼻をくすぐる。往年の「ディオレッセンス」（ディオール）の消えゆく香りを追い求めるかのようだ。謎めいた男の香りと言えるかもしれない。=LT

ペルフュムムアンブラルミノサ
▷ ***Per Fumum: Ambra Luminosa*** **アネット ヌファー** ★★ インセンス アンバー
楽しい配合だが、同じアネット ヌファーの「アビセンナ ミルラ」には及ばない。=LT

ペラダン
▷ ***Peradam*** **アポテカ テペ** ★★★★ リリー アイリス
とにかくトップノートが印象的（なお「ペラダン」という商品名はルネ ドーマルの小説に登場する架空の石のことで、「ダイヤモンドはペラダンの劣化したもの」だとか）。アイリスとリリーなのにアニマリックなアコードで、こんなのは初体験だ。往年のゲランの繊細で可憐な「アプレ ロンデ」（1906）の、いわば雄々しき弟分のような存在だ。詩的で奇抜、ややシャープさを欠くが独創的だ。=LT

ザパフュームガーデン
▷ ***The Perfume Garden*** **マリナ バルセニラ** ★★ ぼんやりしたローズ
トップノートは家具の艶出しに使うレモンオイルの香り。その後に酸味のある薄いローズの香りが続く。=TS

パールレット
▷ ***Perlerette*** **ヴォルネイ** ★★★ アイリス バイオレット
このブランドは正直にベースに使った香料のリストを教えてくれた。フィルメニッヒ社のイラリアや、ブランド独自の4092などだ。なるほどアイリスとバイオレットの強烈な香りに始まって、15分ほどはとても素晴らしい気分に浸れる。だが悲しいかな、その後はどんどん薄くなり、1時間も経つとドライダウンは絶望的。ヴォルネ

イは調香師のアメリー ブルジョアに2倍の予算を与えて、最後まで完璧に仕上げさせるべきだ。=LT

▷ **Petit Matin**（プティマタン） **メゾン フランシス クルジャン** ★★ シトラス フローラル
最初の印象は素敵でソフト、そしてレトロなオード トワレ。ハートノートは穏やかなホワイト フローラルとハーブで、これが2分ほど続くのだけれど、その後は無惨。スーパーで買えるギリシャ産の洗濯石鹸のほうがよほど高級感あり。=TS

▷ **Petite Mort**（プティモール） **マーク アトラン** ★★★★ アニマリック ミルク
マーク アトランは多くの美しいものを世に送り出してきた一流デザイナーだ。コム デ ギャルソンの素敵な香水ボトルも、奇抜なモダン建築の家もデザインしてきた。だから送られてきた木箱を開けて紫色の液体を満たした10mlの小さなボトルを見つけたときは「素敵なサンプルだな」と思った。しかしアトランの手紙と同封のプレスリリースを読むと、それがサンプルではなく本物の、しかも100本限定の特別な香水の95番目で、1本1000ドルもするとわかり、感謝の気持ちでいっぱいになった。そして気づいた。たぶん自分はこの官能的な香り（ちなみに商品名は直訳すれば「小さな死」だが、フランスの隠語ではオーガスムの意）を贈られた最後の香水評論家なのだろうと。長い能書きを引用するのは迷惑だろうから、要点のみ。いわく「深い恋に落ち、激しい欲望にあえいでいる一人の女性をマークは見つけ、その性的興奮状態で分泌される液体を、苦労して未消毒のジャム瓶に詰めました」とある。その作業のどこで一番苦労したのかはともかく、そのジャム瓶を渡された調香師のベルトラン デュシュフール（最初に嗅いだとき彼の鼻が曲がらなかったことを祈る）は実に興味深い香水を作った。トップノートは、5歳になる私の娘に言わせると「うんち」。そのとおりで、大量のインドールが含まれている。これに続くのは「ムスク クブライ カーン」（セルジュ ルタンス、1998）と「セクレシオン マニフィーク」（エタ リーブル ドランジュ、2006）の間に生まれた愛の結晶のようなハートノート。これだけでもみごとだが、ドライダウンもウッディなシガーとピラジンに少しだけホットミルクを混ぜたような感じで秀逸。ただし1000ドルの価値はない。それでも（残りは5本だけかもしれないが）買おうと決心した人に忠告。スプレーするのは外出の1時間前に。さもないと周囲の人に不快な思いをさせる。=LT

ラプティットローブノワールブラックパーフェクト
▷ ***La Petite Robe Noire Black Perfecto*** **ゲラン** ★★★ ウッディ ローズ

私は（そしてアラブ世界の人々も）ウッディ ローズが大好きだ。1982年の初代「シナン」を嗅いだときの衝撃は今も忘れない。あれは中東諸国でたちまち大人気になり、おかげで市場に出回るものの９割が偽物となり、やがて滅びた。その後も低品質の模倣品が続出し、気がつけば10倍も濃厚で値段は５分の1の香料を街角で買えるアラブの人たちに西洋の香水会社が貧弱なアラブ系香水を売りつける不思議な時代になった。そういう経緯を踏まえたうえで言わせてもらえば、この香水はまず合格点だ。=LT

ラプティットローブノワールクチュール
▷ ***La Petite Robe Noire Couture*** **ゲラン** ★★★★ スパイシー ローズ

時間と距離をいかに手なずけるか。香水づくりではここが腕の見せどころだ。昔（というのは20世紀のことだが）の香水は、たいてい最初のうちに近くで嗅ぐときつすぎた。往年の偉大な調香師ジャック ゲランやジェルメーヌ セリエが目指したのは、後から香らせること。つけてから２時間後に、ディナーテーブルをはさんで斜め向かいに座った人に魔法のような衝撃を与える香りだ。その点、この「クチュール」はみごとだ。近すぎるといささか不快なフルーティとスパイシーとフローラルのノートで、ゲランの「ナエマ」とシャネルの「ココ マドモアゼル」が衝突したような感じだが、少し離れるか、できればいったん部屋を出て数分後に戻ってみれば、そのとき気づく。この香水は至近距離で嗅ぐものではなく、忘れたころに嗅ぐのがベストなのだと。そして「この素敵な香りは何？」と聞きたくなる。とくに私が感心したのは、フレッシュ感が不思議なほど長く続くこと。調香師ティエリー ワッサーは門外不出の永遠に香り続けるリコリスとラベンダーのアコードを組み込んだらしい。美しい仕事だ。予算にも使える原料にも限りのある昨今の環境では奇跡に近い。=LT

ラプティットローブノワールヒッピー
▷ ***La Petite Robe Noire Hippie*** **ゲラン** ★★ フルーティ ローズ

つまらない。=LT

アンプダムール
▷ ***Un Peu d'Amour*** **アンドレ プットマン** ★★ グリーン フローラル

薄っぺらく、どっちつかずで曖昧模糊。何を目指しているのかわからない構成。文字どおり「たいしたことない（un peu）」。=LT

▷ ***PH-Bright Oudh***（ピーエイチブライトウード）　**ブラッド コンセプト**　★　うんざりウッディ

どうやら「逆転の発想」シリーズのひとつらしいが、その意図の説明書は読んでいないし、読むつもりもない。あまりにひどくて、試香紙をテーブルに置いておくのも耐えきれずトイレに流してしまった。下水道のドブネズミだって逃げ出しそうだ。=LT

▷ ***Philtre Ceylan***（フィルトゥルセイロン）　**アトリエ コロン**　★★★　カルダモン ティー

"Philtre" はフランス語で「媚薬」の意。楽しいけれど、カルティエの「デクララシオン」（1998）とブルガリの「オー パフメ オ テ ベール」（1993）の中間の、ありがちな甘い香り。ジェローム エピネットは間違いなくジャン－クロード エレナのファンだ。=LT

▷ ***Phoenicia***（フェニシア）　**ヒーリー**　★★★　ハニー ウード

ヒーリーが意図したものは理解できる。ウードにスモークというダークな背景と、温かいレーズンとラムのノートのドラマチックなコントラストだ。香りたちは悪くなく、毎日のさまざまなシーンに変化を与える香水で、経過時間を問わずに満足感を得られる。なかなか謎めいた興味深い男性的な香水。=LT

▷ ***Pi Air***（パイエア）　**ジバンシィ**　★　ジンジャー ムスク

香水には、ひどすぎて記憶に残るものがある。そういうものを嗅いだときの気分は、これ以上ひどいものはないだろうという苦々しい満足感だ。オリジナルの「パイ」も平凡だったが、こちらはグッチの「エンヴィ フォー メン」を改悪した感じで、まさに病院の待合室のにおい。何かやましいものを隠す役割を担っているのだろうか。寛大な気分のときなら「記憶に残るかぎりで最悪の男性用香水」に推挙してやりたい。=LT

▷ ***Pichola***（ピコラ）　**ニーラ ベルメール クリエーション**　★★★★　薬用ネロリ

スマートでドライ、しかも奥深いアコード。甘すぎないオレンジの花とスパイシーウッディのベースの組み合わせだと思うけれど違うらしく、フローラルな女性らしさとアロマティックな男性らしさが交差している。どうやらヴェルメイルと調香師のドゥショフールは、騒がしくしないでも魅惑的な香りを生み出す術を身につけた様子。それはまるでベテラン舞台俳優の発声のようで、無理をしなくてもざわつく劇場の

奥まで声を届かせる。男女を問わず誰がつけても複雑微妙でおいしそうな香りが立ち、ドライダウンは甘いベチバー。=TS

▷ **Pink**（ピンク）　**アザグリー**　★　パウダリー フローラル
おぞましい。「フローラボタニカ」の失敗作と「アビ ルージュ」の失敗作をかけ合わせて生まれ損なった感じの駄作。これを調合したのは本当に人なのか？ =LT

▷ **Pink**（ピンク）　**パフューム サックス**　★★　野菜 ハーブ
雑で化学薬品っぽい。=LT

▷ **Pink Heart**（ピンクハート）　**マップ オブ ザ ハート**　★★★　ウッディ ジャスミン
このブランドの製品ラインでは現時点で最も興味深い香水。よくあるフローラルの香りだが、巧みに経理担当者のチェックをくぐり抜けて凡庸の沼から這い上がることに成功したようだ。スズランの精油とアイリス バターを含むと称しているが、薄めれば薄めるほど効き目があるというホメオパシー療法的な考え方はやはり間違いだ。それでもホワイト リリーの香りはしっかりしている。=LT

▷ **Pink Praline**（ピンクプラリン）　**ソイボール**　★★★　グレープフルーツ チョコレート
私は常々、いわゆるグルマンな香りは食欲抑制剤だと考えていて、嗅ぐときは憂鬱な気分だった。それが嬉しい驚きだ。甘いシトラスは思いのほか控えめでつかの間だが、全体的には悪くないレベルで、意外にそそられる。=LT

▷ **Playing with the Devil**（プレイングウィズザデビル）　**キリアン**　★★★★　シトラス マグノリア
キリアンの婚活雑誌めいた美学にも調香師カリス ベッカーの嗅覚は惑わされず、カシスとライチとオレンジの本当に最高のアコードを見つけた。こんなに美しいと結婚式当日には予想外の事態を招くかもしれない。間違ってこの香水をつけてしまった新郎が真実の愛に目覚め、素敵な男性と逃げてしまうとか。まあ、私もつけてみるか。=LT

▷ **Poison Girl eau de parfum**（プワゾンガールオードパルファム）　**ディオール**　★★　チェリーシロップ
1985年の初代「プワゾン」の発売は大事件だった。調香師エドアール フレシエの演出はクリスマス飾りみたいなルビーレッドの香水ボトル。今で言うグルマンとは違う香りだが、誰が見ても本当に食べられそうな形（リンゴの形）をしていた。それはまるでディオールが超高級ジャムをボトルに詰め、小さく切ったテーブルクロスで蓋を包み、５歳児が手書きしたようなラベルを貼った感じ。もちろん中身はローズジャムで、ダークでデリシャス。その後、「プワゾン」のラインにはたくさんの亜種が誕生し、なかにはアニック メナードの手がけた「イプノティク プワゾン」（1998）のような名品もあったが、今回のフランソワ ドゥマシーは原点回帰をねらったらしい。確かに濃厚なジャムになっているが、あの艶っぽいメタリック感はない。香りはローズウォーターに浸したドイツ菓子アプフェルシュトゥルーデルに合成香料クマリンを吹きかけた感じ。だいぶ貧相で、唯一の慰めはシロップの頂点を極めたということぐらいだ。=LT

▷ ***Polo Supreme Cashmere***（ポロシュプリームカシミア） **ラルフ ローレン** ★★ スパイシー ウッディ

カルティエの「デクララシオン」（1998、調香師はジャン－クロード エレナ）に連なる配合を目指したようだが、ウッディ アンバーがところかまわず侵蝕して台無しにしている。安っぽいし覇気がない。=LT

▷ ***Pomegranate Noir 2015***（ポムグラネートノワール） **ジョー マローン** ★★ インセンス ウッド

これにザクロ（ポムグラネート）の香りを感じるようなら医者に診てもらったほうがいい。強くて激しい大嵐のようなウッディとインセンスに、マーク バクストンやベルトラン デュシュフールの流儀をまねてほんの少しフルーツ感を加えただけ。それ自体は悪くないが、すぐにチープ感が漂い、ドライダウンは悲惨。よほど予算が足りなかったのか。=LT

▷ ***Pomélo Paradis***（ポメーロパラディ） **アトリエ コロン** ★★★★ ザボン ピオニー

シトラス系の香水、とくにこれほど多幸感に包まれるものを評価するとき、私は常にシトラスのトップノートが消えるのを待つ。勝負を決めるのはその先の配合だからだ。フレデリック マルの「リップスティック ローズ」（2000）を手がけた調香師ラルフ シュヴィーガーはこの作品で、ピンクグレープフルーツの香りを際立たせるのは奇妙なパウダリー フローラルのアコードだということを見抜いた。そこに気づけば、あとは簡単。ポメーロ（ザボン）からピオニーへと香りがスムーズに移行していく。実に楽しい。おそらくこのジャンルではゲランの「パンプルリューヌ」（2002）以来の逸品だ。=LT

▷ ***Poppy Soma***（ポピーソーマ）　**パルファム クオルターナ**　★★　スパイシー オリエンタル

古代の秘薬ソーマの正体を香水メーカーが突きとめたと聞けば、新薬候補を求めて熱帯のジャングルを歩き回る民族植物学者が目を丸くすることだろう。この商品のプレスリリースには、その正体は麻薬アヘンの原料になるケシだとあるが、この一文を書いた人間はたぶん安物の覚醒剤でも使っていたのだろう。そうでなければ「月夜の晩に輝きを放つ」などとは書けない。勘弁してくれ。アニマリックなスパイシー オリエンタルで悪酔いするのはご免だ。=LT

▷ ***Porto de Rosa***（ポルトデロサ）　**パルチザン パルファム**　★★★　グリーン ローズ

この仕事を長くやっていると、そもそもバラの香りとは何なのかと考えさせるような香水に出会うことがある。1994年にロシャスが出した「トカド」はメタリックで綿菓子っぽかったし、最近ではエルメスの「ギャロップ」が甘さを消したローズで私たちに衝撃を与えた。そして今度はウクライナの調香師アレクサンドロ ペルヴェルタイロが手がけた新作。こちらは甘さ控え目のグリーン スパイシーな香りが立ち、カルダモンを加えてバラっぽく仕上げている。実に好感を持てる。=LT

▷ ***Pourpre d'Automne***（プアプルドトム）　**メゾン ビオレ**　★★★　アイリス ローズ

まともなアイリスの香水はロンドンの路線バスと同じで、なかなか来ないと思っていると立て続けに3台もやってくる。今回、メゾン ビオレは予算を賢く使ったらしく、最初にくるアイリスとバイオレットとローズのアコードは素晴らしい。この香水は、その精神においてジャック ファットの「イリス ド ファット」とパルファム ド エンパイアの「ル クリ ド ラ リュミエール」の弟分だ。前者のメランコリックな雰囲気は群を抜いている（ただしローズはほとんど感じない）し、後者はオープニングのローズとアイリスのアコードからの展開が素晴らしい。そして「プアプル ドトム」はトップノートでフレデリック マルの「リップスティック ローズ」（2000）を受け継ぎ、そのさわやかでパウダリーな雰囲気を信じられないほど長く保持している。このところアイリスとバイオレットのアコードばかり嗅いできたので、そろそろ終わりかと思っていたが、さにあらず。アイリスの時代は続き、ナタリー ローソンはよい仕事をした。=LT

▷ ***Precious Woods***（プレシャスウッズ）　**エイプリル アロマティクス**　★★　シダー ベチバー

骨と皮ばかりのヒッピー風ウッディ。=LT

▷ ***Pretty Machine***（プリティマシン）　**ケロシン**　★★★　グリーン ジャスミン
同ブランドの「ダーティ フラワー ファクトリー」に通じる遊び心を感じる。上品なフローラルのアコードを持ってきて、ちょっと落書きアートで汚している。緑豆の香る「ジャドール」（ディオール）といったところ。=LT

▷ ***Pure Oud***（ピュアウード）　**キリアン**　★★★　すっきりしたウード
多くの自称ウードの香水と異なり、これはちゃんとウードを感じるが、いささかたどたどしい。=LT

▷ ***Purple Heart***（パープルハート）　**マップ オブ ザ ハート**　★★　バイオレット オリエンタル
戦場で負傷した兵士に授与する米軍の名誉賞（Purple Heart）をイメージした作品とされるが、私はてっきり1950年代後半の英国首相アンソニー イーデンや当時の疲弊した主婦たちに愛されたバルビツール系睡眠薬のパープルハートかと思った。トップに強めのバイオレットを利かせただけの1980年代後半風フルーティ オリエンタル。=LT

▷ ***Purple Reign***（パープルレイン）　**エイプリル アロマティクス**　★★　バイオレット フローラル
バイオレットとバイオレットリーフの勘違いなフローラル。バイオレットの花が（たとえば）黄色で、葉っぱにまったく匂いがなかったら、こんなものが作られることもなかっただろうに。=LT

▷ ***Qatar***（カタール）　**ロジャ ダブ**　★★　ウッディ ローズ
ありがちなウッディ ローズ。=LT

▷ ***Quality of Flesh***（クオリティオブフレッシュ）　**ホモ エレガンス**　★★★　スモーキー レザー
スモーキー ウッディの香調にダークでドライな甘さを躍らせるのは、今どきのニッチなブランドが必ずやりたがる組み合わせ。素材がうまくまとまっていて、全体的な雰囲気は驚くほどフレッシュでオゾンも香る。最初にヘリオナールのすっきりとしたシルバー感が出迎えてくれるおかげかもしれない。巧みな仕上がり。=LT

▷ ***R***（アール）　**アヴェリー**　★★★　マリン シトラス
よくできているが、よくあるシトラスとマリンとスパイシーの組み合わせを真似ただ

け。ここ20年に出現したまともな香水を切り貼りした感じで、そのスキルは認めるが個性はない。=LT

▷ ***Raffaello***（ラファエロ）　**パンテオン**　★★　不快なオリエンタル
同ブランドの「ドルチェ パッショーネ」とよく似ているが、長く放置していたサンプルのような不快な匂いがする。=LT

▷ ***Rahele***（ラヘレ）　**ニーラ ベルメール クリエーション**　★★★　樹脂系ローズ
バランスがよく、どこか懐かしいスパイシーな花束の感じで、昔のエスティ ローダーの香水を思わせ、私見では、ちょっと気取った英国のダンディな若者にふさわしい。レトロでおとなしく、母親世代の香水という感じもするが、悪くはない。=LT

▷ ***Rajkumari***（ラジクマリ）　**エボカティブ**　★★　ハーブ ウッド
カラフルなビンテージ風の包み紙でラッピングされた中国の石鹸を思わせるが、それ以外に特筆すべき点はない。=TS

▷ ***Rausch***（ラウシュ）　**J. F. シュヴァルツローゼ**　★★★　スモーキー オリエンタル
製品名はドイツ語で「陶酔」の意。ここ数年は名品「シャリマー」をコンロの火にかけたような代物が多く出回っていて、「いい加減にしろ！」と言いたい気分。この香水もその流れなのだが、ひと味違う。悪くない。=LT

▷ ***Ray of Light***（レイオブライト）　**エイプリル アロマティクス**　★★★★　レモン ライム
天然物で100％オーガニックな香水についてこんなことを言う日が来るとは思いもしなかったが、このシトラスのトップノートは私の知るかぎり絶対に最高だ。歓喜の身震いと垂涎なくしてこの香りを嗅げる人の嗅覚はどうかしている。=LT

▷ ***Reckless pour Femme***（レックレスプールファム）　**ロジャ ダブ**　★★　ローズ フローラル
ありきたりのフローラル。=LT

▷ ***Reckless pour Homme***（レックレスプールオム）　**ロジャ ダブ**　★★　シトラス ウッディ
ありきたりのシトラス ウッディ。=LT

▷ *Red Crown*（レッドクラウン）　**オーフォリー**　★★　シトラス バナナ

ヨーロッパで日本の香水を目にする機会は少ないが、聞くところによれば日本では資生堂のキュートな「エバー ブルーム」（2016）のような甘酸っぱいパウダリー フローラルが流行だとか。どうやらオーフォリーはこの「カワイイ」系の香りを拝借して、それをゆらゆら揺れるバナナボートに乗せたらしい。結果は子どもたち（だけでなく大人も）が笑い出すか、逃げ出すような代物だ。=LT

▷ *Red Heart*（レッドハート）　**マップ オブ ザ ハート**　★★　ウッディ オリエンタル

悪くないのに退屈で平凡な香水。わずかな救いは心地よいシダーウッドだけ。=LT

▷ *Regard Scintillant de Mille Beautés*（ルガルドシンチランドミユボーテ）　**ダリ オート パフュメリ**　★★　ウッディ ローズ

よいウッディ ローズが香るが、それだけなら似たようなのが山ほどある。=LT

▷ *Regent Leather*（リージェントレザー）　**タミーン**　★★　ウッディ アンバー

この原子力級アンバーは周囲にいるあらゆる生命体を失神させてしまう。これを試した後は2時間も鼻を休ませなければならなかった。=LT

▷ *La Religieuse*（ラルリジューズ）　**セルジュ ルタンス**　★★　陰気なジャスミン

修道女という名の香水。今にして思えば、セルジュ ルタンスは2010年ごろサメに跳び乗って味をしめたのだろう、その後はずっと水上スキーに夢中で帰ってこない。なのでこのレビューは追悼文の形をとらせてもらう。資生堂に迎えられてルタンスがアートディレクターに、クリス シェルドレイクが調香師になったとき、この二人は香水の表情を劇的に変えた。パレ ロワイヤル（パリ）の庭に開いた彼の店ほど魅惑的な香水店は今後も二度と現れないだろう。コティ以来、これほど大きな影響を与え、これほど多く模倣されたブランドはない。「アンブル スュルタン」「ラミール」「フェミニテ デュ ボワ」「アイリス シルバー ミスト」は文句なしの絶品だ。当時、古典的な香水を愛する一部の批評家はルタンスの新しい美学を理解せず、いいベースを使っているだけで香水としては不完全だと評したが、実のところ、これらの作品のシンプルさは完璧なまでに計算しつくされたものだった。ルタンスには、なにがしかの方法で（言葉で表現するのは不得手だが）香水のアイディアをシェルドレイクに伝え、彼が完成させるまでフォローする才能があった。そしてシェルドレイクには、常識にとらわれず手抜きもせずにそれを完成させる才能があった。正直に言おう。私はルタンスもシェルドレイクもよく知っている。私が駆け出しの香水評論家だったころ、ルタンスは実にやさしく寛大に接してくれた。シェルドレイクは現役で屈指の調香師であり、今もシャネルで黙々と奇跡を生み出している。彼らの成し遂げたことは忘れないでいよう。そして最近のセルジュ ルタンスが売り出す超高価な安物は見ないことにしよう。=LT

リマーカブルピープル
▷ ***Remarkable People*** **エタ リーブル ドランジュ** ★★★★ ファンタ オレンジ
ユーモアを解し、短命に終わった「オレンジ自由国」の名を堂々と冠するブランドだけに、採れたてを缶詰にしたオレンジの香りが実に素晴らしい。やや耳ざわりだが若々しいトップノートはオレンジ自由国を滅ぼした大国で人気のシトラス系フレグランスから拝借したものだろうが、そこに素晴らしく濃厚で心地よいファンタのアコードを加えている。いい仕事だ。=LT

レントレス
▷ ***Rentless*** **ゴリラ パフューム** ★★ レモン パチュリ
樹脂っぽいオリエンタル。このブランドにしてはあまりいい出来ではない。=LT

レペットオードパルファム
▷ ***Repetto eau de parfum*** **レペット** ★ フルーティ ウッディ
子どものころ、なぜか私はヒールの低い女性靴が好きだった。母親の購読していた雑誌『エル』のファッションページをめくっては、靴のクレジットに「レペット」とあるのを目にしていた。洗練されたフラットシューズが売りだったが、1990年代の恐るべきハイヒールブームもあって、その後は鳴かず飛ばず——と思っていたら、なぜか香水の世界に進出してきた。なぜ？　なぜこんなものを、このタイミングで？　栄光の「バッジェリー ミシュカ」(2006) が10年以上も前に完成させたスタイルを無惨なほどに改悪している。元祖「ミシュカ」は甘やかで、見た目はコッパーブラウン。新鮮なフルーツとスパイスで満たされたサシェ（匂い袋）のような作品だったが、こちらは特売品のイチゴジャムをペンキに混ぜて流し入れた感じ。2005年の「ディオール オム」や2012年の「フローラボタニカ」のような秀作を手がけたオリビエ ポルジュにしては失敗作。父親の後を継いでシャネルの専属調香師に着任するその時までに、彼が才覚を取り戻すことを祈ろう。=LT

レプリカアクロスサンズ
▷ ***Replica: Across Sands*** **メゾン マルタン マルジェラ** ★ フルーティ アンバー
20年ほど前に「ケンゾー ジャングル」シリーズが切り開いたスタイルの、おぞましくも無惨な焼き直し。入れすぎた柔軟剤のような香り。=LT

レプリカバイザファイアプレイス
▷ ***Replica: By the Fireplace*** **メゾン マルタン マルジェラ** ★ クローブ バルサム
悪夢のような巨大キャンドル。=LT

レプリカダンシングオンザムーン
▷ ***Replica : Dancing on the Moon*** **メゾン マルタン マルジェラ** ★ 鉛の入ったフローラル
気分が悪くなるほどの壮絶なごちゃまぜ感で、少しも楽しくない。これをつけてコンサート会場に行けば、30メートル圏内にいる観客の楽しみを奪える。=LT

レプリカフライング
▷ ***Replica : Flying*** **メゾン マルタン マルジェラ** ★★★ スタンダードなコロン
標準的なコロン。ミュグレーの「コローニュ」(2001) で有名になったスチームアイロンのノートを少し感じる。=LT

レプリカリップスティックオン
▷ ***Replica: Lipstick on*** **メゾン マルタン マルジェラ** ★★★ アイリス バニラ
「レプリカ」シリーズは懐かしい時代の感覚を「現代風に再解釈した」ものとされているが、これはいささか時代錯誤。たとえて言うなら映画『ベンハー』の戦車競走シーンで群衆に紛れた例の都市伝説的有名人の手首に金ぴかのロレックスを巻いたような感じ。バニラ フローラルはありふれているが組み合わせは悪くなく、「オルガンザ」の遠い親戚くらいに思う。ライ麦パンのような香りのするけち臭いアイリスは最近の流行で、少しも懐かしくない。本物を知りたくば、ラルフ シュヴィーガーの手がけた「リップスティック ローズ」(フレデリック マル、2000) を見よ。=LT

レプリカソウルオブザフォレスト
▷ ***Replica: Soul of the Forest*** **メゾン マルタン マルジェラ** ★★ パイン アンバー
いい素材を使っているのに、何の変哲もないモミの木とラブダナムとお香の調合に仕上がっている。それぞれを足し算したのに合計が減った感じ。=LT

レジーナ
▷ ***Resina*** **オリベル** ★★★★ モミの木 ペッパー
香料を調合する人間にとって、樹脂は厄介な材料だ。その名のとおり粘着質で濃厚で、どろりとしているから正確に分量をはかるのが難しい。そこら中を汚しまくって、ようやく溶けてくれる。ようやく「レジーナ」を完成させたとき、オリベル ヴァルヴェルデは作業場をクロロフォルム メタノール溶液で洗い流さねばならなかっただろう。フローラルな香りの背景に樹脂のカクテルを使うのは、調香師ベルナール シャンが1960年代の「カボシャール」や「アラミス」で確立した偉大な手法だ。「レジーナ」はこれを逆手に取って、そもそも樹脂は木の健康を守るもので香りも心地よいことを教えてくれた。その樹脂のアコードは上出来で、明るいフローラルやハニーのノートが引き立て役になっている。ちなみに後者の材料はオーストラリア産のファイアツリー（炎の木。花が満開になると木全体が燃え上がったように見える。日本で言う鳳凰木の仲間）だとか。実に興味深い素材で、もっと多くの香水で嗅いでみたい。このジャンルでは屈指の秀作。=LT

リビール
▷ ***Reveal*** **カルバン クライン** ★★ **パウダリー 塩水**

1991年に「デューン」（ディオール）を作った人たちは、そのバニラとパチュリとインドールのドライダウンがその後の香水界に甚大な影響を及ぼすとは思ってもいなかっただろう。しかし「リビール」は、彼らの築いた栄光の砂丘（デューン）を崩してしまった。火星の砂丘どころか、ただの砂浜だ。語るに値しない。=LT

ライノセロス
▷ ***Rhinoceros*** **ズーロジスト** ★★★★ **ハーブ調レザー**

ライノセロス（サイ）という名前だけれど恐くはない。説明書にあるノート一覧を見たかぎりでは往年の名品「アザロ プール オム」の亜流かと思ってしまうけれど、これはニッチなブランドが古いジャンルに新しい息吹きを吹き込めることをみごとに証明している。トップノートは、夜明けの鉄道駅のプラットフォームで空を見上げて吸い込むフレッシュな空気の香り。修正液とハーブティーが匂い立ち、さわやかで不思議。その後は上等な葉巻を詰めてあったけれど今は空っぽのシガーケースの香りで、昔からあるタバコとレザーの男性的ノートを、すっきりした形に生まれ変わらせている。瞑想好きな紳士向け。=TS

ルバーブマイラブ
▷ ***Rhubarb My Love*** **ザ ズー** ★★★★ **ルバーブ ルバーブ**

まだ大学生だったころ、高名な薬理学者の先生がいた。次々に新しい幻覚剤を合成しては自分で試していた人だ。ある日のこと、彼は食堂で食べたランチの話で講義を始め、料理は「まずかった」が、ルバーブの砂糖漬けは「うまかった」と言った。そのとおり。よく煮込んだルバーブは酸っぱいカタバミと絶縁材の匂いがして、英国料理としては数少ない逸品だ。専門的に言うと、あれはタンパク質をつなぎ合わせるアミドという化合物の香りであり、日常で手に入る身近なもので言えば虫除け剤の匂いだ。たぶん蚊はルバーブの匂いも嫌う。この不思議な香水にも蚊は近づかないだろうが、私たちは引き寄せられる。=LT

ルリバージュデシルト
▷ ***Le Rivage des Syrtes*** **パルファム MDCI** ★★ しょっぱいフローラル

製品名(「シルトの岸辺」の意)は20世紀フランスの作家ジュリアン グラックによる美文調だがいささか退屈な小説のタイトルから借りたもの。小説の舞台は地中海に面するリビアの都市シルトの霧に包まれた海岸だ。その潮風の匂いを、パトリシア ド ニコライは忠実に再現したつもりらしい。おとなしくて、悪くはないが、盛り上がりに欠く。彼女が今後、グラックの別の作品をイメージした香水を作るなら見てみたい。=LT

リバータウンロード
▷ ***Rivertown Road*** **ソイボール** ★★★★ ラベンダー ラム

もともと上質なラベンダーとベーラムの香りをこよなく愛する私だから、その両方をここまでみごとに配合されると文句のつけようがない。ジャン - ミシェル デュリエの手がけた「ヨージ オム」(1999) と同じ方向性の素晴らしい男性的な香りで、不自然さがなく、上品でチャーミングだ。=LT

リビエール
▷ ***Rivière*** **タミーン** ★★ ローズ バニラ

フローラルとバニリンの装甲車。避難すべし。=LT

ロジャオートリュクス
▷ ***Roja Haute Luxe*** **ロジャ ダブ** ★★ ウッディ フローラル

退屈でレトロなウッディ フローラル。どこかのノミの市に並んでいそうな、ラベルがはがれて中身が半分飛んでいる香水の感じだ。=LT

ロマンティカエクソティカ
▷ ***Romantica Exotica*** **アナ スイ** ★★ フルーティ フローラル

フルーティ フローラルはもうたくさん。=LT

ロマンティナ
▷ ***Romantina*** **ジュリエット ハズ ア ガン** ★★ ローズ パチュリ

何の特徴もないムスキーなローズ シプレ。薄っぺらなウッドのアコードにパチュリを

加えてある。=TS

ローマ
▷ ***Rome 1963*** **4160 チューズデイズ** ★★★ パチュリ イランイラン
黄色く色あせた印画紙に写っている革ジャケット姿の伊達男がつけていそうなパチュリのオーデコロン。=TS

ルーム
▷ ***Room 237*** **ブルーノ ファツォラーリ** ★★★ フレッシュなアニマリック
とても楽しいシトラス フローラルで、それをコスタスの獣臭が引き立てる。=LT

ローザモチェニーガ
▷ ***Rosa Moceniga*** **マーチャント オブ ベニス** ★★ 甘ったるいローズ
香水のえせ科学も最近は手が込んできた。イタリア系のアメリカ人ジャーナリストで、かつてベネチア公国の総督を輩出した名家モチェニーゴ家の血を引くというアンドレア ディ ロビラントなる人物の著書によれば、彼は先祖代々の宮殿の庭で珍しいバラを見つけた。そのバラは彼の曾々々祖母ルチアが中国から持ち帰ったものだという。まあ、ここまではいい。問題は、その香り高きバラが著者の独断で新種と断定され、その精油がこの香水に使われているという主張だ。作成したのはミュンヘンにある著名香料メーカーのドロム社とされるが、それにしては質が悪い。ちなみにルチアの同時代人である英国のウェリントン公爵は、彼に「ジョーンズさん、ですよね?」と声をかけてきた男に、こう答えたという。「そう信じる君は、何でも信じてしまう人間なのだね」=LT

ローザムスコーサ
▷ ***Rosa Muscosa*** **コキレート** ★★ パチュリ ローズ
このブランドがせっかくの香料を犬の餌に変えなかった稀有な例。どうにか世に出せるレベルのローズ パチュリ。=LT

ローザリベス
▷ ***Rosa Ribes*** **4160 チューズデイズ** ★★★ クロスグリ ローズ
グリーンとクロスグリ（カシス）とローズのディープなアコードで、庭の匂いとキッチンの匂いの中間くらい。おかげでローズがセンチメンタルになりすぎず、甘ったるいジャムにもならずに済んだ。ラルチザン パフュームの「ミュール エ ムスク」やディプティックの「ロンブル ダン ロー」の発想に磨きをかけようとしたらしいが、あいにくロウソクみたいな匂いがする。紙や布につければローズが香るけれど、肌につけるとジャムになってしまう。=TS

▷ ***Rosamunda***（ロザムンダ） **ラボラトリオ オルファティーボ** ★★★★ パチュリ ローズ

ウッディなローズとサフランのアコードは独特で力強く、ドライダウンも美しくて、まさにアラブ的なスタイルの香水。付言すれば商品名の「ロザムンダ」はラテン語のrosa mundi（世界のバラ）に由来すると思われがちだが、実際はドイツ語起源で、意味するところは「馬の番人」だ。=LT

▷ ***La Rose***（ラローズ） **ル ガリオン** ★★★ フルーティなローズ

シトラスとピーチの香るローズで、悪くないが特筆に値せず。=LT

▷ ***Rose Ardente***（ローズアルダント） **ラトリエ ド ジバンシィ** ★★★ カシス ローズ

商品名の「燃えるようなバラ」からは情熱的で輝くような香水が想起される。これもその方向だが、素っ気なくて思い切りが悪い。たしかにバラは香るが、全体としてはチープな感じ。今どきのフルーティ フローラルなら、もっと安くてもこれくらいは香る。ジバンシィはもっと処方にお金をかけるべし。=LT

▷ ***Rose de Mai***（ローズドメ） **アンスティテュ トレビアン** ★★★ ローズ シトラス

古めかしいけれど素敵なシトラス系オーデコロンで知られるブランドが新たに送り出したフローラルなバリエーションは、どれも気取らず控え目な感じ。でも「5月のバラ」と題するこの作品は、フルーティ ローズとレモンの組み合わせが絶妙。シンプルで、香りは長続きしないが楽しい。このシリーズではベスト。もともとこのタイプは短い時間で楽しむものだけれど、トップノートを長く楽しみたいなら服や紙にスプレーするといい。=TS

▷ ***Rose de Siwa***（ローズドシワ） **パルファム MDCI** ★★★ グリーン ローズ

かぐわしいグリーンと透明度の高いローズ。間違いない組み合わせ。やりすぎ感も余分な飾りもない。商品名の「シワ」はエジプトの砂漠のオアシスの名。=LT

▷ ***Rose Gold***（ローズゴールド） **オーモンド ジェーン** ★★★★ ローズ ライム

私は必ずしもローズ系の香水が好きではない。どうしてもローズのソロ演奏に聴きほれてしまうのだが、真の香水は香りのアンサンブルであるべきだと思うからだ。それでもここ数年は、いわばローズの当たり年で、凝りに凝った「ギャロップ」や超キュートな「エバー ブルーム」、とてもリアルな「ローズ セラピ」を経て独創的な

「ニンシャール」までがそろった。この「ローズ ゴールド」は驚くほどストレートで、トップノートからドライダウンまでが一体化している。しかも自然のバラ（たとえばリージェントパークのバラ園で見つけたひときわダークなバラ）が持つフレッシュさとスパイシーさの微妙なバランスをみごとに再現している。愛すべき逸品だ。=LT

ローズゴルデア
▷ ***Rose Goldea*** **ブルガリ** ★★★ スムーズなローズ
最近やたらと目立つローズ系香水の、より高級でスムーズな、そしてややダークなバージョン。とくに感動はしないが、よくできていて、ドライダウンには懐かしい1980年代（たとえばエスティ ローダーの「プレジャーズ」のような）が香る。=LT

ローズイシュタル
▷ ***Rose Ishtar*** **ラニア J.** ★ ウッディ ローズ
そこそこ悪くないローズに怪獣みたいなウッディ アンバーを混合するとは。歯医者の超音波洗浄の香水版。ちなみに「イシュタル」は古代メソポタミアの神話に登場する女神の名。=LT

ローズラバンド
▷ ***Rose Lavande*** **フラゴナール** ★★ グリーン ローズ
軽くて、安っぽい香りのグリーン フローラル。価値なし。=LT

ローズロランジュ
▷ ***Rose l'Orange*** **エイプリル アロマティクス** ★★ ローズ ネロリ
バラとオレンジの花のアコードだが、余計な香りをやたらと感じてしまう。=LT

ローズノワール
▷ ***Rose Noir*** **バレード** ★★★ ローズ グレープフルーツ
この「ノワール」という語は最近の香水業界で意味もなく濫用されている。「エクストリーム」や「インテンス」もそうだが、いずれも無意味だ。しかしこの香水は私の好む明瞭なウッディ ローズをグレープフルーツとバイオレット イオノンのアコードで実現している。トップノートは衝撃的かつドラマチックだが、その後は落ちついて、ドライダウンはごく平凡な1970年代風のウッディ グリーン。=LT

ローズオブノーマンズランド
▷ ***Rose of No Man's Land*** **バレード** ★★★ ペッパー ローズ
ベルトラン デュシュフールの秀作「パエストゥム ローズ」（2006）の直系と言ってよく、やはり「シナン」のダマスコン ローズのバリエーションだ。魅力的だが、いささか退屈。=LT

ローズオメイヤード
▷ ***Rose Omeyyade*** **アトリエ デ オール** ★★ フルーティ ローズ
幾度となく繰り返されているアグレッシブな酸っぱいウッディ ローズ。それ以外は何も香らない。=LT

ローズウード
▷ ***Rose Oud*** **キリアン** ★★★ スパイシー ローズ
キリアンのアラビアンナイト（千夜一夜物語）シリーズの一つ。ドーハの空港で乗り継ぎの3時間をビジネスクラスのラウンジで過ごし、上等なワインを楽しめば満足という人たち向けの香水。カリス ベッカーの才能の無駄づかいだ。ちなみにウードはほとんど感じない。=LT

ローズプロフォン
▷ ***Rose Profond*** **アリソン オルドイーニ** ★★★ パウダリー ローズ
悪くはないが、「深みのあるバラ」という名前のわりに退屈で甘ったるいパウダリーローズ。=LT

ローズロワイヤル
▷ ***Rose Royale*** **ニコライ** ★★★★ 石鹸様ローズ
香水の世界では花々の女王たるバラに関する文献が毎年のように量産されていて、そのほとんどはバラをロマンスや気高さと結びつけている。でも、一輪のバラの花をそのまま嗅いでごらんなさい。たぶん感動はしない。平坦で奥行きもなく、かすかなフェニルエチルアルコールが香り、ちょっぴりフルーティな幻想に包まれるだけ。それがパトリシア ド ニコライの手にかかると、石鹸みたいなアルデヒドの完璧なホワイト フローラルになり、そこへほのかにレモンとラズベリーが香る。一輪のバラの花についての私の評価に美辞麗句を並べて反論される皆さまには、この香水は向きません。=TS

ローズトロカデーロ
▷ ***Rose Trocadéro*** **ル ジャルダン ルトゥルベ** ★★★★ ローズ ムスク
バラの一輪挿しに酔いしれたことは一度もないが、この香水は実によい。純粋に、こういう香りが似合いそうな人というのが、上等なベルベットの部屋着でくつろぐルーマニアの貴族アントン ビベスコ（1878-1951）ぐらいしか思いつかないからだ。言葉の本来の意味でダンディと呼べる人に捧げる香水だ。=LT

ローズバーバランザ
▷ ***Roses Berberanza*** **ランコム** ★★★ ソルティ ローズ
ローズ系の香水にサプライズはめったにないから、あればそれだけで貴重。この香水の不思議なアコードは、ひとつ間違えば不快な駄作に堕しかねないグリーンとソルティ、そしてナッツ（ランコムによればピスタチオだとか）の組み合わせ。それでも調香師ジュリアン ラスキネの手にかかると、ローズでもナッツでもなく、いい意味でケミカルな深い香りになる。たとえて言えばセロファンテープのかすかに甘い香りを強くした感じ。むき出しのウッディ アンバーとケミカルなドライダウンのせいで★を一つ減らしたけれど、こっそり悪いことをするときの快感みたいなむずむず感がたまらなくて、個人的にはお薦め。=TS

▷ ***Roses de Chloé***（ローズドクロエ）　**クロエ**　★　酸っぱいローズ
貧乏くさい駄作で、数ある貧乏くさい駄作の一つという以上の何ものでもない。もっと頑張るべき。=LT

▷ ***Rosenlust***（ローゼンラスト）　**エイプリル アロマティクス**　★★★　ローズ アンブレット
ローズオイルと精油のミックスだという作り手側の主張を疑う根拠はないが、私の鼻は強烈なラベンダーのトップノートとローズっぽいハートノートを感じた。いずれにしても心地よくフレッシュで、よくまとまっている。もう少し頑張ればダンディな男性用香水の傑作になれただろう。=LT

▷ ***Rosso Epicureo***（ロッソエピキュレオ）　**ジャック ファット**　★★★　カシス チュベローズ
ルカ マッフェイと相棒のブランデューサ パウレスクは2017年の新作香水発表会で一挙に12点を披露した。相当に頑張った証拠だ。この作品も構成が素晴らしく、発泡感のあるカシス（マッフェイに言わせるとカクテルのキールロワイヤル）がトップで香り、その後にリッチで透明感のあるチュベローズが続く。後者は信頼できる香料会社ＬＭＲから調達したらしい。ドライダウンに意外性はないが、優雅に消えていく最後にアンバー ムスクが香る。みごとな香水であり、あっぱれなチュベローズだ。=LT

▷ ***R'Oud Elements***（ルードエレメンツ）　**ケロシン**　★★★★　ラベンダー ウード
ジョン ペグはウッディ スパイシーの扱いにかけては天才肌の技術を持っている。この作品はラベンダーとベルガモット、サンダルウッド、バニラのアコードとされるが、私の嗅覚はローズマリーとリッチで神秘的なアンバー グリス（これは「キャンフィールド シダー」にもあった）を感じ取った。いずれにせよ優雅でハスキーな、

ビンテージ物のゲランの香水を思わせる逸品だ。=LT

▷ ローズセラビ *Rrose Sélavy*　マリア カンディダ ジャンティエ　★★★★　ローズ讃歌

「ローズ セラビ」は20世紀美術の巨匠マルセル デュシャンが女性のペルソナをまとう際に使った名前。複雑な意味が込められているようだが、"Sélavy" は "c'est la vie"（それが人生さ）であり、皮肉をこめて「人生バラ色」と称したのだろう。いずれにせよ、メーカーの付した香料リストは、さながらダダイズムのポエムだ。Rose petals（ローズの花びら）、Turkish rose（トルコのローズ）、May rose（5月のローズ）、Rose accord（ローズのアコード）、Michelle rose（ミシェルのローズ）、Rose stems（ローズの柄）、Rose leaves（ローズの葉）。ローズは扱いにくい。上記の香料のどれも、バラの香りなどしない。つまり世にローズの香りとされるものはどれも、誰かが思い描いた理想のバラの香りを創造力で再構築したものだ。そうであれば、問題は何をもって理想とするか。機会があれば6月にロンドンのリージェント パークにあるバラ園を訪ねてみるといい。そしてミツバチの邪魔をしないように気をつけてバラの花を嗅いでみれば、いかにその香りが複雑かを理解できる。上品なもの、石鹸っぽいもの、草っぽいものもあれば、最高に官能的なオリエンタルもあればクローブの香るスイートなのもある。「ローズ セラビ」について言えば、これは肌につけるとグリーン ペッパー系の素晴らしいローズが香り立つ。全体の構成もいいし、ドライダウンに大量のムスクを使うという陳腐な真似をせず、ウッディスパイシーな方向に導いている。こんなに素敵なローズの香水は記憶にない。さて、誰に似合うだろうか。バーバラ カートランドの名がすぐに浮かんだが、考えてみると男性、それも地中海のリゾート地クレタ島で優雅に過ごす盗賊の頭領みたいなタイプに合うかもしれない。=LT

▷ リュー *Rûh*　ペクジ　★★★★　コーヒー ローズ

トルコにオメル イペクチという腕利きの調香師がいると教えてくれたのはラッキーセントのフランコ ライトだった。アラビア語で「魂」を意味するこの香水はローズとコーヒー、そしてカルダモンのアコードが美しく、それぞれがもつ三つのフレッシュ感（みずみずしいバラの花、淹れたてのコーヒー、口内に広がる清涼感）をみごとに融合させている。実にシンプルで愛らしく、人を楽しい気分にさせてくれる。残念なのは、どうもオード トワレのように感じられること。この構成でこの値段なら、もっと濃度を上げてほしい。=LT

ラッシャンムスク
▷ ***Russian Musk*** **アリージュ ル ドレ** ★★ シプレ ムスク
濃厚で心地よいが、時代遅れのアニマリック シプレ。=LT

ラッシャンウード
▷ ***Russian Oud*** **アリージュ ル ドレ** ★★★ ウード ココア
堂々たるアニマリックなウードに、ココアの粉をふりかけてある。悪くない。=LT

ライダー
▷ ***Ryder*** **エクス イドロ** ★★ アンバー フローラル
濃厚でダークだが何の面白みもないアンバー オリエンタル。これくらいならアラブ諸国のスーク（市場）でいくらでも手に入る。=LT

エスアンドエックスランキン
▷ ***S&X Rankin*** **ザ パフューマーズ ストーリー バイ アッツィ** ★★ ウッディ フローラル
模倣品。つまらないウッディ フローラル。=LT

サフランアンバー
▷ ***Saffron Amber*** **ヴィルヘルム パフューム** ★★ サフラン アンバー
香水にサフランのノートを使うのは難しい。スパイシーな香りにオイリーな感じが混入しやすく、そうなると思わずたじろいでしまう。この商品では、明瞭なサフランの香りがアンバーとウッディ アンバーの落ち着いたアコードに乗っかっている。悪くはないが、まだ完成品とは言えない。=LT

サハリエンヌ
▷ ***Saharienne*** **サン ローラン** ★★ シトラス ネロリ
ありふれたオーデコロンなのに、５倍の値段で売られている。=LT

セントジューレプ
▷ ***Saint Julep*** **イマジナリー オーサーズ** ★★★ ブラックカラント シトラス
ブラックカラント系の香水の先駆者「ミュール エ ムスク」（ラルチザン パフューム）や「オンブル ダン ロー」（ディプティック）に連なる作品で、泡立つようなシトラスのアコードが特徴。まるで清涼飲料の「スプライト」みたい。キュートだけれど、偉大な先達には遠く及ばない。=TS

サクラ
▷ ***Sakura*** **サトリ** ★★★★ フルーティ ミント
資生堂の「エバー ブルーム」のようなカワイイ系の桜の香りだろうと思っていたが、大違い。調香師の大沢さとりを侮るなかれ。この作品ではなめらかなフローラルを背景に、ミントとみずみずしいサクランボの美しくも透明感のあるアコードを実現している。ごてごてしたフルーティ フローラルばかり作っているヨーロッパの調香師たちはこの香水に学び、よく反省すべきだ。=LT

▷ **Salina**（サリーナ） **ラボラトリオ オルファティーボ** ★★★ マリン シトラス
私は必ずしもマリンノートが好きではない。どうしてもホテルのアメニティとして置いてある石鹸を思い出してしまうからだ。しかし正直に言おう、これまでに泊まったことのあるホテルの洗面台で、こんな良質な匂いを嗅いだことはない。=LT

▷ **Salome**（サロメ） **パピヨン** ★★★★ 雄大なオリエンタル
一口にニッチ（隙間ねらい）な香水ブランドと言っても、その実態はさまざまだ。たとえば大手企業の手がける自称「エクスクルーシブ（格別）」な製品ラインがある（私の思うに、こういうのは人気調香師を高給で囲い込み、世に出す価値もない新製品をせっせと作らせることを目的としている）。次には小規模ながらも野心は大きいブランド群がある。この場合は（フレデリック マルやル ラボ、アヴェダなどのように）エスティ ローダーとかの大手に買収してもらうことがゴールとなる。そしてもちろん、真のアルティザン（職人）がいる。独立独歩で、技術的なサポートもほとんどなく、手の届く素材や香料も限られていて、なかには専門的な教育を受けていない人もいる。しかし、それでも多くのハンデを乗り越えて成功するブランドがある。これが香水業界の面白いところだ。いい例がこの「サロメ」だが、トップノートではシベットとムスクが炸裂するのでご用心。初めてこれを嗅いだときは、「コストを惜しまずにゴジラ級のアニマリック オリエンタルを作ってくれ」という注文を受けた大手メーカーの香料かと思い込み、仲間うちのコメントでは冗談めかして、この調香師は動物園に入り浸ってキリンに抱きついたに違いないと書いてしまった。しかしその後、このブランドのオーナーであるリズ ムーアズに会って話を聞いたら、経営面は夫が見ているが、香りの調合は自分ひとりで、それも自宅でやっているとか。乗馬を愛する彼女は、どうやら馬の汗が染み込んだ鞍の匂いからインスピレーションを得たらしい。これだけでも及第点だが、「サロメ」はそれだけで終わらない。強烈なトップノートが消えた後には素晴らしいフローラル オリエンタルが香る。これがまた濃厚なのにフレッシュ感がある。よく考えられた香水で、新たな天才調香師誕生の予感がする。=LT

サンパキッタジャスミン
▷ ***Sampaquita Jasmine*** **40ノーツ** ★★ ジャスミン ムスク

乱暴でシンプルな香油。スーザン D オーエンスの「チャイルド」によく似ていて、ものすごく強烈で石鹸みたいなホワイト フローラルに、これまた強烈なムスクを重ねている。=TS

サンダルウッドサクレ
▷ ***Sandalwood Sacré*** **ル ジャルダン ルトゥルベ** ★★ ウッディ フローラル

今や本物のサンダルウッドはほとんど手に入らず、それらしい天然香料と合成香料の組み合わせで代用しているのが現実なのに、それでも「聖なるサンダルウッド」のジャルダン（庭）を名乗るとは実に大胆。ウッディ フローラルは心地よいが取るに足らない。=LT

サンタルバスマティ
▷ ***Santal-Basmati*** **アフィネッセンス** ★ ウッディ バスマティ

このブランドのホームページには「サンダルウッドの品質には幅がありますが、最も上質で最も稀少なのはマイソール産の精油。私たちはそのセクシーで官能的でミルキーなノートに、イネ科では最も香り高いバスマティを合わせました」とある。しかし私の鼻は極上のマイソール産サンダルウッドを検知しなかった。そもそも、あれは今や実質的に入手不能なのだ。そしてバスマティの正体は２－アセチルピロール、１キロ200ドルくらいで買える合成香料だ。しかも調合が悪いので匂いがひどい。それで100mlあたりのお値段は335ユーロ。=LT

サンタルブラッシュ
▷ ***Santal Blush*** **トム フォード** ★★★ ニンジン シナモン

非常に独創的な香りで、好き嫌いは分かれるだろう。トップノートはクミンを含むアコードなので、やはり一部の人には敬遠されそうだ。しかし個人的には好きだ。常に独創性あふれるヤン ヴァスニエの考案したこのアコードは印象的で記憶に残る。ほとんどプラスチックのような感じもあり、人工的だがケミカルではない。よい仕事だ。=LT

サンタルカルダモン
▷ ***Santal Cardamome*** **フラゴナール** ★★ フルーティ グルマン

取るに足らないチェリー味の綿菓子。=LT

サンタルロワイヤル
▷ ***Santal Royal*** **ゲラン** ★ サンダルウッドにあらず

ユニセックスな香りだが、調香師のティエリー ワッサーはダビドフの元祖「クールウォーター」と情けない自称ウード（ウードをよく知るアラブ市場に欧米ブランドが売り込もうとしている安物）を同量ずつ混ぜ合わせたらしい。結果は、まるでカビの生えた砂糖菓子。サンダルウッドはどこにあるのか。私の鼻が感じたのは、本物のサンダルウッドが手に入りにくい今、世の化学者たちが少しでも本物に近づこうと努力して作り出した合成化学物質のかすかな香りのみ。せめてもの救いはドライダウンで、心地よいモノクロームのくすんだ感じだ。これがゲランの香水とは思いたくない。忘れてあげよう。=LT

サンタラムスライバーズ
▷ ***Santalum Slivers*** **ケロシン** ★★★★ シトラス サンダルウッド

最初、なぜか私はこの香水のサンダルウッドに気づかず、てっきりベチバーだと思い込んでいた。それでTSに間違いを指摘された。それでも私の鼻が感じるのは、心地よくて華やかで、フレッシュで安らぎのあるベチバー シトラスだ。とくに目新しい構成ではないが、高品質の香料がもたらす極上の喜びを与えてくれる。=LT

サントインシエンソ
▷ ***Santo Incienso*** **ザ ディファレント カンパニー** ★★★ シトラス インセンス

インセンスとベチバーには共通点が一つある。本物のもつダスティな要素はどんな精油や化学物質でも再現できないという点だ。今はインセンス系の香水が大ブームだが、香木パロサントの精油を含むというこの香水は上出来。パロサントがシトラスとインセンスのノートをうまくつないでいる。=LT

サトリ
▷ ***Satori*** **サトリ** ★★★★ ウッディ オリエンタル

実に複雑にして静謐、そしてかげりのあるウッディ スパイシーのアコードがみごと。意志が強くて寡黙な人向けの香水。=LT

ソバージュオードパルファム
▷ ***Sauvage eau de parfum*** **ディオール** ★★ アロマティック フゼア

この四半世紀を茫漠と暮らし、嗅覚が仮死状態にある人なら、この香水をつけても平気だろう。ダビドフの元祖「クール ウォーター」（1988）をコピーしようと試みて大失敗に終わってきた数ある香水の系列に属する駄作。=LT

ソバージュオードトワレ
▷ ***Sauvage eau de toilette*** **ディオール** ★★★ シトラス フルーティ

オード パルファムと違って、こちらは安心して使えるオード トワレ。抑えめで、清潔感とさわやかさがあり、男もせっせと身づくろいすべしなんて主張に耳を貸さな

い風情がいい。最近の男性用香水と違って、これなら電車で乗り合わせても隣の車輌へ逃げ出さないで済む。=TS

サベージガーデン
▷ ***Savage Garden*** **ソーン & ブルーム** ★★ イランイラン チュベローズ
これは香水なのか? =LT

スキャンダルプールファム
▷ ***Scandal pour Femme*** **ロジャ ダブ** ★★ ホワイト フローラル
あってもいいが、退屈なホワイト フローラル。=LT

スキャンダルプールオム
▷ ***Scandal pour Homme*** **ロジャ ダブ** ★★ シトラス フゼア
ありきたりなアロマ系フゼア。=LT

セントオブオーロラ
▷ ***Scent of Aurora*** **ノラ ノーランド** ★ フルーツ タバコ
不器量で甘ったるい、クマリンとブラックカラントの組み合わせ。=LT

シーフォーム
▷ ***Sea Foam*** **アンナ ズウォリキナ** ★★★ ココナッツ チュベローズ
ホワイト フローラルの香る日焼け用オイル。少々オイリー。=TS

セカンドスキン
▷ ***Second Skin*** **アンナ ズウォリキナ** ★★★ チョコレート レザー
天然もの100%の香水もずいぶん嗅いできたけれど、アンナ ズウォリキナとの出会いは衝撃だった。聞くところによれば、彼女はロシアで、自分の手で、昔ながらの製法でオール天然の香水を作っている。この「セカンド スキン」はアニマリック レザー オリエンタルのアコード。つまり今どきのレザー系香水があえて挑戦しない組み合わせで、どんな感じかというと、ちょっと照明を落としたいい感じのスペースに手製の革ベルトや濃いキャラメル色のバッグをずらりと並べ、その奥に工房があるような小さい店の匂い。背景にはささやくようなフローラル オリエンタルを使っていて、これを紙につけると紛れもないミルクチョコレートの香りになるから不思議。食べられない革とおいしそうなチョコレートの意外な組み合わせが素敵だ。ありきたりのオリエンタルも悪くはないけど、彼女には今のスタンスを貫いてほしい。=TS

シーバイクロエ
▷ ***SeeByChloé*** **クロエ** ★★★ セピア色のピーチ
齢を重ね、気がつけば筆者も今や中年の後半。おかげで珍しい物事も一度や二度は見てきたから、また見たくらいでは驚きもしない。しかし今回ばかりは喜んだ。最初に見たとき好きになったものが復活したからだ。この「シーバイクロエ」（もう少しマシな名前をつけてほしい）は、おそらく意図的ではないだろうが、1993年にベルナール エレナがベネトンのために作ったが短命に終わった「トリビュ」にそっくりだ。その考え方はこうだ。まず色鮮やかなフルーツサラダを作り、その色を（フォトショップでやるように）どんどん薄くして区別がつかないようにし、セピア色のピーチみたいなメロンにマンダリンオレンジのスモーキー感が残る程度まで持っていく。この組み合わせ自体も面白いが、みごとなアコードにまとめた技量が光る。往年の「シーケー ワン」（カルバン クライン）に似て、本当は重厚感があるのに軽くて透明な感じを装っている。男性諸君はシャネルの「アリュール オム」やダビドフの「クール ウォーター」の代わりに使うといい。=LT

▷ ***Seine Amoureuse***（セーヌアムルーズ） **ジャン-ミッシェル デュリエ** ★★★★ アイリス クミン

私のクミンの感じ方は、どうやらたいていの人と違うらしい。汗くさくてアニマリックという、よく言われる匂いを感じないのだ。私にとってのクミンは油っぽいスパイスで、言ってみればプラスチックが香る。そしてこの作品では、重厚なクミンと無重力のロマンチックな（そして絶品の）アイリスの組み合わせが成功している。斬新で、素晴らしい。=LT

▷ ***Sekushi***（セクシー） **レンリン** ★★★ フルーツ レザー

調香師マーク フォム エンデは、陳腐になるのは時間の問題と思われるお馴染みの構造に知的で意外なひねりを利かせる術を心得ている。今回はお馴染みのフルーチュリ（フルーツ+パチュリ）をレザー アプリコットに加えることでキンモクセイのような香りを引き出し、ハートノートを満たしてみせた。ミドルノートは落ち着いたアコード。非常に賢い仕事だ。=LT

▷ ***Selfie***（セルフィー） **オルファクティブ スタジオ** ★★ ウッディ シプレ

名香「ジバンシィⅢ」のクラシックなウッディ シプレを真似たつもりだろうが、あいにく安っぽい香りになっている。=LT

▷ ***Selperniku***（セルパニーク） **ジャニュアリー セント プロジェクト** ★★ メタリック ミルク

かつてエタ リーブル ドランジュの「セクレシオン マニフィーク」（2006）を褒めち

ぎったことが、今も悔やまれる。同じ過ちは二度と繰り返すまい。この香水はホットミルクを思わせるブティリック（腐ったバター）のノートに、奇怪で汚水のようなニトリルを混ぜた感じだ。これを嗅いで思い出したのは、フランスの海鮮レストランにあるホヤの料理。親切なウエイターが「これは注文なさらぬほうが……」と忠告してくれるあれだ。=LT

▷ ***Seminalis***（セミナリス） **オルト パリージ** ★★ アンバー オリエンタル
幸か不幸か、製品名（精子、精液の意）と香りには何の関係もない。退屈でありきたりのオリエンタル。=LT

▷ ***Sensemilla***（センセミーラ） **ラ ヴィア デル プロフーモ** ★★★★ ラベンダーのホログラム
独学で香水づくりを学んだ職人ドミニク デュブラナ。彼の類まれな才能への私の敬服は世間の知るところだ。実際に会ったことはないものの、数年にわたり何かにつけてやりとりを続けている仲であり、むろん、彼の作品のレビューも書いている。数日前に彼から電子メールで、「面白い」香水ができたから試してほしいと連絡があった。サンプルが届き、肌にスプレーして、心の底から驚いた。ゼラニウムリーフとガルバナムの中間ぐらいのグリーン系ペッパーがトップノートで印象的に立ち上がり、やがてなめらかで美しいラベンダーへと変化していく。楽しさを台なしにする甘ったるさは一切なし。しかもタイミングが絶妙だった。私のこよなく愛する「カルデイ アイランド ラベンダー」の処方が変わり、見る影もなくなっていたのだ。私はさっそく、この素晴らしいグリーン ラベンダーの誕生を祝福する返信をした。すると奇妙なことがわかった。彼は今回、ラベンダーをまったく使っておらず、調合したのはヘンプ抽出物とココア、ネロリ、チュベローズ、スイセン、そしてシダーだという。それで私は、ゲランが「ナエマ」で成し遂げた快挙（バラを使わずにバラの香りを再現）に匹敵するねと返信した。するとデュブラナは、これを調合したときはひどい鼻づまりで、まったく鼻が利かなかったと書いてきた。そうだとすれば、これまた1946年に嗅覚喪失状態で「マ グリフ」を調合したジャン カール以来の快挙。デュブラナによれば、彼はこの処方を思いついたとき、すぐにメモしておいたのだとか。実にみごと。今後はこれが、私にとって「ラベンダーの香り」の基準となる。あらゆる点で奇跡に近い香水だ。=LT

▷ ***Sensuous Noir***（センシャスノワール） **エスティ ローダー** ★★ ローズのシロップ
素晴らしい香水になる一歩手前だった。ハートノートは極上のウッディ ローズなのに、高カロリーのシロップを加えすぎて台なしに。シロップを入れる前のバージョンが欲しい。=LT

▷ ***Sensuous Nude***（センシャスヌード） **エスティ ローダー** ★★ プラリネ ウッド
甘ったるいタフィーとサンダルウッドとココナッツにまみれたオリエンタル系はもうたくさん。あまりに合成香料感が強すぎて食欲減退、砂糖が多すぎて白濁、強烈すぎて気づかないふりもできない。役立たず。=TS

▷ ***Sequoia Wood***（セコイアウッド） **ザ パフューマーズ ストーリー バイ アッツィ** ★★ ウッディ フローラル
つまらないウッディ フローラル。=LT

▷ ***Sex and the Sea***（セックスアンドザシー） **フランチェスカ ビアンキ** ★★ ミルキー マリン
セックスと海の組み合わせは迷惑な砂を連想させる。それはさておき、この香水はまったく無意味。平板なココナッツとメタリックなニトリルのアコードも覇気がない。=LT

▷ ***Sexy Ruby***（セクシールビー） **マイケル コース** ★ 腋の下に香るローズ
バラの香りと称する安物の消臭スプレーに、顔をしかめたくなる不快な獣臭を混ぜたもの。もしかしたら「女はどんな香水でもつけたがる生き物」だと教わった人が作ったのかもしれないけれど、あいにく女の体臭はこれよりずっといい。=TS

▷ ***Shaded***（シェーデッド） **ダイアン ペルネ** ★ ムスキー ムスク
複数の強烈なムスクと何らかの洗剤、何らかのアニマリックに微量のインセンスを混ぜただけ。不快。=LT

▷ ***Sharif***（シャリフ） **ラ ヴィア デル プロフーモ** ★★★ アンバー トンカ
トンカビーンズを発酵させると、結晶化した高純度のクマリンができる。つまり、トンカビーンズは天然の素材でありながら、一手間かければ合成品なみのピュアな香料が取れる。この手軽に作れる安価なクマリンを初めて香水に使ったのが、伝説の「フジェール ロワイヤル」（1882）だ。当時アメリカのパン屋は、店先や店内の床にあの甘い香りの香水を撒き散らしたと聞く。焼きたてビスケットの匂いを客の靴底につけて家まで持ち帰ってもらおうという算段だ。実際、その匂いは複雑微妙で、食欲をそそるか否かの境界線をさまよう。だからこそ、ゲランの名作以来、幾多の名だたる香水がそのギリギリの線をねらってきた。この「シャリフ」も、フランス語で言えばクマリンを巧みにアビラージュ（ドレスアップ）した感じ。ただし「フジェール ロワイヤル」と違ってラベンダーを使わず、レザーとアンバーのタッチを加えることでトンカの豆っぽさを消し、しかしクマリンの複雑微妙なメッセージは損なわないようにしている。=LT

▷ ***Sheiduna***（シェイドゥナ） **ピュア ディスタンス** ★★ フローラル オリエンタル

典型的な現代風オリエンタル。フローラル スパイシーのバランスはいいが、背景にあるウッディ アンバーが強すぎる。=LT

▷ ***Shem-el-Nessim***（シェムエルネシム） **グロスミス** ★★★★ ネロリ ローズ

本物の香水ファンなら、由緒ある香水ブランドの復活と聞いても単純に喜んだりはしない。そもそも、本当にあったブランドかどうか定かでない場合もある。いろんな会社に何度も買収され、昔の面影を残していないブランドもある（たとえばウビガン）。もちろん真剣に努力しているブランドもあるが、製造を担当する会社に軽く見られ、粗悪品を押しつけられたりもする。だからこそグロスミスの復活には拍手を贈りたい。これは本物だ。このブランドは1835年の創業で、初代のころは繁盛していた。そして復活させたのは創業家の末裔。しかも20世紀初頭の名品3点の復刻版を出してきた。「シェム－エル－ネシム」（アラビア語で「そよ風の香り」、春の祭りの名だ）もその一つ。これはフランソワ コティの傑作「ロリガン」（1905）の成功に触発された創業者が、必死になってコピーし、早くも翌年に発売したもの（現在の経営陣がこうした経緯を隠そうとしない点にも好感が持てる）。元祖「ロリガン」が舞台を去ってから久しく、今のコティは偉大な遺産に目を向けず、マイナーセレブの名を冠した安物で稼ぐのに忙しい。そうであれば、グロスミスの偉大な模倣品（の復刻版）こそ今の大本命。香りだけでなく、ボトルやパッケージも手抜きをせずに仕上げている。あっぱれ。=LT

▷ シャイニーアンバー
Shiny Amber アンナ ズウォリキナ ★★★ オレンジ アンバー
キュートなフローラル オリエンタルに甘いオレンジを加えている。シンプルだけど、いい感じ。=TS

▷ シ
Sì アルマーニ ★★★★ パウダリー フルーティ
今はひどい時代で、有名どころの香水でも紙につけて最初の1時間ほどまともに香ってくれれば満足しなければいけない。しかし、この「シ」（フランス語の oui や英語の yes に相当するイタリア語）は感動もので、最初から最後までしっかり香る。フルーティ シプレとされているが、さわやかさと温かさを合わせもつ香りで、フランス人の愛する小さなタルトレット（スポンジ生地をバニラの香るカスタードクリームで包み、フレッシュなイチゴを乗せてジャムでコーティング）を思わせる。香水界の偉大なパティシエだったジャック ゲランが好きそうな作品で、出会ったばかりの二つの要素がすっかり馴染んでいる。クリスティーヌ ナジェルとジュリー マッセがその芸術的な手腕で生み出したのは、タバコとウッディのノートがささやくような会話を楽しむバックグラウンド。そして時が経つと、これらの内なる声がだんだんと大きくなり、最後には今どき珍しい複雑微妙なドライダウンが待っている。脱帽だ。=LT

▷ サイベリアンファー
Siberian Fir エボカティブ ★★ 松の針葉
常緑樹にありがちな、猫のおしっこのアロマ。プラスチック製のクリスマスツリーにスプレーすると本物感が出るかも。こんな香りを好む人がいるとは思えないけれど、もしも（本当にもしも）いたら、ディオールの「ジュール」も試してみて。=TS

▷ サイベリアンムスク
Siberian Musk アリージュ ル ドレ ★★★ ムスクのブーケ
オーケストラを聴きに行くと、最上のパートは本番の演奏が始まる前に聞こえてきたりする。席に着いて一息つき、楽器をチューニングする音やホーンの試し吹き、コントラバスのピッチカートの練習音などに耳を傾ける。街の喧騒や話し声を、そして家庭の生活音も忘れて、音響効果抜群の広いスペースで極上のアコースティックなサウンドに身を浸すのは得も言われぬ快楽だ。この香水は、それに似ている。調香師はラッシャン アダムと名乗るタイの人で、良質な素材をざっくりと混ぜた感じだ。「合法的に入手した少量のシベリアン ムスク」と「エキゾチックなフルーツとシトラスから蒸留したヒドロゾル」を薄めて混ぜたと書いてある。私には信じがたいが、全体の仕上がりはよく、不協和音のようでありつつも楽しい。古きよき時代の香水の音色であり、エキゾチックな嗅覚の銅鑼が高らかに鳴り響く。やがて霧が晴れて現れるドライダウンも素晴らしい。風変わりだが素敵だ。=LT

シルクイリス
▷ **Silk Iris**　**サトリ**　★★★★　ウッディ バイオレット

キャロンの「ビオレット プレシューズ」からかけ離れているわけではない（ただトップのシトラスは弱め）が、2006年の改訂版よりはずっといい。非常に良い出来。=LT

シルキーウェイ
▷ **Silky Way**　**パルチザン パルファム**　★★★　ウッディ スパイシー

とくに記憶に残るというほどではないが、全体的に楽しい。フレッシュでスパイシーで男性的な香水。=LT

ルシジャージブラン
▷ **Le Sillage Blanc**　**ダスティア**　★★★　フローラル レザー

ビターなケミカル感のあるレザーノート。ふつうは「キュイール ドゥ ルシー」や「クニーシェ テン」のようにアンバーの甘さで和らげるものだけれど、これはジェルメーヌ セリエの「バンディ」や「ジョリ マダム」といった、あえてビターなグリーン系レザーをお手本にした様子。品質へのこだわりが生きている。=TS

シリーラブ
▷ **Silly Love**　**パルチザン パルファム**　★★★★　アルデヒド レザー

名門ラレーやシャネルで活躍したエルネスト ボーは、自分が感じた雪の香りを再現するためにアルデヒドを使ったと言われる。何かまばゆい感じなのだろうという以外は私の理解を超えていたのだが、この「シリー ラブ」で考えが変わった。これは素敵に形容しがたい香りで、レザーとシトラス、そしてアルデヒドが入れ替わりに立ち上がる。こんなのは初めてだ。ここで感じられるのは、匂いというより、灼けるような体内感覚。凜とした冬の並木道で凍った空気を胸いっぱいに吸い込んだときの感じだ。秀逸。=LT

シルバーニードルティー
▷ **Silver Needle Tea**　**ジョー マローン**　★★　ローズ ベルガモット

ジョー マローンの「ティー」シリーズだが、例によって途中で投げ出したような作品。ローズとシトラスのアコードとしては悪くないが、未完成。250ドルの価値があるとは思えない。=LT

▷ ***Sketch***（スケッチ）　**メゾン ビオレ**　★★★　パチュリ アンバー

セルジュ ルタンスの「ボルネオ 1834」（2005）がもつチョコレートとパチュリのくすんだ温かみと、ジバンシィの「オーガンザ」（1996）がもつグリーン バニリックのアコードの中間に位置する香り。十分に印象的だが、チェリー系リキュールのノートを加えてドライダウンまで続くようにすれば最高だろう。=LT

▷ ***Skive***（スカイブ）　**カヌー**　★★★★　スモーキー レザー

長年にわたる香水レビューの努力が報われたのだろう、しばらく前に嗅覚芸術賞（www.artandolfactionawards.com）の審査員を仰せつかった。私の知るかぎりでは世界で唯一の真に中立的な香水コンテストだ。事務局からは、番号を振っただけで作者不明の香水サンプルがどっさり送られてきた。いちおう調香者の意図を説明した1枚の紙切れ（もちろん名前はなし）がついているが、まず役には立たない。しかし、そのうちの1枚に私の目と鼻が反応した。作者の意図は「自分の親友で紅茶を愛する革職人の工房の空気を捉らえる」ことだという。嗅いでみると、素晴らしくビターでスモーキーで芳醇、温かみがあってドライ。ああこの人に会いたい、親しくなりたいと思わせる魅力があった。やがて受賞作が発表されたとき、私はそれが「スカイブ」という香水だと知った。商品名は皮革を薄く剥ぐ作業の意。私はスモーキーな香りに火の浄化作用を感じてしまうので敬遠しがちなのだが、これは違っていた。飾らず、カジュアルで、使い込まれた道具のように馴染み、どんな既存の香水にも似ていない。ブランドのホームページには「ムスキー アンバー」と書いてあるが、そんな単純なものではない。ここにはインセンスを分解蒸留して得られるチョーヤ ローバンと呼ばれる珍しい物質が含まれている。超のつく秀作。=LT

▷ ***Skrik***（スクリク）　**レンリン**　★★★　甘いラベンダー

バニラとアンバーの香りに上等なラベンダーが加わると、私はうっとり酔いしれてしまう。キャロンの傑作「プール アン オム」がそうだった。この香水もその流れで、独創性はないが、悪くない。=LT

▷ ***Slow Explosions***（スローエクプロージョンズ）　**イマジナリー オーサーズ**　★★　ローズ パチュリ

ローズとパチュリのシプレ系という伝統に連なるけれど、こってりしたデザートみたいに甘すぎる。もう少し軽めで透明感があったら救われるのに。=TS

▷ *Sleep Knot*（スリープノット） 4160 チューズデイズ ★★ ラベンダー ベンゼン

粗削りで、へんてこな香り。何を目指したのか理解できない。=TS

▷ *Smeraldo*（スメラルド） シルヴェーヌ ドゥラクルト ★★ グリーン シトラス

こういう香りは山ほどある。グリコリエラルのような合成シトラス グリーン。=LT

▷ *Smoke for the Soul*（スモークフォーザソウル） キリアン ★★★ グレープフルーツ風味のユーカリ

良い点：少し短めのトップノートはグレープフルーツとユーカリで、少量を絶妙なバランスで組み合わせている。悪い点：その後は単なるカルダモンとカシュメランで、どこにでもいるサラリーマン風。=LT

▷ *Smoked Ambergris*（スモークトアンバーグリス） スメルベント ★★ アンブロクス スモーク

アンバー グリスをスモークしようと試みた失敗作。=LT

▷ *Smolderose*（スモルダローズ） ジャニュアリー セント プロジェクト ★★★ 汚いローズ

なんとも変わったトップノートだ。ほとんど変態的と言ってよく、今どきの売春宿では許してもらえない行為（ハイヒールに注いだシャンパンを飲ませてもらうとか）を想起させる。しかし、そこを通りすぎれば正直だけれどトゲのあるローズに落ちつき、背景にペッパーが香る。=LT

▷ *Smuggler's Soul*（スマグラーズソウル） ゴリラ パフューム ★★★★ スモーキー スイート

ゴリラ パフューム コレクションを展開するラッシュというブランドの香水は分類しにくい。ニッチと呼ぶほど的を絞り込んでいないが、主流と呼ぶには奇抜すぎる。それなりの票は集まるのに議席は獲得できない政党に似ている。聞くところによれば、ラッシュの調香師であるマークとサイモンのコンスタンティン親子は独学で香水を学んだ。大企業お抱えの調香学校に行かずとも成功できるという好例だ。その製品の多くは技術的に未熟と評されるだろうが、そこにこそ彼ら独特の美学がある。それは誰の真似でもない独創的な遊び心だ。キャッチーなネーミングやゴテゴテしたラベル、ばかげたボトルも楽しく、こういうことすべてがアンチ高級品の雰囲気を醸し出している（ただし値段は安くない）。この製品はスモーキーノートで始まり、そのままヒッピー系の香りになるかと思わせておいて、寡黙な樹脂系の香りに落ちつく。それはユーカリのようにもレモンのようにも感じる。そして30分ほどすると、ざらつき感と謎めいた洗練の感じられるアコードが現れて長く続く。口紅と花火を混ぜた匂いと言えばいいか。いたずら心と喜びをシンプルに味わえる逸品だ。素晴らしい。=LT

▷ ***Snob***（スノッブ）　**ル ガリオン**　★★　サフラン フローラル
この製品名を聞けば、1953年の元祖「スノッブ」の独特な香りを思い出す人もいるだろう。しかしこの2014年バージョンは、なぜか構成がまったく異なり、元祖のレベルに遠く及ばない。薄っぺらなアルコールだ。=LT

▷ ***The Soft Lawn***（ザソフトローン）　**イマジナリー オーサーズ**　★★　リンデン オークモス
トップのアコードはラブリーでやさしいノスタルジックな雰囲気で、フレッシュなのにくすんでもいる。このレトロ感、色彩を抑えてフェードアウトしていくウェス アンダーソン監督の映像に通じるものあり。でも残念ながら、その後はキュウリとバスジェルの香りになって消えていく。=TS

▷ ***Soft Tension***（ソフトテンション）　**アンドレア マーク**　★★　シトラス スパイシー
構成自体は悪くないが、洗髪に使うコンディショナー向け。50mlで98ユーロの香水にはふさわしくない。=LT

▷ ***Sogno d'Amore***（ソンニョダモーレ）　**レ プロフーモ**★★　オレンジ リリー
ありきたりのホワイト フラワーをオレンジとリリーの賢明なアコードで改善している。心地よく、それなりの品質。=LT

▷ ***Soir de Marrakech***（ソワールドマラケシュ）　**ベンシャーバン**　★★★　アンバー オリエンタル
アブデルアザール ベンシャーバンはモロッコ南部の古都マラケシュの調香師で、この「ソワール」は彼の代表作。クラシカルなアンバーには余分なものが含まれず、原料の質の高さと適量のバニラがあるだけ。素晴らしい仕事だ。=LT

▷ ***Sole di Positano***（ソレディポジターノ）　**トム フォード**　★★★　シトラス フローラル
心地よい香り。クラシックなシトラス フローラルのアコードは合格点だが、ややエッジが利きすぎている。=LT

▷ *Soleil Blanc*（ソレイユブラン）　トム フォード　★★★　フローラル オリエンタル
つまらない日焼けローション。わかりやすいのが取り柄。=LT

▷ *The Solid Earth*（ザソリッドアース）　ウォルデン　★★　ウッディ シトラス
天然香料だけで作った香水は、鼻にとってのグラノラバーのようなもの。あればうれしいし、貴重な原料を使っていて、ときにはログハウスで過ごすようなくつろぎ感を与えてくれるが、たいていは想像力が足りない。個々の素材が秘める高貴さと、それを調合した人の意図の間の深い谷に落ちてしまうからだ。手作りの品にはありがちなことだが、技術だけでは想像力の不足を補えない。この香水の場合はパチュリと鉛筆と削った木屑のアコードだが、せっかく書いた「香水」の文字の大半が消されてしまっている。=LT

▷ *Something Beautiful*（サムシングビューティフル）　カルト オブ セント　★★★　ネロリ トンカ
良質な原料で作られたシンプルなアコードは、さながらコンサート会場に置かれたグランドピアノが奏でる長三和音（メジャートライアド）。メロディーやコードがなくても、それだけでうっとりする。悪くない。=LT

▷ *Songe d'un Bois d'Eté*（ソンジュダンボワデテ）　ゲラン　★★★　ミルラ パチュリ
製品名は「真夏の森の夢」。シェークスピアの『真夏の夜の夢』をもじったのかもしれないが、要は老舗ゲランが最近のニッチなブランドの香水を模しただけ。悪くはないが説得力を欠く。面白いのは意外なトップノートだけで、その後はありふれたパチュリと樹脂系の匂いに急降下だ。=LT

▷ *Sonnet 18*（ソネット）　アネット ヌファー　★★★　リンデン ハニー
アネット ヌファーの香水の構図を読み解くのは（楽しいけれど）骨が折れる。初めはすごく満たされた気分になるが、後半は渦に飲み込まれ、何十年も人工的なものの正体を見極め続けて疲弊した私の嗅覚はすっかり当惑してしまう。これはなかなか面白いハーブ系のフローラルで、スイセンもチュベローズも含まれていないのに、その両方の豊かな香気がある。紙にスプレーして45分もすると、1949年の名作「ディオラマ」に似た華やかな香りが立つ。よくできている。=LT

▷ ***Sortilège***（ソルティレージュ）　**ル ガリオン**　★★★★　アニマリック フローラル

思春期の日々をパリで過ごし、店先のショーウィンドウにへばりついていた私だから、「魔法（sortilège）」が「ガリオン（古代ローマの奴隷たちが命がけで漕いだ大型船）」から生まれたくらいでは驚かない。新しい「ソルティレージュ」は1936年のオリジナル版をみごとに復元したもの。もとより昔の材料は手に入らないし、IFRAの監査の目が光っていたはずだから、調香師のトマス フォンテーヌは相当に苦労したはずだ。香りは華々しいアニマリック フローラルに一滴のフルーツを加えた感じ。外に待たせておいたタクシーでオペラ座に向かい、観劇の後で遅い食事を楽しむ晩につけていきたい香水だ。=LT

▷ ***South Bay***（サウスベイ）　**ザ ディファレント カンパニー**　★★　シトラス ウッディ

悲惨だったドルチェ&ガッバーナの「ライト ブルー」（2001）に連なる刺々しいシトラスに迫る辛辣さ。=LT

▷ ***Spacewood***（スペースウッド）　**ザ ズー**　★★　ワックス様マルメロ

私はクリストフ ロダミエルを尊敬しているので、万が一にも彼の香水に納得できなければ、自分が何かを見落としたか、自分の嗅覚が狂ったのだと思うことにしている。今回の「スペースウッド」は、フレッシュでワックス様のマルメロ（花梨）ゼリー。立派な処方を書こうとしていた彼のペンが途中で折れた感じだ。=LT

▷ ***Special for Gentlemen***（スペシャルフォージェントルメン）　**ル ガリオン**　★★★★　シトラス ラベンダー

フゼアが大人気だったころの古典的スタイルをみごとに、完璧なまでに復活させている。上品で、押しつけがましくない良質な香水をお探しなら、これが（紳士だけでなく淑女にも）いい。=LT

▷ ***Spring***（スプリング）　**ダーザイン**　★★★　ベチバー ローズ

少し貧弱だが、全体的には心地よいベチバーとローズのアコード。ラフさと繊細さのコントラストがわかりやすい。よく考えられていて、仕上げも巧みだ。=LT

▷ ***Spring Vetiver***（スプリングベチバー）　**40 ノーツ**　★★　グレープフルーツ フローラル

素敵なシャワージェルの匂い。気分がすっきりするし、値段も安いし――と思っていたら、お値段はなんと大さじ一杯で135ドル。=TS

スターマグノリア
▷ ***Star Magnolia*** **ジョー マローン** ★★★ 明るいフローラル

エスカーダの「シフォン ソルベ」(1993) でフルーティ フローラルのジャンルを切り開いた調香師アン フリッポの仕事だが、エスティ ローダーの傑作「ビヨンド パラダイス」(2003) の縮小版の域を出ない。悪くはないが焼き直しだ。=LT

スターダスト
▷ ***Stardust*** **アネット ヌファー** ★★★ チョコレート オレンジ

説明書にあるノート一覧と実際の香りに論理的整合性があるとすれば、私はこの香水を避けるはずだった。なにしろパチュリにチョコレート、バニラに綿菓子。そのとおりなら世に言うグルマン系の不吉な組み合わせだ。しかし実際は違っていた。天然香料がバランスよく配合され、合成品は一切なし。現代的な方向性を持ちつつも、香水の黄金時代を思い起こさせる。伝説の「エンジェル」を「オリジナルの道具」で復元したら、こんなふうに香るかもしれない。=LT

ステレディギアッチョ
▷ ***Stelle di Ghiaccio*** **イルデ ソリアーニ** ★ ミント系ハーブ

ホテルに置いてあるシャンプー。=LT

ステルクス
▷ ***Stercus*** **オルト パリージ** ★ アンバー カシュメラン

商品名はラテン語で堆肥や糞便を意味する語。当然、私はそういう匂いを、つまり熟成させすぎたウードの匂いを期待していた。しかし実際は合成品のハーブ系ノートとカシュメランの生乾きコンクリートを思わせるムスクっぽさがあるだけ。気分が悪くなるし、安っぽくて粗雑。=LT

スティルライフ
▷ ***Still Life*** **オルファクティブ スタジオ** ★★ ペッパー グリーン

スパイシーな樹脂が香るトップノートが心地よい。その後は味気ないものだ。=LT

スティルライフインリオ
▷ ***Still Life in Rio*** **オルファクティブ スタジオ** ★★★ レモン ジンジャー

アントニオ プイグの「アグア ブラーバ」(1968) のようによくできた夏の香水。楽しいハーブとフルーティのアコードで、良質なオリーブ油のような匂い。=LT

ストーンズ
▷ ***Stones*** **アトリエ ド ジェスト** ★★★ ウッディ シプレ

振付師でアーティストのボー リーがニューヨークで設立したブランドによる限定版の香水。製造したのは本場グラースの香料会社ガリマールで、かなりビターでダー

クなシプレ系の香り。よくできている。とくに独創的でもないが、昔の香水のように濃厚で、ゆっくりと香り立つ。=LT

ストレンジャーインザチェリーグローブ
▷ ***Stranger in the Cherry Grove*** **ソーン ＆ ブルーム** ★ ウッディ レザー
どこもかしこも味気なくて薄いウッディ レザー。=LT

ストロンガーウィズユー
▷ ***Stronger with You*** **アルマーニ** ★★ ウッディ グリーン
今の時代は、男っぽい香水を一吹きするだけで1980年代的な「頑張る男」の気分になれる。この香水はカルティエの名品「デクララシオン」を目指したらしいが、今の時代にありがちな陳腐な男性用香水に終わっている。救いはトップノートに感じるセージとバイオレットリーフ、それにハートノートで感じるグルマン系のアコードだが、全体のバランスが悪い。がっかりだ。=LT

シュガーダディ
▷ ***Sugar Daddy*** **パルチザン パルファム** ★★★ ウッディ スパイシー
商品名を聞いて想像するほど甘ったるくはない。むしろカルティエの「デクララシオン」を模したような高級感のある男性用香水だ。心地よく、味わいがある。=LT

サルファー
▷ ***Sufur*** **ニュービー** ★★ ペッパー ウッド
硫黄という名の香水だけれど、幸いにして腐ったゆで卵の匂いはしない。むしろドライでレザーっぽいスパイスや木の香りを感じて、個人的には懐かしいダナ キャランの「ブラック カシミア」を思い出した。でも、あれほど楽しくない。=TS

スルモーナ
▷ ***Sulmona*** **コキレート** ★★ バニラ アーモンド
イタリア中部ラクイラ県の小高い丘にある美しい町スルモーナの名を冠する香水。もともと砂糖でコーティングしたアーモンド菓子（イタリアやフランスではよく結婚式のお土産に配る）で有名な町だが、この香水もアーモンドとバニリンが香るだけ。「香水好きの男性にもおすすめ」とあるが、日ごろからアマレット（アーモンド風味のリキュール）を体にスプレーしているタイプでないかぎり無理だ。=LT

スルタンレザーアッタール
▷ ***Sultan Leather Attar*** **エンサル ウード** ★★★ レザー ウード
私は「フマバット」のレビューで高らかに、アルティザン系の香水は「炒った貝殻に加える３回蒸留したビンテージのウードとは無縁」だと宣言した。しかしエンサルウードによってその間違いが証明された。実を言うと、私はこの人物（本名不詳）を知らなかった。しかし誰かの紹介で私にいくつかのサンプルを送ってきた。どうやらブルックリンの人で、イスラムに改宗し、今は貴重な本物のウードを探し集め、選別し、精油を抽出し、香水に仕立てることに生涯を捧げているらしい。
思えば、私が初めてウードを知ったのは1990年ごろのことだ。なかなか手に入らなかったが、友人のピーター　ワイルドが独特の製法で抽出したサンプルを送ってくれた。それを嗅いで私は衝撃を受けた。実に複雑微妙で、LMR製のオーヴェルニュ産のナルシサス（スイセン）のアブソリュートにまさるとも劣らなかった。まさに沈む太陽を瓶詰めにした感じで、蜂蜜のようで、ソフト、そしてフローラルでさえあった。その後に集めたサンプルは品質も香りもさまざまで、どれも面白かったが、たいていはどこかカビ臭い感じだった。なるほど大手の香料会社に敬遠されるわけだ。どんなによい香りでも、品質が一定しなければ量産には向かない。同じ香料でもロットによって香りが異なるのでは品質管理のプロもお手上げだ。
しかし2000年前後には合成品のウードベースが登場し、価格はそれなりに下がり、品質も安定した。こうなるとサン　ローランの「M７」を皮切りに、欧米のメーカーが続々とウードの香水に参入する。ただし合成ウードの香りは本物とは異なる（そもそも本物の香りは一定していない）。それでも西洋人がウードにこだわるのは、ある意味、ワインへのこだわりに似ている。味や香り以上に産地や生産年、熟成年数にこだわってしまう。そしてウードに何かを加えるのは論外で、そんな行為は極上ワインにカシスのシロップを加えてカクテルを作るに等しい行為だと思ってしまう。ちなみに極上天然ウードの価格は極上ワイン以上。1gで300ドルはする。
私が嗅いでみた二つのサンプル（小売価格は1000ドル前後）は、極上ワインと同様、けっして再現できない香りがした。気象条件は常に変動しているから、たとえば1982年産とまったく同じウードは（たぶん）ありえない。そんなこだわりの詰まったエンサル　ウードのウェブサイトによれば、この「サルタン　レザー」には「史上最高にインセンスの香るキ　ナム　クメールＶ２」や「当社のために特別に取り置かれたウード　ムスタファ No. 4」などが含まれている。むろん真偽のほどは定かでないが、実際に嗅いでみると悪くない。値段も根っからのウード好きなら納得する範囲内。ただし、思い出されるのは自分が白のスイートワインにはまっていたころのことだ。１本200ドルはする高級品を含めたブラインド　テイスティングで文句なしに最高の評価を得たのは、近くのスーパーで買ってきた７ドルのアイスヴァインだった。
=LT

サルタンレッドローズアッタール
▷ ***Sultan Red Rose Attar*** **エンサル ウード** ★★★ ローズ ウード

前項「サルタン レザー」を参照のこと。考え方の基本は「レッド ローズ」も「レザー」も同じだ。ブランドのウェブサイトによると、含まれているのは「抜群のオレンジとバージンムスクの輝きをもつ2005年の海南島産ものに加え、今までに当社が抽出したなかでも最高に高価なカンボジア産ウード、……親木は樹齢40年のマイソール産。現地の藩王が1980年代前半から秘かに育ててきた木で、王様が自らの手で樹脂を採られた」のだとか。この「王様が自らの手で」というくだりで、私は信用できなくなった。それでも香りはいい。ただし価格は精油2.5gで235ドルだ。=LT

サルタネートオブオマーン
▷ ***Sultanate of Oman*** **ロジャ ダブ** ★★★ ウッディ バルサミック

湾岸諸国の国名を冠したガルフ コレクション（別名：恥知らずコレクション）のなかでは群を抜く仕上がり。心地よいウッディ バルサミックのアコードに香り高いインセンスを加えている。最近のニッチなブランドらしい作品だ。50mlで425ポンド。=LT

スマトラ
▷ ***Sumatera*** **コキレート** ★ パチュリ スパイス

名調香師クリストファー シェルドレイクの傑作「ボルネオ 1834」（セルジュ ルタンス、2005）を模倣しようとしたものの、一歩も近づくことができなかった失敗作。=LT

サマー
▷ ***Summer*** **ダーザイン** ★★★ グレープフルーツ シラントロ

鋼鉄とパセリの香るシラントロ（コリアンダー）が意外なほどに心地よく、徐々に強烈なグレープフルーツの香りに移行していく。こういう配合の香りは短時間で消えがちなのだが、これは違う。肌につけておいても驚くほど長く香る。こういう香水に出会うと初期の（つまりエッジの効いたナチュラルな香りが王道だった時代の）ジョー マローンの作品が思い出される。=LT

サンデイコロン
▷ ***Sunday Cologne*** **バレード** ★★★ パチュリ コロン

楽しく、標準的なシトラス ウッディが香る男性用香水。=LT

▷ ***Sunshine Woman***（サンシャインウーマン）　**アムアージュ**　★　合成フローラル

近年のアムアージュは女性用の香水で最高水準の作品を送り出してきた。2008年の「リリック」や09年の「ウーバー」、13年の「フェイト」はどれも素晴らしく、ダークでラグジュアリー感たっぷりのアンニュイな雰囲気あふれる作品だった。しかしこれは失格。率直に言って、ひどい。陳腐で不快だ。合成香料が反乱を起こしたのか、トップノートからドライダウンまで、すべてが腐ったようだ。長く続くのはワインが付着したコルクのような匂いのみ。美は幸福と隣り合わせと言うが、その裏返しで、醜いものは救いがたい絶望を呼び込む。くすんだ黄色のボトルと、寂しげなペールブルーの箱もひどい。=LT

▷ ***Sunshine and Pancakes***（サンシャインアンドパンケーキ）　**4160 チューズデイズ**　★★　レモン ローズ

レモンとハニーと味気ないムスクの醜悪なコンビネーション。=LT

▷ ***Suntanglam***（サンタングラム）　**SP パルファム**　★　カビ臭トロピカル

日焼けオイルによく使われているトロピカルなアコード（ココナッツとホワイト フラワー）に、じめじめした地下室の臭いを加えた許しがたい香り。地下室に閉じ込められているのに皮膚科医の指示どおり1日も欠かさず日焼け止めを塗り続けている惨めな気分になる。=TS

▷ ***Super Cedar***（スーパーシダー）　**バレード**　★★　合成ウッディ

削り立ての鉛筆の匂いがすると聞いたけど、全然しない。合成香料のイソ E スーパーとカシュメラン、それにかすかなベチバーを感じるだけ。=TS

▷ ***Supergreen***（スーパーグリーン）　**コキレート**　★　アーモンド ミモザ

またかという気分になるハーブ系フローラル。「ゴッホの『緑の麦畑』をモチーフにした」とは、爪の先ほどの礼節もわきまえていない。やれやれだ。=LT

▷ ***Superstitious***（スーパースティシャス）　**フレデリック マル**　★★★★　原子力級ジャスミン

ドミニク ロピオンは調香界の凄腕策士で、強力な合成香料どうしに覇権を争わせておいて、最後に意想外な大どんでん返しを見せるのが得意（いい例が1991年の「アマリージュ」）。まさに花柄のドレスを着たオオカミだ。この「スーパースティシャス」の場合は、まずジャスミンが豪勢に香り立つ。虹のアーチを描いて舞い上がるが、頂点に達した先は落ちるのみ。並みのジャスミンなら徐々に沈んでいってオイリーな感じになるところだが、さすがにこれは違う。伝説の「ミツコ」を思わせるピーチ パウダリーのフルーツカクテルに支えられて中空にとどまり、さらにフレッシュなカンファーの追い風が吹く。さあ、勝負はここから。舞い上がった香りを、どこへどう落とし込むか。策士ロピオンの腕の見せどころだ。すぐには方向が決まらず、もしかしてキュートなローズ様フローラルに向かうのかと思わせるが、実はこれがフェイント。ローズは場面転換のための小休止で、その先はスズランの香りへと突き進む。スズランを模した合成香料ミュゲをこの段階で使った香水に出会ったのは初めてだ。ドライダウンでは合成香料ゆえのピュアなところが出てくるが、それでも最後まで心地よい。ありふれたホワイト フローラルのジャンルで、ここまで独創的に仕上げた技術には恐れ入る。=LT

スペルウオモ
▷ ***Superuomo*** **レ プロフーモ** ★★★ シトラス ベチバー
英語にすれば「スーパーマン」という名の香水。およそ独創的ではないが一定の水準には達していて、頑張る男のコロンには適している。とくに中盤のすっきりしたカンファーがいい。ただし飛び立つ前のスーパーマンはご用心。強烈な香りだから、つけすぎないこと。=LT

シュールレルブ
▷ ***Sur l'Herbe*** **ラルチザン パフューム** ★★ ドライクリーニング帰りのシトラス
マネの『草上の昼食』と言えば、リアルな女性の裸体をリアルに描いたせいで「不道徳」と批判された歴史的にも有名な絵画。この香水の名前（「草上で」の意）は、たぶんきっとその絵にインスパイアされたもの。でも草の匂いはまったくしない。合成品のアンバーがやたらうるさいだけで、あえて言えば昔のDKNYの香水やティエリー ミュグレーの「コローニュ」を思わせるけれど、そのレベルには遠く及ばない。揮発したドライクリーニング溶剤を吸い込んだ哀れなシトラス。=TS

スイートリバタイン
▷ ***Sweet Libertine*** **カルト オブ セント** ★★ ウッディ フローラル
感じのいいウッディ フローラル。=LT

スイートティレニー
▷ ***Sweet Tyranny*** **スメルベント** ★★ オレンジ バニラ
能書きには「初めてのプレミアムな香り」とあるが、薄っぺらで論評に値せず。=LT

ティーハバネロ
▷ ***T. Habanero*** **ラニア J.** ★★ ウッディ オリエンタル
カルダモンとインセンスとウッド。どこにでもある香り。=LT

タバタブー
▷ ***Tabac Tabou*** **パルファム ド エンパイア** ★★★★ グリーン アニマリック
親しみやすくて温かみのあるクマリンが香るフゼアを期待していた人はがっかりするかもしれないが、それよりもはるかに素晴らしい独特で官能的なアニマリック グリーンのアコード。ドライダウンも独創的で、期待を裏切らない。非常に巧み。=LT

タジオ
▷ ***Tadzio*** **ホモ エレガンス** ★★ カシス ライム
ものすごく複雑なトップノートに挑んだ勇気は買うが、成功とは言いがたい。私の鼻は香料たちのざわめきを愛するのだが、あいにくこれに投入された香料たちは互いに押し合い、へし合うばかり。それでもラグビーのスクラムなら、いずれはボールが出てくる。しかしこの香水で出てくるのは、悲惨なアニマリックとマニキュア液の匂いのみ。勘弁してくれ。=LT

タンデピス
▷ ***Tan d'Epices*** **アンドレ プットマン** ★★ ベンゾインのお香
一つ、シナモンとインセンスとベンゾインを混ぜれば誰がやってもまともな香りになる。二つ、この香水はその三つを足しただけで、それ以上の何もない。だから香水になっていない。一からやり直すべし。=LT

タンタン
▷ ***Tan-Tan*** **コキレート** ★ ウッディ シトラス
しょせんは言葉の手品、この香水の能書きには「伝統的な手法と天然の素材を用いた、そそる香り」とあるが、実のところは非常に平凡なウッディ シトラス。130ユーロという値段の5分の1なら買ってもいい。=LT

タンクバトル
▷ ***Tank Battle*** **ゴリラ パフューム** ★★★★ 土の匂い ビーツ
ゲオスミン（geosmin、ジェオスミンとも）は土壌中のバクテリアが生み出す不思議な化学物質で、雨上がりの大気中に満ちる大地の、つまりアーシーな匂いがする。今どきのニッチな香水ブランドがこぞって使っている香料で、ふつうはウッディ パチュリのアコードに合わせて用いられるが、ズーロジストの「バット」のようにゲオスミンを軸とした構成もある。ちなみにゲオスミンはビーツにも含まれ、パウダリー スイートの香りと組み合わせて使える。この「タンク バトル」に用いられた素晴らし

い考え方を数式で示せば〈ラブダナム+ゲオスミン=上品なビーツ〉となる。正直言って想定外、みごとだ。=LT

▷ ***Tartan***（タータン）　**サラ ベイカー**　★★　ドライ ウッディ
サラ ベイカーの作品にしてはお粗末。どこにも行き場がない。=LT

▷ ***Tel-Aviv***（テルアビブ）　**ガリヴァント**　★★★　ホワイト フラワー
強くてありふれたホワイト フラワーのアコードに、熟れすぎたフルーツの匂いが合わさった不思議な香り。見たこともない花や果物が並んだ市場に迷い込んだ気分になる。=LT

▷ ***Tempted Muse***（テンプテッドミューズ）　**エイプリル アロマティクス**　★★★★　ジャスミン プルメリア
まるでボトルの中に輝く太陽を閉じ込めたようだ。まばゆいほど華やかなジャスミンとプルメリアとチュベローズのアコード。神秘的で光沢のあるメタリック感がトップに香り立った次に来るのは、生花の甘やかさと複雑なフローラルの香り。このブランドの作品としては最高のレベルに達している。天然素材100%の香水としては実に安定感があり、上品で、興味深い。フローラル系が好きで合成香料が嫌いな人にはぴったりだ。=LT

▷ ***La Tentation de Nina***（ラタンタシオンドニナ）　**ニナ リッチ**　★★　バニラ シュガー
かつて「エンジェル」（1992年）などを手がけた調香師オリビエ クレスプは流行の風を読むのがうまい。そんな彼が、今や大流行のペンキ剝離剤とフルーティ フローラルのアコードに手を出した。ということは、この流行も今がピークで、世界中の若者があと３本ずつ使い切れば終焉を迎えると考えてよさそうだ。さて、この香水はパウダリー フローラルで、オリジナルの「エスカーダ」（1990）に似ている。つまりバニラとミモザの平凡な香りで、そこにクレスプは微量の上白糖とキャラメルを加え、マカロンの香りだと称している。凡庸な材料を巧みに配合してはいるが、言うこと為すことのすべてが流行の追っかけに終わっている少なからぬ女性たちを思わせる。同じ抜き型から次々と切り出されるクッキーのよう。マカロンそっくりだ。=LT

▷ ***Terrasse à St-Germain***（テラスアサンジェルマン）　**ジュー エ マッド**　★★★　シトラス ウッディ
印象は素晴らしく、華やかですっきりしたシャルドネ種のワインを思わせる。適度な酸味とフローラル、そしてグリーンが香り、やがて全体的なトーンはダークになっていく。最後は心地よいパウダリー ムスク。おだやかに1日を終えることができそうだ。=LT

▷ ***Terroni***（テロニ）　**オルト パリージ**　★★　ウッディ カシュメラン
商品名の“terroni”は北イタリアの人が南部の人を呼ぶときの蔑称だが、本来は「土地」を意味する。これはナーゾマットの香水（たとえば「デューロ」）の焼き直しであり、カシュメランを極限まで投入した点を除けば特徴なし。=LT

▷ ***Testostérone***（テストステロン）　**センティフィック**　★★★　スパイシー スモーク
このブランドの製品としては文句なしにベスト。商品名はひどいが、スパイシーとアンバーとスモーキーの組み合わせはいい。格別に独創的ではないが、まとまりがよく、最後まで楽しめる。=LT

▷ ***Than....White***（ザンホワイト）　**ナーゾ ディ ラサ**　★★　ウッディ チョコレート
よほど奇妙で奇怪な注文を突きつけないかぎり、あの有能なルカ マッフェイがこんな猥雑な代物を作るわけがない。あるいは「すべてを忘れてやれ」という注文だったか。実際、この作品は無嗅覚症のヒッピーが組み立てたとしか思えない。アート ディレクションの度が過ぎると、時にこういう結果になる。=LT

▷ ***That Guy***（ザットガイ）　**ギャラガー フレグランス**　★★　カシス ベルガモット
最初に香り高きブラックカラント（カシス）とベルガモットが吹き抜けると、そのまま一気にアンブロクスの熱い鉄鋼のような香りのドライダウンに突入する。混合した香料の数ほどのパンチはない。=LT

▷ ***Thirty-Three***（サーティスリー）　**エクス イドロ**　★★★★　ローズ ウード
最初に能書きを見たときは冗談がきつすぎると思った。33年熟成で原産国も品質等級も異なる3種のウードに「ダマスク鋼」も含むとあり、たちまち私の机に隠した嘘発見器がけたたましく鳴り響いた。ところが、嗅いでみたら実にラブリーで驚いた（紙ではなく、肌につけるのがベスト）。寡黙なダークの隣に座る同じく物静かなウッディ ローズの香りは、離れれば離れるほど存在感を増し、極上の優雅さと軽やかな輝きを放つ。何年か前にオマーンで買った、ローズオイルに浸した最高級ウー

ドのチップ（火をつけてお香のように使う）のような香りで、しかもそれほど法外な価格ではない。=LT

▷ ***This Is Her!***（ジスイズハー） **ザディグ エ ボルテール** ★★★ ミルキー ジャスミン

世の調香師は食品用香料を扱うフレーバリストの戸棚を盗み見て、硫黄や窒素を含む複素環式化合物という素晴らしい物質を拝借している。ホットミルクのノートもその一つ。これらはグルマン系の流れに新たな可能性を切り開いた快挙で、エチルマルトールがたっぷり入った真っ赤な綿菓子の香りは遠慮したいと思う人たちの鼻をもくすぐった。ミルキーな香りは派手なフローラルのアコードをやわらげることができ、うまく使えばホワイト フローラルのまばゆさを枕元の間接照明ほどにまで落とせる。「ジス イズ ハー！」（おかしな名前だ）は、このジャンルを切り開いたルイーズ ターナーの秀作「ファーレンハイト 32」（ディオール、2007）の流れを汲み、「ラッシュ」（グッチ）のラクトンのアコードを抑えて心地よい程度にしたバージョンと言える。=LT

▷ ***This Is Him!***（ジスイズヒム） **ザディグ エ ボルテール** ★★★★ ミルキー ゴム

あるピアニストに言わせると、リストと違ってショパンの楽曲は「手に馴染む」が「真珠飾りのついた拳銃」みたいだから注意したほうがいい。この香水にも、そういうコンパクト感と怖さのコンビネーションを連想させるものがあり、お香とブラックペッパーとミルクのアコードが固く団結して大量のウッディ アンバーを巧みに包み込んでいる。若い男がこれをつければ、きっと知的な人間に見える。=LT

▷ ***Tian Di***（ティアンディ） **フラッサイ** ★★★★ ピーチ インセンス

私はオスマンサスの香りが大好きで、そのピーチ アプリコットの甘酸っぱい香りとビターで滑らかなスエードの組み合わせには抗しきれない。この香水はオスマンサスのソリフロール（１種類の花を中心に作った香り）だと言いたいところだが、あいにくノート一覧にオスマンサスの名はない。ならば、いろんな材料を組み合わせて合成したと考えるべきだろう。香料メーカーのクエスト社には素晴らしい２種類のピーチのベースがあり、まさに天からの授かり物としか思えない品質なのだが、その一部がこの香水に使われているのかもしれない。オスマンサスにはないさわやかさが感じられるからだ。しかも特筆すべきは、そのアコードが実に安定していて（試香紙につければ余裕で24時間はもつ）最後まで華やかさを失わないこと。立派な

仕事だ。=LT

▷ *Tiger Oud*（タイガーウード） **ロベルト カバリ** ★ 悲惨なウッディ

朗報：この女性用香水はバービー人形みたいに甘くない。悲報：その代わりコーカサス地方の山奥の床屋さんが散髪後に吹きかけるスプレーみたいな香りがする。なぜ、こんなものができたのか。考えられる理由は四つ。第一に、今どきの女性用でオリエンタルな香水はたいてい（映画『スター・ウォーズ』の）ダース ベイダーみたいな声で語り出す。第二に、この手のファッション ブランド系香水に使われる材料の価格はスーパーで売っているティーン向け制汗剤と同等かそれ以下。第三に、カヴァリが香りに敏感だった試しはない。そして最後に、イタリアのブランドは何にでもフェイクウード（本物ではない沈香）を加えれば本物を知る人にも喜ばれると信じている。とんでもない。=LT

▷ *Times Square*（タイムズスクェア） **マスク ミラノ** ★★★★ フルーティ ナッツ

昔のフランスの香水はたいてい黄金色かキツネ色をしていて、私にはそれが香りとマッチしているように思えたものだ。まるでサンダルウッドやオークモス、ラブダナムといった良質な素材を煮込んだ濃厚なだし汁のようで、匂いは木の実のようであり、しかし実際のヘーゼルナッツのようにネズミの尿に似た匂いはしなかった。それが香水、都会の香りだと思った。シャネルの「31 リュ カンボン」（2007）を私が愛したのも、その背景に都会のダークな感じがあり、往年のコティのフェイスパウダーみたいな明るさと奇跡的にマッチしていたからだ。この「タイムズ スクェア」も同じ方向性の香水だが、背景には熟れた南国フルーツとアニマリックの香りがある。真夏のニューヨークの雑踏で美女に出会ったら、きっとこんな香りがするだろう。素晴らしい。=LT

▷ *To Be Honest*（トゥービーオネスト） **ダイアン ペルネ** ★★ カンファー レモン

「正直に」という名前だから正直に言わせてもらう。退屈なミルラとシダーだ。=LT

▷ *Tobacco Rose*（タバコローズ） **パピヨン** ★★★ ドライなローズ

かぐわしくも透き通ったスパイシー ローズ。=LT

▷ *Tabacco Tuberose*（タバコチュベローズ）　アンナ ズヴォリキナ　★★★★　インクの香る機械

エルメスの傑作「ツイリー ドゥ エルメス」と同様、ここでもチュベローズがラベンダーの代わりに、伝統的には男性的とされるクマリン系の香りと共演している。ズヴォリキナは100％天然素材の香水づくりにこだわる人だけれど、なぜかこの作品はコピー機のトナーのような匂いがして、それがまた心地よい。=TS

▷ *Tom Ford Noir Extreme*（トムフォードノワールエクストリーム）　トム フォード　★★　ピスタチオ バニラ

バニラの香るオリエンタルというジャンルの香水には、しばし退場していただき、みんなが忘れたころに戻ってきてほしい。長年にわたりこのジャンルの底をさらってきた調香師たちは、ひたすら消費者の記憶が短命で、これを新しいと感じてくれることを願っている。だがこのジャンルの歴史は古く、1981年の「マスト」（カルティエ）や1996年の「オルガンザ」（ジバンシィ）にまでさかのぼる。当時から考えられていたのは、しょせんチョコレートの香りにすぎないものに何か非食用の香りを加えて斬新さを出そうということ。それで「マスト」はガルバナムのグリーンノートを加えたし、「オルガンザ」はフローラルのブーケとチョコレートのアコードを提案した。では「ノワール エクストリーム（究極の黒）」はどうか。こちらは弱々しくてキレのないシダーウッドとバニラの組み合わせで、つけた瞬間から洗い流したくなる。本来なら「ミディアム トープ（中間のモグラ色）」と命名すべきだと思うが、まあ、それじゃ売れないだろう。=LT

▷ *Tonka Imperiale*（トンカアンペリアル）　ゲラン　★★　クマリン 甘味料

フゼア系の香水に使われ、タバコや干し草の甘い香りをもたらすのがクマリン。これをもっと強く、もっと甘くしたらリッチでラグジュアリーな感じになるかも。そう思ってトライしたのだろうが、残念、似たような例は過去に掃いて捨てるほどある。そして適度な苦みを加えることができなければ、ただのパイプ煙草で終わるのみ。=TS

▷ *Tory Burch Absolu 2015*（トリーバーチアブソリュ）　トリー バーチ　★★　お茶 フローラル

平凡すぎて意味不明で捉えどころがない。最初に嗅いだときの感想は「おやまあ、「トミー ガール」（1996）と「ビヨンド パラダイス」（2003）の間にはまだこんなものが入り込む余地があったのか」ということ。あのタイプが世に出てから20年以上も経つのに、今さらこんな陳腐な香りを注文し、処方させ、作らせる人間がいたとは信じがたい。どの段階でも「つまらない！」という大合唱が聞こえたはずだ。しかし凡庸という名の石は、転がり落ち始めたら止まらないのだろう。「トミー ガール」も「ビヨンド パラダイス」も天才カリス ベッカーの作品で、彼女の数ある名作をコピーした香水は山ほどある。そうしたコピー商品のどれかを、さらにコピーしようとした駄作。=LT

▷ ***Tourbière***（トゥルビエール） **コキレート** ★ フルーツキャンディ
サンプルのラベルが間違っているのだろうか。トゥルビエール（泥炭坑）という名前なのに泥炭の分子は一つも入っていない。その代わり安っぽくて何の特徴もないフルーツ風味のキャンディの匂いがする。=LT

▷ ***Trastevere***（トラステベレ） **パンテオン** ★ ミルク キャラメル
笑ってしまうほどひどくて、香水評価の秤にかければゼロと出るだろう。もしデートの日に彼女がこれをつけてきたら、私なら即座にレストランの予約をキャンセルし、彼女を自動洗車機に通し、そこで永遠にお別れだ。アルテミシアパリダ（和名ニガヨモギ）のアコードと称しているが、そんなものはまったく感じられず、ひたすら甘いだけ。おぞましいキャラメルのフレーバーをつけたコーヒーを凝縮した香りだ。=LT

▷ ***Trayee***（トレイー） **ニーラ ベルメール クリエーション** ★★★★ サフラン アンバー
巧みに仕上げた香水。体によさそうな南アジアのハーブやスパイスのノートが集まって伝統的な薬草みたいな香りになっている。ありがちなヒッピー系の香水と違って、こちらは香りのバランスがよく、クラシックなフランス香水のように上品。サフランは扱いを間違えると脂っぽいマーガリンの匂いになりがちで、さっきもLTと私は、無惨なサフランの氾濫を嘆いていたところ。でも、これはクローブと樹脂の素敵なアコードを背景に、サフランの神秘的なフローラルが香り立つ。新しいのに古く、心地よいのに心を乱される。すごくいい。=TS

▷ ***Treffpunkt 8 Uhr***（トレフプンクトアハトウール） **J. F. シュヴァルツローゼ** ★★★ シトラス ベチバー
商品名はドイツ語で「待ち合わせ場所で８時に」の意。温かみのあるフルーティシトラスを背景に、すぐれて上質なベチバーが際立つ。夜８時のデートの約束なら、これをスプレーしていけばいい。=LT

トレゾインラブ
▷ ***Trésor in Love*** **ランコム** ★★ ウッディ フローラル
かなり退屈でおセンチなフローラルを美しく演出している。小難しく書かれた恋愛小説のような香水。=LT

トレゾミッドナイトローズ
▷ ***Trésor Midnight Rose*** **ランコム** ★★ フルーティ フローラル
フレッシュなフルーティ フローラルが驚くほど香り立ち、グッチの「ラッシュ」を思わせるラクトン系のハートノートが続くのだが、(少なくとも私にとっては) 不快なウッディ アンバーが邪魔をしている。後者が気にならない人なら、十分に楽しめる。=LT

レトレゾルドスリウィジャヤ
▷ ***Les Trésors de Sriwijaya*** **オーフォリー** ★★ ウッディ シトラス
ユージンとエムリスのオー兄弟の仕事が好きな私でも、この香りは好きになれない。まるで香料どうしが互いの個性を消し合っているようで、1970 年代ごろの退屈なアフターシェーブローションの香りだけが残っている。=LT

チュベルーズ
▷ ***Tubéreuse*** **ル ガリオン** ★★ フルーティ チュベローズ
これまた退屈で水っぽいフローラル フルーティの香りで、どこも面白くない。=LT

チュベルーズアブソリュ
▷ ***Tubéreuse Absolue*** **アンスティテュ トレ ビアン** ★★★ グリーン フローラル
このブランドの古典的なシトラスのオーデコロンに、グリーン系のひねりを利かせた逸品。惜しげもなく使ったチュベローズがフローラルのハートノートを引き立てる。きちんとした標準語を話す人の言葉に、ちょっぴりお国訛りが混じっていると素敵に聞こえる。そんな感じ。最大のポイントは、チュベローズの香水なのに「デリケート」という言葉が似合うこと。=TS

チュベルーズアンテルディット
▷ ***Tubéreuse Interdite*** **アンドレ プットマン** ★★ チュベローズ ウッディ
品質も中くらいのチュベローズで、それを飾り立てるものもなし。=LT

チュベルーズトリアノン
▷ ***Tubéreuse Trianon*** **ル ジャルダン ルトゥルベ** ★★★ チュベローズ イランイラン
およそ内気とは思えない二つの花から生まれた華やかな愉楽のアコード。都会よりもビーチが似合う。=LT

▷ ***Tubéreuses Castane***（チュベルーズカスタン） **ランコム** ★★★ サリチル酸チュベローズ

オリジナルの「オスカー」（オスカー デ ラ レンタ）に似たレトロ感あふれるフローラル（ただし私の鼻は、チュベローズよりもバナナっぽいイランイランとジャスミンを感じた）で、そこへ20世紀半ばに花開いて香水の世界を席捲した古風な合成香料を加えたらしい。あえて言えば、郊外住宅地に暮らすセクシー熟女で、映画『卒業』のミセス ロビンソン（もちろん娘に恋人を奪われる以前の）に秘かな憧れを抱く女性向け。悪い意味じゃなくて。=TS

▷ ***Tuberose***（チュベローズ） **ロジャ ダブ** ★★ チュベローズ シトラス

よくあるチュベローズ。=LT

▷ ***Tudor Rose Amber***（チューダーローズアンバー） **ジョー マローン** ★★★★ スパイシー ローズ

調香師のクリスティーヌ ナジェルがエルメスに移籍してしまって、南仏グラースの老舗香料会社マンは肩を落としていることだろう。なにしろ彼女はかけがえのない至宝だった。彼女以前に誰もローズ アンバーのアコードに気づかなかったとは言わないが、その真ん中に素晴らしいスパイスとウッドを入れたのは彼女の功績。これで重さも平凡さも取り除かれた。みごとな作品だ。=LT

▷ ***La Tulipe***（ラチュリプ） **バレード** ★★★ グリーン フローラル

大きくて肩をいからせた感じのグリーン フローラル。実際には存在しないチューリップの香りを想像力で再現しているのだが、なぜか本物の香りのように感じられる。=LT

▷ ***Tundra***（ツンドラ） **ルージュ バニー ルージュ** ★★★ ペッパー ベチバー

ナタリー ローソンによる賢くて奥に魅力を秘めた作品。最初に香るのは（ちなみにたいていの人は、トップノートを嗅いだだけで香水を買ってしまう）とくに珍しくもないインセンスとペッパーで、いかにもニッチなブランドらしい。しかし、じっと待つと物静かな大人の男にふさわしい香りが来る。どこかでパコ ラバンヌの「プールオム」に似ているが、あれよりもドライで口数も少ない。=LT

▷ ***Il Tuo Tulipano***（イルトゥオトゥリパーノ） **イルデ ソリアーニ** ★ 酸っぱいフローラル

黒板にチョークを立てて、キー！ と鳴らした感じ。=LT

▷ *Tuscan Scent: Incense Suede*（タスカンセントインセンススエード） **フェラガモ** ★★★★ スモーキー スエード

学生時代を過ごしたロンドンでは「ライト」ブランドのコールタール石鹸を使っていた。そのクレオソートとペンキのような香りが好きだったからだ。当時の私は（ひとり寂しく寝る前ではなく）おめかしして ディナーに出かけるときに身にまとえる清潔感あふれる香りを欲していた。あのころの私の願いは、ここ10年ほどでかなえられた。2007年の「オー ド ジャタマンシ」（ラルチザン パフューム）以来、多くの調香師がスモーキーノートを使うようになった。この作品はさらに一歩を進めて、スモーキーにインセンスとスエード、ローズ ウッド、サフランを加えている。結果は、トップノートからドライダウンまで完璧なまでに一貫した、最後までバランスの崩れない香水だ。そこには物語も場面転換も、秘密の暴露も不快なサプライズもない。そう、この霧にかすんだ穏やかな香りの中では何も起きない。ひたすら寡黙で、どこからかメランコリックな音が聞こえてくる。思うに、これは昔の日本家屋の匂いではないか。木と紙と畳でできた家で、壁は薄いから遠くで鳴る鐘の音もはっきり聞こえる。極上の逸品だ。=LT

▷ *Tuscan Wood*（タスカンウッド） **ザ パフューマーズ ストーリー バイ アッツィ** ★★ ウッディ フローラル

退屈なウッディ フローラル。=LT

▷ *Tutti Frutti Sweetie Aoud*（トゥッティフルッティスイーティウード） **ロジャ ダブ** ★★★ フルーティ ウッディ

ウッドとスパイスの良質な香りに甘さをたっぷり加えている。元気になれそうだが、安くはない。50mlで425ポンドだ。=LT

▷ *Tuxedo*（タキシード） **サン ローラン** ★★ ウッディ グリーン

どうにも退屈で平凡な男性用の香水なのに、結構な値段。=LT

▷ *Twilly d'Hermès*（ツイリードゥエルメス） **エルメス** ★★★★★ ジンジャーの香るチュベローズ

ピゲの「フラカ」（1948）が華やかなチュベローズの香りを開花させて以来、追随する人は多かったけれど、誰ひとり、この素材が秘めるワイルドな妖しさに気づき、それを引き出すことはできなかった。ところが2014年にジャン-クロード エレナに代わってエルメスの専任調香師となったクリスティーヌ ナジェルは、またたく間に二つの偉大な香水を生み出した。「ギャロップ」と、この「ツイリー」。もう間違いない、彼女こそ偉大なジェルメーヌ セリエの真の後継者だ。この二つの香水は、どちらも素敵な変わり者。もしかしてナジェルはローズやチュベローズがどんな香りか知らないのでは、と思いたくなる。それでも彼女はこの二つの香りを解き放ち、その秘めた素顔を私たちに見せてくれた。
チュベローズというと、私たちは夜の秘め事にそなえておめかしした中年の美神アフロディテ（ふくよかな甘い香りが寝室を満たす！）をイメージしがちだけれど、香料そのものを嗅いでみればわかる。寝室で待っているのはアフロディテじゃなく、こわい魔術をあやつる冥界の女神ヘカテだ。匂い立つのは木の葉のグリーン、氷のようなカンファー、そしてガソリンやゴム。どこかにフローラルがないかと探してもむなしく、あなたは絶望のどん底へ。でも効果と逆効果、作用と副作用はコインの裏表。「フラカ」もそうで、マーマレードとレザーの甘くてビターな香りの真ん中に、チュベローズの防虫剤っぽさを置いていた。
こちらの「ツイリー」も、最初は（この私でさえ）思わず笑みがこぼれそうな香りが立つ。それで私は身を乗り出して、次の香りが来るのを待つ。現れたのはシャープな薬っぽいジンジャーで、ほかの香ばしいスパイスやウッドも引き連れている。それから干し草の甘い香りが来て、チュベローズをハーブ系ノートに変えていく。まさに予想外の展開。結果は夢のように美しい両性具有的なフゼア。美しくて不思議。魔法だ。=TS

トゥイステッドアイリス
▷ ***Twisted Iris*** **ザ パフューマーズ ストーリー バイ アッツィ** ★★ バイオレットリーフ
バイオレットリーフとジャスミンの組み合わせで、このブランドにしては上出来。石鹸様パウダリーのドライダウンも悪くない。=LT

トゥーエタニティーズ
▷ ***Two Eternities*** **ウォルデン** ★★★ グレープ ローズ
ワインに使うコンコード種のブドウとローズのアコードがよくまとまっていて、キャロンの「ナルシス ノワール」のキッズ版といったところ。=LT

トゥーウィークス
▷ ***Two Weeks*** **スメルベント** ★ 造花のラベンダー
ラベンダーがこんなひどい香りになるとは知らなかった。=LT

▷ ***Unda Prisca***（ウンダプリスカ）　**ウンダ プリスカ**　★★★（★★）　スパイスのファンク

天然香料で作った香水は19世紀ごろのクラシック音楽に似ている。ヨゼフ スーク作曲の交響曲『アスラエル』とか（せっかくリトアニアの香水をレビューするのだから同国人の）ミカロユス チュルリョーニスの『森の中で』を聴いたことがある人ならわかるだろうが、ああいう例外的な名曲は私たちの心を魅了する（例外的でない曲は私たちを浅い眠りに誘うだけだが）。この香水（商品名はラテン語で「古代の波」の意）は例外的な存在で、素晴らしく美しい。とりわけ肌に直接つけたときのドライダウンは森の木陰で癒される気分を味わえる。瞑想やゆったりした服、そして海辺が好きな人ならきっと気に入る。そうでない人は、次のTSの意見に賛成するだろう。=LT

このブランドの他の作品と大差ない香り。天然素材ものの常として、つけてから1時間くらいはいいけれど、その後は悲惨。=TS

▷ ***Unda Tertia***（ウンダテルティア）　**ウンダ プリスカ**　★　野菜のファンク

私たちは『世界香水ガイド★1437』でアヴェダのチャクラ シリーズをすべてレビューしたし、ドミニク デュブラナの仕事もずっと見て（嗅いで）きたから、天然素材だけでも洗練された香水を作れることは承知している。でも、これはダメ。試香紙ではよく思えても、肌につけたら最悪。=TS

▷ ***Under the Orange Tree***（アンダージオレンジツリー）　**マリナ バルセニラ**　★★　オレンジ ウッド

どこかディプティックの「オー デリード」を思わせる香り。天然香料の甘いシトラスで、長いこと閉め切っていた部屋の扉を開けたときのようなカビ臭さがある。紙や布では軽めのアンバーと甘めのオレンジピールが香る。=TS

▷ ***Unforsaken***（アンフォアセイクン）　**ケロシン**　★★　ココナッツのコロン

調香師のジョン ペグは、ペストリーを売る店の甘い香りを再現したクラシックなコロンを作ろうとしたのだろう。悪くはないが、今ひとつだ。=LT

▷ ***United Arab Emirates Aoud***（ユナイテッドアラブエミレーツウード）　**ロジャ ダブ**　★★　フローラル ウード

商品名は「アラブ首長国連邦のウード」。それ以上の意味はない派生商品。=LT

▷ *Unknown Pleasures*（アンノウンプレジャーズ） **ケロシン** ★★ シトラス ハニー

上記の「アンフォアセイクン」同様、古典的なシトラスの処方に甘ったるい砂糖菓子をまぶした感じ。香りはよいが、どうにも納得できない。=LT

▷ *Unnamed*（アンネームド） **バレード** ★★ レザー バイオレット

「意味論的限界なき名前のない香水」と謳われているが、実は意味もなくバイオレットとスエードを混ぜただけ。=LT

▷ *Unter den Linden*（ウンターデンリンデン） **エイプリル アロマティクス** ★★★ リンデン シトラス

名香「オー ド ゲラン」を愛し、オーガニック香水にこだわる人なら気に入りそうなライム ブロッサム（リンデン フラワー）とシトラスのアコード。=LT

▷ *Uomo*（ウオモ） **ギサダ** ★★ ウッディ スパイシー

ウェブサイトにある講釈によれば、このブランドの調香師は父親から「舌の受容器は味のニュアンスを分別するが、鼻は匂いを断定する」と教わったとか。なかなか笑える。そしてこの香水は「スイスならではの品質と職人技、精密さを備え、最後のディテールまで楽しめる」そうだ。残念ながら、実際はうるさいだけのチープな香り。特筆に値せず。=LT

▷ *Upper Ten*（アッパーテン） **リュバン** ★★★★ フレッシュなペッパー

香水のレビューは精神分析の仕事に似ている。どちらも相手（香水または患者）の内なる声を聞き出さねばならない。二番煎じ、三番煎じみたいな香水に会えば「あなたのお母さんの話をしてください」と言いたくなるし、逆に明るくて詩的で深遠な話を始める香水に出会えばノートを投げ出して、一緒にどこか遠くの島へ逃避したくなる。この香水は後者の例で、トップノートは私の鼻が知るかぎり最高に賢いアコードだ。ペッパーとジュニパー、そしてアルデヒドのコンビネーションが素晴らしく、かつて稀代の調香師エルネスト ボーがアルデヒドで再現しようとした雪の匂いを思わせる。その後には滑らかで静かなウッディ スパイシーのハミングが続く。1955年に不朽の名作「ジンフィズ」を生み出したパリの老舗ブランドが60年後にもたらした新たな感動だ。=LT

▷ *Upper Ten for Her*（アッパーテンフォーハー） **リュバン** ★★★★ 甘いハーブ

このトップノートはきわめて微妙なバランスの上に成り立っていて、ひとつ間違えば転落しそうな危うさがあり、試香紙につけて嗅いだ瞬間からその虜になってしまう。タイムのような香りと何か正体不明の甘い香り（ブランド側の説明ではラズベリーのリキュール）がうまく調和していて、同じブランドの傑作「コリガン」を引き延ばしたような感じがする。そしてここでは二つの香りがうまく分かれている。香水づくりでは複数の香料をいかに投入するかも大事だが、難しいのは香りの構造が途中で空中分解しないように工夫することだ。この香水も、ドライダウンまで完璧とは言えない。しかし推奨に値する。=LT

▷ *Utopia*（ユートピア） **アクアリス** ★★ ピーチ オスマンサス

初期の「ミヤコ」とよく似た素敵なアコードだが、真に面白みのある作品にするには処方にもっとお金を使うべき。=LT

▷ *V*（ヴィー） **アヴェリー** ★★★ ピーチ シダーウッド

この香水を作った調香師は経理担当者の目を盗んで、どこかで良質な香料を手に入れたらしい。シダー ウッドが香る男っぽさに甘いピーチを乗せたトップノートは斬新。悪くない。=LT

▷ *Vague de Folie Verte*（バグドフォリベルト） **サークル デ パフューマー** ★★ ベチバー ニガヨモギ

香りも弱いグリーン系ウッディで保ちも短く、つまらない。=LT

▷ *Valentina Assoluto Oud*（ヴァレンチナアソルートウード） **ヴァレンチノ** ★ フルーティ ウード

擦り切れるほど言い尽くされた三拍子がそろった香水。鮮度の落ちたフルーツサラダ、鼻をえぐるようなウッディ アンバー、そして安っぽい合成ウード。たぶんアラブ世界の人たちにアピールしたいのだろうが、恥ずべきひどい悪臭だ。=LT

▷ *Valentino Donna*（ヴァレンチノドンナ） **ヴァレンチノ** ★★★ フルーティ フローラル

昨今のフルーティ フローラルは発想力の乏しい香水にやたらと使われていて、もう嗅ぐのも嫌になる。このブームが早く終わるよう祈るばかりだが、時にはそんな悲観論を吹き飛ばしてくれる幸運に巡り会うこともある。私はこのヴァレンチノの新作を3通りの方法で試してみた。まずは6種の別な香水と並べ、試香紙で立て続けに嗅いでみた。結果は、しごく退屈。次に香水の時間の流れを早める魔法の容器、モンクレンのボトルに移し替えて試した。結果は、驚くほどよかった。そして最後は自然体で嗅いでみた。結果は、ありえないほど素晴らしかった。この香水は、いわばピンクパールをちりばめた飛行士用の腕時計。そこでは歯医者の診察室みたいなフルーティ フローラルに、ありふれたアイリスとチョークのようなメレンゲ、単調なバニラ、ホルマリン漬けのアップルノートが合わされている。そしてこの愛らしいバービー人形みたいな香りに、なぜか精密な機械式時計の複雑な仕組みを詰め込まれた。こうなると精巧すぎて意味不明だが、皮肉のスパイスを詰め込んだトップノートは悪くない。いずれにせよトップノートからドライダウンまで脱線しまくりで、文章でいうならカッコ書きや脚注のオンパレードだが、それがまた本文よりも面白い。だから傑作と呼びたくもなるが、私は思いとどまった。=LT

バニラベンゾイン
▷ ***Vanilla-Benzoin*** **アフィネッセンス** ★ **バニラ アンブロックス**

ご冗談を。100mlで335ユーロ？　いいかげんにしてくれ。=LT

バニラビル
▷ ***Vanillaville*** **ソイボール** ★★★ **タバコ 蜂蜜**

特徴あるタバコとベンゾインとセップ（ヤマドリタケ）のアコードで、有名な香料会社LMRの作るスイセンの精油に近い香りだ。干し草っぽさと中東風の甘さ、そしてホワイト フローラルのフーガが楽しい。=LT

バニユディリス
▷ ***Vanille d'Iris*** **オーモンド ジェーン** ★★★★ **アイリス バニラ**

「アイリスのバニラ」という商品名を見て、私は目を疑った。経験上、アイリスとバニラを組み合わせてまともな香りになるとは思えなかったからだ。しかし、このハイブリッドはすごい。まずは高価なアイリスの香料を惜しげもなく投入してくれたオーモンド ジェーンに感謝。アイリスとバニラの密会をバイオレットに仲介させたアイディアも実に賢い。これでバニラのチーク材っぽさとアイリスの土臭い部分がうまくつながった。しかもフレッシュなピーチの香るオスマンサスのベースが、この密会を邪魔していない。こんなアコードは初めてだ。素晴らしい。ただしアイリスとバニラの揮発性は大きく異なるので、この魔法が持続するのは短時間に限られる。だが誓ってもいい、この香水をつけてから最初の30分間は知能指数が10ポイントほど上がるだろう。=LT

私も紙で試したときは本当に気に入った。でも、実際に使うなら肌ではなく服にス

プレーすること。肌だとあっという間に魔法が消えて、ありふれたウッディ バニラだけになってしまう。=TS

▷ ***Vanille Tonique***（バニユトニク）　**エボカティブ**　★★　バニラ アンバー
セルジュ ルタンスの「アンブル スュルタン」に似たタイプなのに、なぜか1980年代的なオリエンタル調の香水。=TS

▷ ***Vaninger***（バニンジャー）　**オリベル**　★★　バニラ ジンジャー
ジンジャーを香水に使うのは難しい。私の知るかぎり、成功例は1936年の「シャンハイ」と1998年の「エンヴィ フォー メン」（名匠ジャン ギシャールの作）くらいだ。この「バニンジャー」も、うまくバニラにジンジャーを合わせてはいるが、いささか退屈で面白みを欠く。残念。=LT

▷ ***Vaporocindro***（バポロチンドロ）　**ジャニュアリー セント プロジェクト**　★★　ナッツ風味のグリーン
TSは生まれも育ちも私と違うので、香りの記憶も異なる。彼女に言わせるとこの香水は「ピーナッツバターとセロリ」だ。そうかもしれないが、どう考えても私には「雨の日の花屋」の匂いとしか思えない。ずぶ濡れになったキャメルのコートから立ちのぼる蒸気と床に散らばる茎の切れ端から出る牛の吐息みたいな匂いが混ざっていて、どんな花屋の心も凍りつかせる。=LT

▷ ***Velours***（ベルール）　**サン ローラン**　★★　アイリス ティー
ビロードという名の香水。「コレクシオン ド ニュイ」のシリーズでは一番の出来だと思えばこそ、失望も大きい。ティーとペッパー、そしてアイリスを合わせたアコードは秀逸だし、良質な香料を使えばもっとよくなったはずだ。しかし結果は、ビールを飲んだ後のげっぷみたいな匂い。期待はずれだ。=LT

▷ ***Velvet Haze***（ベルベットヘイズ）　**バレード**　★★　パチュリ ココア
セルジュ ルタンスの名作「ボルネオ1834」とシャネルの「コロマンデル」にヒントを得たらしいが、駄作に終わっている。=LT

▷ *Velvet Orchid*（ベルベットオーキッド）　**トム フォード**　★★★　ウッディ フローラル

トム フォードの香水を買うのはどんな人たちなのか、正直言って、私にはまったく見当がつかなかった。しかし香水ラインのオーナーがエスティ ローダーと聞いて納得した。トム フォードはエスティ ローダーのお飾りであり、その顧客はクルーズ船で開く豪華パーティの常連なのだ。長年のローダー ファンとして言わせてもらえば、ローダーは金持ちの顧客を喜ばせるためにもっと高い値段をつけるべきであり、こんな重いオリエンタル調の香水を軽やかなフローラル調の香水と同じ淡いパステルカラーでパッケージするのをやめるべきだ。見た目に惑わされることなかれ。トム フォードの香水ラインは基本的にひどく高価で、たいていはダークで、大理石の蓋のように重い香りだ。

そういう事情ゆえ、この「ベルベット オーキッド」も実に複雑で、それなりのアイディアがたくさん詰まっている。たとえば、トップノートにはクリーミーな感じとざらつき感が同時に感じられる。これは私にとっても初めての嗅覚体験だった。そしてハートの部分では個性の強い多くの素材が縦横無尽に飛び交う。四人の調香師の名が記されているところから推測するに、みんなの意見が合わなかった結果だろう。そしてドライダウンは岩のように固い。こんなに合成香料を詰め込んでまともな香りにまとめるのは至難の業で、私の知るかぎり、成功例は初代の「ブシュロン」（1988）くらいだ。もちろん「ベルベット オーキッド」はそのレベルに及ばない。悪くはなく、まずまずの香水だが、やりすぎ感が鼻につく。=LT

▷ *Venetian Belladonna*（ベネチアンベッラドンナ）　**パルファム クオルターナ**　★★★　ホワイト フローラル

ベッラドンナ（atropa belladonna）は、文字どおりには「美女」の意だが、実はナス科の有毒植物の名。この毒にやられると瞳孔が開いて目が完全に黒く見えるのだが、たぶん黒い目が美女の要件とされていた時代の命名だろう。ちなみにブランドのウェブサイトには、古代ローマ皇帝アウグストゥスの妻リビアが夫にベッラドンナの毒を盛ろうとした逸話が面白おかしく紹介されている。それはさておき、この香水はどうか。パウダリーなホワイト フローラルとパチュリを合わせた構成は悪くない。しかし、もっとうまくまとめることができたはずだ。=LT

▷ *Venetian Bergamot*（ベネチアンベルガモット）　**トム フォード**　★★　シトラス オリエンタル

この商品名（ベネチアのベルガモット）に惑わされてはいけない。たしかにベルガモットは南欧産の柑橘類だが、あいにくベネチアには生えていない。トム フォード自身の趣味かもしれないが、このブランドは何度もシトラスノートに様々なスパイシー オリエンタルのアコードを合わせている。なかには「ベール ボエーム」のような成功例もあるが、こちらは無惨な失敗作。トップノートとハートノートが反目し合って、オーデコロンで煮詰めたレモン味の豆腐になってしまった。=LT

▷ ***Venetian Blue***（ベネチアンブルー） **マーチャント オブ ベニス** ★★ シトラス フゼア
取るに足らない男性用香水。いいのはボトルだけ。=LT

▷ ***Venetian Red***（ベネチアンレッド） **アンナ ズヴォリキナ** ★★★ オークモス フローラル
往年のロシャスの名品「ミステール」のようにドライでスパイシーでアルデヒド系のシプレを、今の時代に天然香料だけで再現できたなんて、本当にすごいこと。元祖「ミステール」がもう手に入らない以上、この素敵にレトロな香水は天の恵み。品切れにならないうちに楽しんで。=TS

▷ ***Venezia Giardini Segreti***（ベネツィアジャルディーニセグレティ） **ラ ヴィア デル プロフーモ** ★★★★ ジャスミン クチナシ
自然界の奥深い謎というべきか、白い花の匂いはたいてい似ている。似ているからこそ、ひとくくりにホワイト フラワー（白い花）と呼ばれるのだが、では、なぜ似ているのか。おそらく白い花は夜に咲くからであり、昆虫たちは花の色など気にしないからだ。花にとって大事なのは、受粉を助ける昆虫たちに好まれる匂いを発することであり、色はどうでもいい。そういうわけで、厳密に言えば白い花でも種類によって匂いは異なる。ジャスミンならジャスミンの、つまりウッディなセロリに似た匂い。ガーデニア（クチナシ）の花ならマッシュルームの匂いだ。
この「ベネチアの秘密の花園」と題する香水の場合、最初は素晴らしいジャスミンが香り立つ。グリーン フレッシュで、レモンに似ていなくもない。ハートノートではもっとストレートな、セロリっぽいジャスミンが心地よく香る。そしてドライダウンに向かうと何かの異変が起きて、ジャスミンが紛れもないガーデニアに変身する。これは私の想像だが、たぶんアンバー グリスのもつマッシュルーム臭のせいだ。調香師のドミニク デュブラナはこれをたっぷり使ったらしく、最後までしっかり香る。ここまでガーデニアの香りが続く処方は初めてだ。きっとたくさん真似されるだろう。素晴らしい。=LT

▷ *Vent de Folie*（バンドフォリ）　**アニック グタール**　★★★　おセンチなフローラル

ロマンス小説の大家バーバラ カートランド（故人）は、書斎の照明を落としてソファ（きっと豪華なインド更紗のカバーをかけてあったに違いない）に身を沈め、口述筆記で作品を量産したという。この世のロマンスより、あの世の霊魂とのチャネリングにふさわしい雰囲気だが、この香水を嗅いでいたら私も、霊界のカートランドにチャネリングで聞いてみたくなった。これを好きになるのはどんなタイプの人ですかと。さて、アニック グタールは一貫して、ちょっとおどけた感じもあるお婆ちゃんっぽいスタイルの香水を生み出してきたブランド。そして調香師のイザベル ドワイヤンはフローラル系の達人。この作品もよくできていて、淡いスイート グリーンの、いわば花屋さんみたいな香りであり、ドライダウンはロシャスの名品「ビザーンス」（1987）のウェットなマーブル感を思わせる。ただし全体の感じは今ひとつ。個人的には、伯母さんの家の２階のレースをいっぱい飾った部屋を思い出してしまった。=LT

▷ *Verano Porteño*（ベラーノポルテーニョ）　**フラッサイ**　★★★★　マグノリア ジャスミン

いつか読んだ自己啓発書に、電話中も笑顔を忘れずにと書いてあったのを思い出す。笑顔は受話器のむこうにも伝わるのだと。匂いについても同じことが言える。この香水（商品名は「ブエノスアイレスの夏」の意）を嗅ぐと、思わず笑顔がこぼれる。言ってしまえば真っ正直なホワイト フローラルの香りであり、調香師のロドリゴ フローレス ルーが「ビヨンド パラダイス」（エスティ ローダー）から「オスカー フロール」（オスカー デ ラ レンタ）に至るカリス ベッカーの軌跡にインスパイアされたのは間違いない。しかしこの作品は、そのフローラルの軌跡にさわやかなスズランの香りを加えていて、これがトップノートを一段と楽しくしている。これをつけていれば男が振り向く。そして恋に落ちる。=LT

▷ *Vert Bohème*（ベールボエーム）　**トム フォード**　★★★★　シトラス カンファー

この20年ほどでシトラスノートはすっかり堕落してしまったが、ついに本物が帰ってきた。素材に関する多くの規制を乗り越えて、この香水のトップには真にリッチでナチュラルな、みずみずしいシトラスが香り立つ。しかも、その後に続くのは複雑でフレッシュなグリーン系のフローラル。不思議なミントっぽいカンファーの気配もあり、それが水晶のような虹色の輝きを放つ。オリビエ ギロティンとロドリゴ フローレス ルーの合作になるみごとな作品。=LT

ベールドフルール
▷ ***Vert de Fleur*** **トム フォード** ★★★★ グリーン フローラル
いずれも一時代を画した「バン ベール」と「シラーンス」、そして「ディオリッシモ」にヤン ヴァスニエが同時多発的オマージを捧げた美しい作品。非常に卓越した賢い調合で、まずはスズランが編隊を組んで飛び立ち、ハートの部分では気持ちをなごませアイリスが香り、全体としてパウダリーなアンニュイさを醸し出す。ダンディな男性用。=LT

ベールドー
▷ ***Vert d'Eau*** **シャボー** ★★★ レモン フィグ
未完成なグリーンとアルデヒドのノート。まともな香水のベースには使える。=LT

ベールダンサン
▷ ***Vert d'Encens*** **トム フォード** ★★ グリーン パチュリ
およそ食べる気にならない菓子とグリーンのノート。ピスタチオ味のアイスクリームの失敗作。=LT

ベールデボワ
▷ ***Vert des Bois*** **トム フォード** ★★★ シトラス パチュリ
巧妙で、心地よいシトラス グリーンの調合。=LT

ベルベンデテ
▷ ***Verveine d'Eté*** **ル ジャルダン ルトゥルベ** ★★★ シトラス バーベナ
1974年の「オー ド ゲラン」を真似たシトラスとハーブのアコード。フレッシュで洗練されていて、肌につけても思いのほか長く香りが続く。=LT

ベスパー
▷ ***Vesper*** **サンタ エウラリア** ★★ ウッディ スパイシー
独創性のかけらもないが、それなりにまとまった香水。コム デ ギャルソン風のヒッピーっぽいウッディ スパイシー。=LT

ベティリス
▷ ***Vetiris*** **リュバン** ★★★ シトラス ベチバー
悪くないレモン風味のベチバーで、同ブランドの「イタスカ」よりも少しグリーンっぽい。=LT

ベチバーマタール
▷ ***Vétiver Matale*** **パルフュメリ ジェネラール** ★★ 湿気ったクローブ
このドライでスパイシーなベチバーなら、もっと処方に予算を回せばまともな香水になれたかも。でもこのままでは、公共建築物の中庭にあるよどんだ池（たいていコ

イが泳いでいて、近くにゴミ箱がある）の匂い。=TS

ベチバープールオム
▷ ***Vetiver pour Homme*** **ロジャ ダブ** ★★★ ベチバー ナツメグ

私はナツメグの男っぽい匂いを愛するタイプではないが、この香水のベチバーとシトラスのトップノートはいい。ただしドライダウンは平凡。=LT

ベチバーベリタス
▷ ***Vetiver Veritas*** **ヒーリー** ★★★ スモーキー ベチバー

このブランドは生真面目で正直だから好きだ。ヒーリーが本気でベチバーをやったのなら、それは素材のもつ特徴を最大限に引き出していると思っていい。つまりジンジャーの香りでお茶を濁してもいないし誇大広告でもない。これはベチバーの香水としては格別な水準で、ベチバーの根がもつ土の香りやミネラル感が生きている。満足度は高い。=LT

ベチベラス
▷ ***Vetiverus*** **オリベル** ★★ ベチバー クローブ

ベチバーとオスマンサスのアコードとされているが、それにしてはオスマンサスが沈黙している。この香水には剛速球のような強烈さがあり、ナーゾマット（イタリアの個性派ブランド）の製品に似ている。ベチバー自体は悪くないが、やりすぎだ。=LT

ビエアルミス
▷ ***Vi et Armis*** **ビューフォート** ★★★★ 泥炭のキャンディ

オーストラリアでは2017年の流行語大賞が「ランバーセクシャル」だったと聞く。ランバージャック（きこり）とメトロセクシャルの合成語で、カール マルクスみたいな立派なヒゲ面こそダンディということらしい。何を今さら。ニッチ系の香水の世界では何年も前から、堂々たるヒゲ面の匂いが人気になっていた。洗練されたカントリー調のスモーキー（2007年の「オー ド ジャタマンシ」など）やラム酒（1999年の「ヨージ オム」など）のノートであり、その手の香りをひっくるめた香水を作ろうとする人間が出てくるのは時間の問題だった。それを実際に手がけたのはロンドン発のビューフォート。もともとイギリス人は荒涼とした村の石造りの小屋でパイプをくゆらせ、詩作にふけるいかつい男を愛するタイプだから、まあ当然の帰結と言える。こうして生まれた「ビ エ アルミス」は、さながら錬金術師のクリスマスパーティ。ダークでリッチで、泥炭の塊を燃やして暖を取りつつスパイスの効いたプディングをフランベして食べ、衛生上の理由で咳止めシロップとペンキを投入した感じだ。ひとつ間違えば苦くて耐えがたい薬草になりかねない領域で、こんなに素晴らしい香りに仕上げた技には感嘆する。ぶれないアート ディレクションと確かな技術の結晶だろう。なにしろビューフォートを率いるレオ クラブツリーはロックバンド「プロディジー」のドラマーでもあり、自分が目指すものを明確に知っている。そして調香師のジュリー マーロウは、自分のボスのビジョンを忠実に再現した。しかも、大手ブランド（凡庸こそ取り柄）の罠にもニッチ（かけ声倒れ）の罠にもはまっていない。この素晴らしい香水は今後、何かにつけて模倣されるだろうが、これを超えるのは相当に難しい。=LT

ラヴィエベル
▷ ***La Vie Est Belle*** **ランコム** ★★★ ピーチ アイリス

このランコムの香水と、巷にあふれる粗雑なフルーティ フローラルとの決定的な違いはアイリスノートにある。ちなみに、大衆向けの香水にもアイリスを使えるようになったのは値段が急激に下がったからで、値段が下がったのは短期間で熟成させる新技術が登場したからだ。しかし悲しいかな、そうした即席アイリスにはリッチ感もなければメランコリックな上品さもない。その香りは平坦で酸味があり、ライ麦パンや気の抜けたビールのようなイーストっぽさがある。ランコムはこれにバニラと甘味料を混ぜ、さらにジャスミンとオレンジフラワーを加えた。おかげで単なるトイレ用洗剤にならずに済んだ。そして痩せこけたジュリア ロバーツを広告に起用して、世界中に売り出した。もしかしてジュリアはこの香りが気に入ったのだろうか？　あるいは単に、救いがたいほど平坦になってしまったフルーティ フローラルの世界ではこの程度の香水でも十分に際立つということか。後者であると、私は信じたい。=LT

ラヴィエベルオードパルファムアンタンス
▷ ***La Vie Est Belle eau de parfum intense*** **ランコム** ★★ オレンジ アイリス

ランコムは、レーモン クノーの小説『はまむぎ』に出てくる女性に似ている。彼女はパリのとあるバーのテラス席で交通事故を目撃して以来、同じ場所で次の事故を目撃することに生涯を捧げた。ランコムの場合で言えば、最初に目撃した事故は1985年の「トレゾァ」だ。あれは壮絶なまでに俗悪でありながら愛すべき香水だった。そのスタイルはたちまち、誰もがコピーするようになった。そしてランコムは、親会社ロレアルの官僚たちが好む怪しげなロジックでこう考えた。みんなが当社の製品をコピーするなら、うちも自社製品をコピーしよう。かくして業界全体が自分の尻尾を追いまわすような状況になり、当然のことながら市場には似たような香りがあふれた。そして64種類もの記憶に残らぬ製品が世に出た後に、たどりついたのがこれだ。何百人もの美女の写真を合成しまくり、あらゆる個性を消し去った末にできた写真のような没個性的香水。美しくても愛せない。そうは言っても、これだけ陳腐な香水を作るには相当な腕が必要だ。ドミニク ロピオンとアン フリッポ（どちらも立派な調香師だ）はマーケティング部門の用意した膨大なデータと悪戦苦闘した末に、ようやくここへたどり着いたのだろう。完璧なまでに誰の記憶にも残らない香水の完成だ。これならイギリスの諜報機関MI6から女性エージェント用に大量注文があってもおかしくない。=LT

▷ ***La Vie Est Belle l'Eclat***（ラヴィエベルレクラ）　**ランコム**　★★★　シュガー フローラル

個人的には好きになれないけれど、この非日常的でピンク色の甘いケーキ屋さんみたいなフローラルが理想的な仕上がりなのは認める。オリジナルの「ラ ヴィ エ ベル」がもつストロベリーとアイリスのアコードをアルデヒドの銀色の輝きが照らす感じで、ウッディな重さを取り除き、よりストレートなスイート フローラルに仕上げている。テクニカルには奇跡に近い製品だけれど、正直言って誰にもお薦めできない。ああ、もしかして言語学者のノーム チョムスキーなら。そう、まさにチョムスキーのための香水。早く彼に贈ってあげて。=TS

▷ ***Vierge de Fer***（ビエルジュドフェール）　**セルジュ ルタンス**　★★　リリー ジャスミン

「鉄の処女」という名前だけれど何の変哲もないホワイト フローラル。=LT

▷ ***Vintage***（ビンテージ）　**シャボー**　★★　凶暴なチュベローズ

ロベール ピゲの傑作「フラカ」（1948）の残念な焼き直し。=LT

▷ ***Vinyle***（ビニール）　**サン ローラン**　★★　ペッパー ミルラ

まともな香水になれたはずなのに力及ばず。まさかディズニーランドのアンクル スクルージが処方に口を出したとか？ =LT

▷ ***Violet Marc Jacobs 2015***（バイオレットマークジェイコブス）　**マーク ジェイコブス**　★★　フルーツカクテル

私の５歳の娘が好きな香水。市販のマーブルアイスにチェリーシロップをかけた感じだから。=LT

▷ *Violets and Rainwater*（バイオレッツアンドレインウォーター）　**ソイボール**　★★　マリン ムスク
この香水が生まれた背景には、こんな事情がありそうだ。25年も「オード イッセイ」（イッセイ ミヤケ）を愛用してきたせいで鼻が他の香りを受けつけなくなったマダムが香水売り場にやってきて「今はニッチな香水ブランドっていうのがたくさんあるんでしょ、だったらイッセイさんのと同じ香りはないかしら」と聞いてくる。すると店員さんが「ありますとも、マダム」と答えて、この香水を薦めるわけだ。悪くはないが、もっと工夫が必要。=LT

▷ *Violette de Parme*（ビオレットドパルム）　**アンスティテュ トレ ビアン**　★★　グリーン シトラス
バイオレットとしてもシトラスとしても失敗したオーデコロン。アンスティテュ トレ ビアンにしては珍しく期待外れ。=TS

▷ *Violette in Love*（ビオレットインラブ）　**ニコライ**　★★★　バイオレット アイリス
バイオレットは甘ったるくて陽気でパウダリーで、おばあちゃん風で幼稚な香りになりがちだ。要はすべてが古臭いってこと。でもこれはクールで切なげ、ベリー類とアイリスに裏打ちされているけれど、「ラ ヴィ エ ベル」みたいに鼻につく強烈な甘さはない。ミントやバジルといったグリーン系の背景が「フルーティ フローラル」の概念を打ち消す。すごく高度な技術だけど少し雑。たいていのニコライの作品と比べれば、全体に化学薬品の印象が強い。=TS

▷ *Viride*（ビライド）　**オルト パリージ**　★　スイート ハーベイシャス
甘ったるくて安っぽい匂いで、気がめいる。=LT

▷ *Vitrum*（ビトルム）　**サンマルコ**　★★★　ベチバー スモーク
ジョバンニ サンマルコによれば、これはベチバー好きの知人のために作った香水。実際、素晴らしいベチバーが今風にスモーキーな方向に広がり、トップはペッパーのノート。クリーンできりっとして、知的な香り。=LT

▷ *Vodka on the Rocks: Moscow*（ウォッカオンザロックスモスコー）　**キリアン**　★★　カルダモン ローズ
ずっと昔、これといって何もなかった日の終わりに、ラボの同僚と10種類ほどウォッカの利き酒をしたことがある。圧勝したのは分析試薬用エタノールで、40：60の割合で脱イオン水と混ぜられた。脱イオン水は無臭。エタノールは全フレグランスの

80%を占め、匂いは非常に弱い。それではここで、シドニー ランセスールに与えられた退屈な指示について考えてみよう。「ウォッカのオンザロックの匂いで」。完成したのはまるで面白くない、カルダモンとローズのあいまいで色あせた混合物。そもそも、ウォッカのオンザロックなんてだれが飲む? =LT

インテリジェンスアンドファンタジー
▷ ***Vol.1 Intelligence and Fantasy*** **ビューティフル マインド** ★★ マンダリン カシュメラン
パッケージが美しい、フルーティ ムスク調の薄いスープ。=LT

プレシジョンアンドグレース
▷ ***Vol.2 Precision and Grace*** **ビューティフル マインド** ★★ ベルガモット アンバー
パッケージが美しい、フルーティ アンバー調の薄いスープ。=LT

ブレブクシェアベックモワ
▷ ***Voulez-Vous Coucher avec Moi*** **キリアン** ★★★ スイート フローラル
この香水の名前はおそらく、深刻なまでに会話が不足しているなら、単刀直入に言いたいことを言うほうがましだとほのめかしているのだろう(フェレロ ロシェの広告で見るような大使公邸パーティ風スタイルには全面的に賛成としても)。=LT

ボワイヤージュオリニクデュパピヨンドビ
▷ ***Voyage Onirique du Papillon de Vie*** **ダリ オート パフュメリ** ★★ オレンジ ブロッサム
とてもすてきなボトルに詰められた、250ドルの消臭スプレー。=LT

ワリマー
▷ ***Walimah*** **アリージュ ル ドレ** ★★★ ウッディ フローラル
妙に控えめなフローラルのトップノートは「ラッシャン アダム自ら蒸留したイエローチャンパカ」らしい。ベースは甘いロウのような心地よいベチバー。アリージュ ル ドレの他の香水よりもゆったりとして画一性に欠けるアコードで、やや漠然としている。=LT

ウォンテッド
▷ ***Wanted*** **アザロ** ★ 悪夢 フゼア
これが求められているって?　ぞっとするほど強烈で下品な「アザロ オム」と「クール ウォーター」の混成物。そこに不愉快なウッディ アンバーを少量加えて、永遠に終わらない悪夢を確かなものにする。うっかり試香紙を鼻に当てたら最後、一日中バーチャル色男につきまとわれる。デート相手がこの臭いをぷんぷんさせて現れたかわいそうな女の子には、同情するしかない。=LT

▷ ***Wanted***（ウォンテッド）　**ダイアン ペルネ**　★★★　レジン ナツメグ

昔、香水の広告には香料のリストがなかった。「バン ベール」も単なる「緑の風」でしかなかったし、きっと魚みたいに捕まえでもしてグラースで瓶詰めにしていたのだろう。やがて企業は、アレルゲンとして認められる材料を表示しなくてはならなくなった。その後、香水はすっかり化学製品となり、ブラック ガーデニアやホワイトムスクといった人工香料が挙げられるようになる。今ではニッチな香水はさらに進み、まったく関係のない香料までリストに載せているようだ。これはナツメグの香りという触れこみだが、つかのま香るのはチュベローズで、次にもっともらしいインセンスに変わる。悪くはないが、少々退屈。=LT

▷ ***Warszawa***（ワルシャワ）　**ピュアディスタンス**　★★★　グリーン フローラル

立派だがやや個性に欠けて古風なクリーミー グリーンのフローラル。=LT

▷ ***Wasanbon***（ワサンボン）　**サトリ**　★　レモン ハニー

醜悪な「グルマン」。サトリの他の作品は素晴らしいのに、これは完全な失敗作。=LT

▷ ***Water Calligraphy***（ウォーターカリグラフィー）　**キリアン**　★★★　シトラス マグノリア

美しく作られた、淡く控えめで繊細な、すまなさそうな感じさえ漂うフローラル。明らかに東アジア市場向け。ジョルジオ ビバリーヒルズが突然日本で大流行すればいいのに、と願わずにいられない香り。=LT

▷ ***Wenge***（ウェンジ）　**アザグリー**　★★　レモン キャラメル

いったいどんなルンバ的アルゴリズムを香りの空間に当てはめて、アザグリーは香水制作を行っているのだろう。いずれにしても吐き出された興味深い作品は、レモン、ウッド、キャラメルの驚くほど適切なアコード。あいかわらず絶望的に安っぽく簡素だが、このブランドの他の香水よりは意気消沈せずにすむ。=LT

▷ *What Would Love Do?*（ワットウドラブドゥ） ゴリラ パフューム ★★★★ レモン ベンゾイン

ゴリラ パフュームには毎年のように驚かされっぱなしだ。ここはニッチなブランドならではの、その野心に見合う最高級の品質を維持しているだけではない。調合のコストを下げようとか、もっと流行を追い求めようという衝動に抗っているように見える。もしフォーカスグループや社内評価者を抱えているなら、ぜひ会ってみたいものだ。きっと並はずれて風変わりな人々に違いない。ここの香水はどれも、創業者であり調香師であるマーク コンスタンティンとシモン コンスタンティンの求める香りになっているように思える。送られてきた大きな紙箱のふたの裏には小さな活字のメッセージが貼ってあり、中に入っている6種類の香水は「家」に関わりがあるという謎めいた説明がされていた。細かいことだが私が重要だと思うのは、その6種類のどれもがさまざまな黄褐色だという点。かつて香水はその色だったし、今も絶対そうあるべきだ。化学者だけが無色の液体や固体を生み出し、ちゃらちゃらした格好のマーケティング専門家だけがモーブ（藤色）を調合物に加える。自然なウイスキー色の香水は、中に入っている材料がうまく組み合わさり、自然のままにポリフェノールやシッフ塩基を用いているという証明だ。オリエンタルの香りは、たいていベンゾインをベースにし、無邪気なほど率直に調合される。「ワット ウド ラブ ドゥ?」は、他の香水が慎重に進むところにおそれず飛びこみ、すてきなシトラスでトップノートを満たす。そこにたっぷり加わるベンゾインとパチュリがもたらすのは、さほどオリエンタルやオーデコロンらしいわけではない、ただただ素晴らしいレモンパイの香り。これはポストモダンの「シャリマー」だという意見に、おそらくジャック ゲランも賛成するのではないか。=LT

▷ *Whip*（ウィップ） ル ガリオン ★★★ シトラス ウッディ

「ムッシュ バルマン」風のウッディでクリーミーなレモン。申し分なく洗練されている。=LT

▷ *Whisky Cedarwood*（ウイスキーシダーウッド） ジョー マローン ★★★ ウイスキー ローズ

ウイスキーとコニャックの温かいノートに対する、斬新なフローラル アルデヒディックのフレッシュな解釈。調香したのは常に創意あふれるヤン ヴァスニエ。いつものジョー マローンは深みと耐久性に欠けるが、これはうまく作られており、5倍の処方の予算をつけて再制作する価値はある。潜在的には現代の「ボワ デ ジル」（シャネル、1929）になる力を秘めているのだから。=LT

▷ **White**（ホワイト）　**アザグリー**　★★　シトラス フローラル
あまりに特徴のないフレッシュなシトラス フローラル。これを振りかけたスカーフを出して匂いの主を探せと言われても、警察犬でさえ座りこんで一歩も動かないレベル。=LT

▷ **White**（ホワイト）　**ピュアディスタンス**　★★★★　シトラス フローラル
ピュアディスタンスによるとこの香水の意図は、「つけた瞬間に幸せがあふれ出す、美しくポジティブな香りを作ること」だという。はいはい、好きに言ってくれ、というのが、その宣伝文句を目にしたときの私の感想。ところがなんと。「ホワイト」が最高の香料で再現するのは、愛する人にキスされているときに感じた、すてきなフェイスクリームの香りだった。宣伝文句は正しいと認めざるをえない。=LT

▷ **White Gold**（ホワイトゴールド）　**オーモンド ジェーン**　★★★　ホワイト フラワー
とても大きなホワイト フローラル。トップノートは美しいシトラス ウッディ。ハートノートは濃厚で複雑、強烈なインドール調。=LT

▷ **White Luminous Gold**（ホワイトルミナスゴールド）　**マイケル コース**　★★★　グリーン アンバー
過去にことごとく失敗しているのに、どうして香水会社はいまだに３種類の香水シリーズを発表するのだろう？　同時に三つの偉大な香水が生まれる確率はゼロに等しい。仮に（せいぜい）ひとつ良い香りがあったとしても、それが他の２つ（この場合は「ローズ ラディアント ゴールド」と「24K ブリリアント ゴールド」）を差し置いて目立つには努力を要する。というわけでプロジェクト全体としては明らかに低俗だが、「ホワイト ルミナス ゴールド」自体は面白い香水だ。マイルドで、みごとにまとめられたグリーン バルサミックのオリエンタルは、エスティ ローダーの「アリアージュ」（1972）とカルティエの「マスト」（1981）を足して割った感じ。だが前者の押しつけがましいガルバナムや、後者の安っぽいチョコレートの要素はない。「ホワイト ルミナス ゴールド」の好きなところは、調香師フランク フォルクル（2013年にル ラボ「ベンゾイン 19」など作成）が大量市場の香水では珍しいアコードを用いていること。アンバーの甘さをドライな樹脂のノートで相殺し、全体の構成にすがすがしい昂揚感とユニセックスな傾向をもたらしている。肌なじみがよく、高価でなく、ドライダウンに気品のある、穏やかでコンパクトなオリエンタルを探しているなら、これで決まり。=LT

ホワイトプルマージュ
▷ ***White Plumage*** **フランチェスカ デローロ** ★★ 石鹸調ジュニパー

フランチェスカ デローロの香水には、けして不快にさせないというメリットがあり、現在では大手ともニッチともつかない位置にある。これはミュグレーの「コローニュ」が始めたフレッシュ ハーベイシャスのアコードで、よく練りあげられた一例。このジャンルにしては珍しく気持ちよく感じる。=LT

ホワイトサンダルウッド
▷ ***White Sandalwood*** **ゴールドフィールド & バンクス** ★★ ウッディ ハーベイシャス

けして失敗しないニッチなたわ言といえば、たとえば「モロッコ産タイム」のような香料と場所の組み合わせだ。これは心地よいが安っぽい匂いの作品。マイソール産の貧弱な代用品として、オーストラリアのサンダルウッドを用いているという。=LT

ホワイトウィンターフラワー
▷ ***White Winter Flower*** **40ノーツ** ★★ オレンジ ブロッサム

オイルベースのオレンジの花がとんでもない値段で売られている。読者のみなさんに忠告しておくと、最高にすてきな大瓶入りオレンジ ブロッサム ウォーターは、中東製品を扱う食品店ならどこでも買える。私はダイニングテーブルに1本常備して、猫を追い払うのに使っている。=TS

ホワイトザゴーラ
▷ ***White Zagora*** **ザ ディファレント カンパニー** ★★★ ピーチ オスマンサス

ティー風のすてきな調合に、レモンのスライスを添えて。=LT

ワイルドイズザウィンド
▷ ***Wild Is the Wind*** **アトリエ ド ジェスト** ★★★★ フローラル バーベナ

これはまるで過去から吹く一陣の風。ガリマールの引き出しの奥から引っ張り出したようなその香りが何なのか、名前が思い出せない。ひょっとしたら昔の「ティユル ドルセー」だろうか。かすかに酸味のあるリンデン調のバーベナが、このフローラルの調合に柔らかいシダレヤナギの趣をもたらし、それは思いがけず詩的で胸を打つ。私と同じく、ジバンシィの男性向けフローラル「アンサンセ」(1993) の製造中止を嘆く人がいたら、これを買い求めて、洗練された哀愁の香りにふたたび包まれるといい。=LT

ワイルドローズ
▷ ***Wild Rose*** **ソーン & ブルーム** ★★ タラゴン ローズ

大きくて耳障りで不調和なフローラルのアコード。=LT

ワイルドストロベリーアンドパセリ
▷ ***Wild Strawberry and Parsley*** **ジョー マローン** ★★ グリーン 野菜
まさに「アン ジャルダン オン メディテラネ（地中海の庭）」（エルメス、2003）とその後続から着想を得た、ヘタを切ったサヤインゲンを思わせる香水。どうして人が野菜の匂いをつける必要があるのか、理解に苦しむ。=LT

ヴィルヘルム
▷ ***Wilhelm I*** **ヴィルヘルム パフューム** ★★ グリーン フローラル
私は何か重要な香料に対する嗅覚が欠如しているのかもしれないが、このパワー不足でめちゃくちゃなグリーン フローラルの要点がつかめない。=LT

ヴィルヘルム
▷ ***Wilhelm II*** **ヴィルヘルム パフューム** ★★★ ラベンダー バイオレット
意外性はないが、感じがよくきちんとまとまった、ラベンダーとバイオレットリーフのアコードに、温かい背景。体裁のよい男性向け香水。=LT

ウィロー
▷ ***Willows*** **レジーム デ フルール** ★★ ミモザ アイリス
これは「アプレ ロンデ」型のラフスケッチ。初めは心地よいが、なくてはならない洗練に欠けており、トップノートが弱まると粗さが残る。=TS

ウィンター
▷ ***Winter*** **ダーザイン** ★★★★ ジンジャー スモーク
控えめだが一貫性のある造りの巧みな調合。含まれるのはあまりなじみのない香料。ブラック カルダモン（調べが必要）のスモーキー ジンジャー調のノートがラベンダーと組み合わさり、奇妙にもグルマンの香りをもたらす。とても心地よい。=LT

ウィンターナイツ
▷ ***Winter Nights*** **ダーザイン** ★★★ スモーキー ワームウッド
「スカイブ」や「ランプブラック」のスモーキーな作風に連なる香りで、おそらくそれらよりアーシーで軽め。アルテミシア調の背景が中身をうまく結びつけている。
=LT

ウィット
▷ ***Wit*** **パルファム デルラエ** ★★★★ レモン ジャスミン
デルラエ ルースが自身のコレクションで頼りにする調香師はたった二人、ミシェル ルドニツカとヤン ヴァスニエだ。その選択からわかるように、ルースが関心を持つのは成熟し、完全に出来上がった「クラシカル」な香水で、ニッチな香水がたいてい通過する若々しいジョークではない。ヴァスニエが手がけたこの作品は、驚異の技巧で香りを結びつける。正式にはジャスミンの香水だが、なじみのある甘く重たげなノートが、あらゆる面に閉じこめられている。始まりは、ヘッドスペース法で再構成したマイヤーレモンから成るという、素晴らしく、驚くほど持ちの良い樹脂性シトラスのトップノート。その次は、ダフネ クネオルム（ジンチョウゲ科の花）をヘッドスペース法で抽出したノート（私にとって未知の香り）で、ヒヤシンス調のパウダリーな重みをジャスミンに加えているようだ。でもこの調合が真にすぐれているのはカンファー調のハートノートの区画。これによってすべてがまとまって機能しつづけている。他とはレベルが違う、ドライダウンまでずっと失望を味わうことのない、最高の香り。=LT

▷ **Wolfsbane**（ウルフズベイン） **パルファム クオルターナ** ★★ ウッディ フルーティ
昔、古典を研究している仲間から、こんな話を聞いた。彼が受けた助言によれば、ラテン語の文の翻訳中に未知の植物が出てきたら、まずそれが食べ物か毒か判断して、次に何者がそれを口にしたか突き止めるのだ。そしてそれを口にする種を前に置き、食べ物だったら語尾に-wortを、毒だったら-baneをつけて呼称とする。この香水は、ばかばかしい解説によると「雄々しい怒りを反映」しようとしているらしいが、実際は無数にある他の香りと変わらない、プルノールの重たげな調合。=LT

▷ **Woman in Gold**（ウーマンインゴールド） **キリアン** ★★★ フローラル オリエンタル
非常に適格で洗練され、濃厚で心地よくマイルドで、完全に眠気を誘うパウダリーなフローラル オリエンタル。=LT

▷ **Wonderoud**（ワンダーウード） **コム デ ギャルソン** ★★★ ウッディ ベチバー
コム デ ギャルソンは長年にわたり、素晴らしい調香師マーク バクストン、ベルトラン デュシュフールと協力して、ドライで透明感があるウッディな香りを新しい男性向け香水の模範として確立させるため、どんなブランドよりも力を注いできた。「CdG2」や「インセンス」シリーズといった大変よく模倣された大作は、いずれ「ボワ ダンサン」（アルマーニ、2004）や「シカモア」（シャネル、2008）のような驚異の誕生を導くことになる。これを調香したのはアントワーヌ メゾンデュ。エタリーヴル ドランジュで数々の印象深い香水を作ってきた調香師で、概して自由なミニマリストのスタイルを貫いている。彼の基準からすると、これはずいぶん精彩を欠く香り。「ワンダーウード」はドライなベチバーのアコードで、ミュグレー「コローニュ」(2001)の蒸気を上げるスチームアイロンのノートがわずかに加わる。ベチバーの精油の欠陥(過剰なリコリスとコーヒーくさい息)がインセンス、ペッパー、ウードで非常に巧みに埋められているが、ウードについてはさほど目立っていない。全体で見れば、とても感じがよく、マイルドで、埃っぽいベチバー。つまり、だれもがいつかは求める香り。=LT

▷ ***Wood Haven***(ウッドヘブン)　**ケロシン**　★★★★　ジュニパー スモーク

申し分のないウッディ スパイシーな男性向け香水。これはさしずめカルティエ「デクララシオン」の丸太小屋版。同じようにスタイリッシュな男性が現れるが、彼は片手で斧を振るい薪を割ることもできて、ますます魅力が増している。=LT

▷ ***Wood Infusion***(ウッドインフュージョン)　**ゴールドフィールド & バンクス**　★★★　オレンジ ウッディ

すてきなパッケージの独創性に欠けるウッディ シトラス。=LT

▷ ***XL, Oxygen Vert***(エックスエルオキシジェンベール)　**ブラッド コンセプト**　★★　レモン ムスク

以前の私は確かにもっと幸せな人間だったが、インタートレードによるニッチな香水への機械的取り組みを知ってからはそうでもなくなった。1)流行りのミニマリスト風パッケージでブランド、シリーズ、サブシリーズをまるごと作る。2)ブランド、シリーズ、香水のそれぞれに、愚かな人間が考えた賢しげな名前をつける。3)調合は、独創性はほぼなくとも、大方は及第点にする。4)シニカルな顧客の大半が予想するより、気持ち多めに処方に予算を出す。5)50ml120ユーロ程度で売る。天才!=LT

▷ ***Y***(ワイ)　**アヴェリー**　★★　サフラン ミルラ

ひとこと言わせてもらうと、これはアヴェリーで最も独創性に欠ける香り。その主な理由は、ランド研究所ばりの能率を構成に適用しているから。現代のウッディ オリエンタルが成功するには、やや乱雑でなくては。=LT

▷ ***Yapana***(ヤパナ)　**ヴォルネイ**　★★★　ペッパー ベンゾイン

申し分なく体裁の良いシトラス ペッパーのトップノートだが、少し短命。心地よいウッディ スパイシーなドライダウンに、これといった特徴はない。=LT

▷ Yes I Do（イエスアイドゥ）　エタ リーヴル ド ランジュ　★★★　グリーン ミュゲ

若い女の子に関するお粗末な宣伝文（ハンバート ハンバートではなくコレットへのオマージュとして広い心で受け止めよう）を黙殺すれば、これはやや薄っぺらいけれど心地よい「ディオリッシモ」タイプのスズラン。=TS

▷ Yesterday Haze（イエスタデイヘイズ）　イマジナリー オーサーズ　★★　ナッツ調レザー

思い出すのは昔の大変愛された「イングリッシュ レザー」（1949）だが、トップノートはよりフレッシュ。=LT

▷ Yohji Homme（ヨージオム）　ヨージ ヤマモト　★★★★　ラベンダー リコリス

1999年、ジャン－ミシェル デュリエの「ヨージ オム」に出会ってすぐ、私は恋に落ちた。それは香水業界に長年残る問題に、意外にも優美な解決策をもたらしたかに思えた。香水は普通、トップのフレッシュなノートからボトムの温かいノートに移る。それはおそらく、たちまち蒸発するものどうしを私たちが頭の中で結びつけるせいなのだろう。すなわち、どれだけ冷たい中にあっても、それ自体が冷たくても、その逆だとしても。この弧を描く時間は香水の構造にとても深く根付いているため、「ヨージ オム」の香りを嗅ぐと、まるでハロルド エジャートンのリンゴを突き抜ける弾丸の高速写真を初めて目にしたような気持ちになった。つまり、時間そのものが止まっているような感覚に。その香水にはトップからボトムまで、フレッシュさと温かみの両方が備わっていた。さらによく吟味してみると、例のごとく、そこには二つの偉業が認められる。ひとつは、ラベンダーとキャラメルのノートのあいだの中心軸として、リコリスを用いるという素晴らしいアイディア。もうひとつは、すべての中間段階で行われた微調整、細心の注意が払われたクオリティと質感によって実現した、その完璧な仕上がりだ。

それから数年後、パトゥの堂々たる要塞でデュリエと会う幸運に私は恵まれた。その説明によると、彼は長年、あらゆる粉せっけんが揃う過酷な訓練の場で香りについて学びながら、「ヨージ オム」のアイディアを温めてきたという。「ヨージ オム」が生産中止になってから、私は最後のひと瓶を大切にしてきた。これがいずれ尽きるという恐怖は、「ゲラン オム」によってどうにか和らげられたが、「ゲラン オム」は細部がまるで異なるし、同じコンセプトを実現しているわけではない。そして今、「ヨージ オム」が戻ってきた。再処方を手がけたのはオリビエ ペショーだが、聞いた話では、相談役にデュリエが就いているらしい。オリジナルの正確な再現に至らなかった理由は二つある。ひとつは、IFRAの規定によって、一部の香料が禁止されたこと。もうひとつは、以前のデュリエ（パトゥ時代）が入手していた稀少で高価な材料は、もはや期待できそうにないこと。とはいえ、結果は大成功で、そうした事情を思えば実に素晴らしい香りが完成した。オリジナルのなめらかな感触は消えたので、当時進呈した五つ星は撤回するが、すぐれた作品であることに変わりはない。=LT

▷ **Yoru No Ume**（ヨルノウメ）　**サトリ**　★★★　フローラル カンファー
ぼんやり甘い花々のとても奇妙なアコードとインドール調カンファーのノートが強すぎて、そこには間違いなく精子のようなイミンの匂いが嗅ぎ取れる。一般に使われる防虫剤にやや似すぎているかもしれないが、いずれにしても魅惑的。=LT

▷ **You or Someone Like You**（ユーオアサムワンライクユー）　**エタ リーヴル ドランジュ**　★★　シソ グレープフルーツ
これはエタ リーヴル ドランジュと作家チャンドラー バールの共同制作。名前はバールの同名の小説に由来する。バールは雑誌『T: The New York Times Style Magazine』の元香水批評家であり、ニューヨーク市のミュージアムで香水展示のキュレーターを務める（そして情報の完全公開をするなら、LTの科学的取り組みについて記した『匂いの帝王』の著者でもある）。バールが未来やメタリックや科学技術のイメージに対する批評の中で、よりダーティでアニマリックな香水の匂い（彼の文章では、途方もなく性的だとしばしば表される）を頻繁に取り上げて強調することを考えれば、公衆便所に落とした鍵みたいな匂いを私が期待するのもしかたがないこと。実際はまったくそんな要素はなく、鋭い植物系統のグリーン ハーブ調シトラスの香り。ジョー マローンから逃げ出してきたのだろうか。硫黄調のグレープフルーツはちょっぴりわきの下のような印象を与えるけれども。=TS

▷ **Zeitgeist**（ツァイトガイスト）　**J. F. シュヴァルツローゼ**　★★★　マリン フローラル
この非常に心地よい、淡いメロン調マリン フローラルのアコードについては調査せざるをえなかった。私が野暮な興味をかき立てられた理由は、マイケル エドワーズによると、これには藻類のエキス（オークモスの代用品として用いられた）と、とらえどころのない獣のような多環式化合物ヌブロンの両方が含まれているという話だったから。私の信頼するフラグランティカの博学な化学者、マトベイ ユドフいわく、ヌブロンは基本的にはガラクソリドの変形でIFF社の製品だ。この香水は、モーリス ルセルの廃盤になった傑作「ミッソーニ」(2006) から取り出した塊のような匂いで、したがって良い出来。=LT

▷ **Zenne**（ゼンネ） **ニシャネ** ★★ カシス ソルベ

「ハジワット」と「カラギョス」に続く、影絵芝居の三人目の登場人物。「ゼンネ」は高級娼婦、ちょっと昔のアメリカ男なら“bebe”と呼んだであろう女性の感じだ。香りのベースはカシスだから誰にも好かれるに違いないが、それだけのこと。悲しい。=LT

[TOP 10 LIST]

■女性用香水

XI L'Heure Perdue
Alaïa
Black Gold
Castaña
Le Cri de la Lumière
Fate Woman
Fleurs et Flammes
Jasmins Marzipane
Le Mat
Miyako

■内政的な香水

Anti Anti
Avicenna Myrrha
Boris Bidjan Saberi
La Botte
Fatih Sultan Mehmed
Kerbside Violet
Lanterne Rouge
Pale Fire
Seine Amoureuse
Sensemilla

■アニマリック系

Anubis
Attaquer le Soleil
GS02
Karasa
Light
Mem
Norne
Oudh Infini
Petite Mort
Tabac Tabou

■男性用香水

Au Coeur du Désert
Azemour les Orangers
Eau Parfumée au Thé Noir
Iris Nazarena
Korrigan
Lignum Vitae
New York Intense
Noir Obscur
Nuit Magnétique
Twilly d'Hermès

■外交的な香水

Baiser Fou
Le Cri de la Lumière
Dama Koupa
Dryad
Eau de Nyonya
Fate Woman
Florabotanica
Jasmins Marzipane
Maai
Miyako

■フローラル系

Le Cri de la Lumière
Harem Rose
Miyako
Muguet Porcelaine
Nuit Andalouse
Rose Royale
Rose Gold
Rûh
Shem-el-Nessim
Verano Porteño

■シトラス系

Altruist
Aqua Amara
Azemour les Orangers
Cedro di Taormina
Cologne Nocturne
GS03/"Cologne Reloaded"
L'Homme Idéal Cologne
Moonlight in Heaven
Ray of Light
Vert Bohème

■スモーク系

Acqua Tempesta
Broken Theories
Dark
Dreckigbleiben
Eau Parfumée au Thé Noir
The Holy Mountain
Incendo
Lampblack
Skive
Wood Haven

■レトロな香水

Boy Chanel
Champlevé
Harem Rose
Iris de Fath
Maai
Le Mat
Mem
Salome
Shem-el-Nessim
Sortilège

■レザー系

Alaïa
Anubis
L'　Aventurier
Boris Bidjan Saberi
La Botte
Cuir Cannage
Galop
Incendo
Skive
Tuscan Scent: Incense Suede

■新しい香水

XI L'Heure Perdue
Castaña
Eau des Merveilles Bleue
Everlasting
Hana Hiraku
Korrigan
Seine Amoureuse
Tank Battle
Tian Di
Twilly

■ウード系

Agarwoud
Oud Ambroisie
Oudh Infini
R'Oud Elements
Thirty-three

[用語集]

アイリス（オリスとも）：アイリスの根茎から抽出される香り物質で、よく寝かせたものは香水に使われる天然素材として最も高価なもの。ただし促成で安価なものもある。

アクアティック：合成香料カロンなどのフローラル メロンのノートに由来し、水辺の空気を想起させる。1988年の「ニュー ウエスト」に使われたのが最初。

アコード：複数のノート（香調）の効果的な組み合わせ。音楽で個々の音を組み合わせてコード（和音）を生み出すのと似ている。

アニマリック：体臭に似た匂い、またはムスクやカストロリウム、シベットなどの動物性香料に特有の匂い。

アノスミア：匂いを感じられないこと、無嗅覚。

アブソリュート：抽出した芳香成分。伝統的には蒸留または溶剤によって抽出する。

アルデヒディック：直鎖の脂肪族アルデヒド C10、C11、C12 がもつ香りで、シャープなホワイト フローラルとレモンが香る。シャネルの「N° 5」に使われて有名になった。

アルデヒド：アルデヒド基 C=O(H) をもつ有機化合物。調香にあたってはさまざまなアルデヒドが用いられる。

アルテミシア（ワームウッドとも）：ウッディなアニスの香る天然香料。

アンゼリカ（アンジェリカとも）：セリ科シシウド属の植物で、ヨーロッパには茎の部分を砂糖漬けにした菓子がある。香水に使うのは根の部分で、ラクトニックでアニスのような香りが得られる。

アンバー：中東で昔から使われていた香りで、スチラックスやベンゾイン、シスタスラブダナムなどの芳香樹脂をブレンドしたもの。

アンバー グリス：マッコウクジラの排泄物が何年も海に浮かび、日光を浴びた末に生成される稀少で高価なもので、独特の非常にリッチな海の香りがする。今はもっぱら安価で品質の安定した合成品が使われているが、天然物には及ぶべくもない。

アンフルラージュ：ジャスミンなどの植物性香油を抽出する古典的な方法。材料となる花びらなどを樹脂に浸して、じわじわと抽出する。今はほとんど溶剤抽出に取って代わられている。

アンブロクス（アンブロクサンとも）：合成アンバー グリスの原料としてフィルメニッヒが開発した化合物。

イオノン：スミレ（バイオレット）の花の匂いを特徴とする合成香料。

イロン：アイリスの特徴をよく表現した

合成香料。

インセンス:香。乳香、オリバナムとも。1）カンラン科ボズウェリア属の木から採れる芳香樹脂で、たいていは火をつけて煙の香りを楽しむ。カトリックや東方正教会の儀式でも使われる。2）素材を問わず、火をつけて煙の香りを楽しむもの。

インドール：インク様でビターな、排泄物のような匂いのする化合物。ジャスミンやオレンジなどの白い花にも人糞にも、天然に含まれている。

ウード：沈香。菌類が感染したジンコウ属の木の分泌物から抽出した精油。複雑かつ非常に多様な匂いで、ハニーやアニマリック、バルサミック、フルーティ、レザーが香り立つ。またジンコウの木は燃やして香としても使う。

ウッディ アンバー：高価で手に入りにくい天然の樹脂やアンバー グリスの代わりに広く用いられている合成香料で、消毒用アルコールの匂いをすごく強烈にした感じ。

エクストレ（パルファム、エキスとも）：純粋な香油をエタノール 98%、水2%の溶液で 25%以上の濃度にまで薄めた製品。

エステル：酸とアルコールの化合物で、（例外もあるが）たいていフルーティな匂いがする。

エレミ：フィリピンに自生する樹木から抽出された樹脂系の香り成分で、スパイシーでウッディな匂い。

オークモス：さまざまなタイプのコケ類から抽出される精油で、ドライでビターな匂い。シプレ系の香水には不可欠なもの。

オーストラリアン サンダルウッド：サンダルウッドのオーストラリア固有種に由来する香料。甘くてウッディな香りだが、本場インド、とりわけマイソール産のサンダルウッドにあるミルキーな複雑さを欠く。

オードトワレ：純粋な香油をエタノール 98%、水2%の溶液で 10%くらいの濃度まで薄めた製品。

オードパルファム（パルファムドトワレとも）：純粋な香油をエタノール 98%、水 2%の溶液で 15 ～ 18%の濃度まで薄めた製品。

オスマンサス：モクセイ属の植物の花から抽出される香料で、アプリコットやレザーの匂いがする。

オポポナックス：ミルラノキ属の木々から抽出される樹脂で、甘くバルサミックな匂いが特徴。

オリエンタル：アンバーを強調した香調の一つ。このジャンルの香水としてはゲランの「シャリマー」が現役最長老。またオリエンタルにはフローラル、スパイシー、ウッディ、グルマンなどの下位分類がある。

カシス、黒スグリ：1）ベリーの香る

合成物質。一般にはテアスピランから作られ、クスノキの熟した実の匂いがする。2）クスノキの花のつぼみから抽出した天然香料。シャープでグリーン、硫黄っぽい香りで「ネコのおしっこ」とも形容される。3）フィルメニッヒが発売している合成カシスのベース。

カシュメラン：合成香料で、単独では濡れたコンクリート（あるいは中国の酒マオタイ）のような匂いだが、うまく合わせるとウッディとムスクの中間をねらった香りになり、甘すぎず、動物臭もない。

ガルバナム：古くから薬やお香などに使われてきた植物性樹脂。ビターでグリーンな匂いを特徴とする。

カレープラント（エバー ラスティング フラワーとも）：菊の仲間でムギワラギク属の ヘリクリサム イタリクムの葉や茎から抽出された成分で、甘くてスパイシーな、カレーのような香りがする。

カロン：合成香料でフレッシュなメロンと水辺、海辺の匂いがする。1992年の「ロードゥ イッセイ」など、90年代にはよく使われた。

カンファー（ショウノウ）：クスノキに由来する化学物質で、昔ながらの防虫剤の匂いがする。ユーカリやメンソール、「タイガーバーム」の匂いでもある。

クマリン：トンカビーンズなどの植物に由来する香料で、甘くビスケット様の干し草のような匂い。

グリーン：草や葉、カットした青野菜の匂い。

グルマン（グルメとも）：オリエンタルと総称される香調の下位分類で、バニラが強調されたデザート類の匂い。このところ人気が上昇している。

コローニュ（コロンとも）：1）香水の類としては最も古いタイプで、起源は少なくとも18世紀にさかのぼる。古典的なオーデコロンはシトラスとフローラル、ハーブ、ウッド、そしてムスクのブレンドだった。2）広義の香水の一種で、オードトワレよりも香料を薄めたもの。

サリチル酸：サリチル酸ベンジルなどの合成香料で、ビタースイートでフローラルな香り。

サンダルウッド：白檀。インド、とりわけマイソール産のサンダルウッドなどの幹から抽出した香油で、非常にリッチでクリーミー、そしてウッディな香りを放つ。じっくり寝かせたものほどいい。

ジボダン：世界最大の香料メーカー。本社はスイスにある。

ゲオスミン（ジェオスミンとも）：二環式飽和炭化水素アルコールで、強烈な土臭い（アーシー）匂いがする。

土壌中やビートに含まれる。

シジャージ：フランス語で、船が通過した後の水面にできる「航跡」の意。香水の世界では、香水をつけた人が通りすぎた後にも感じられる残り香をさす。

シスタスラブラタム（単にシスタスとも、ラブラタムとも）：ロック ローズと呼ばれる花の咲く木の葉や枝から抽出される樹脂。甘くウッディな香りにスモーキーないしレザーな要素が加わる。本来のアンバーに含まれる素材。

シソ：ミントのバリエーションで、アニスやグリーン、ウッディ、フルーティの香調を伴う。

ジヒドロミルセノール：ウッディでシトラス系の香り成分で、今はもっぱら男性用に使われている。

シプレ：コティの「シプレ」（1917）で有名になった構造を引き継ぐ香調の総称で、オークモスとシスタスラブラタム、ベルガモットからなる。フローラル シプレ、フルーティ シプレ、レザー シプレなどの下位分類がある。

シベット：主としてエチオピアで飼育されているジャコウネコの分泌腺から採れる天然の香料。単独では糞の強烈な匂いを放つ。現在ではほとんどが合成香料で代替されている。

ジャスミン：ジャスミン（ソケイまたはマツリカ）の白い花の香りで、香水の世界では最もありふれた素材のひとつ。主な香り成分はベンジルアセテート（アメリカ人の好きなピンク色の風船ガムの匂い）とシスジャスモン（ワックス様でセロリが香る）。

スエード：スイートで軽めなレザーの香調。古典的なレザーほどビターではない。

ソリフロール：一つの花の匂いを表現した香料や香水。たとえばローズソリフロールなら、もっぱらバラが香るように作られている。

ダマスコン：ローズとアップルの香る強力な成分で、スミレ（バイオレット）の香るイオノンの仲間。

ティー：紅茶の香りを再現したベースや合成香料。イオノンやリナロールなど。

トップノート：香水をつけたとき最初に立ち上がってくる香り。分子量が低く、揮発性が高い成分で、ものの数分で消えていく。

ドライダウン：トップとハートのノートが消えた後、香水の最終ステージで感じられる香り。

トンカ：トンカビーンズから抽出したクマリン。

ニッチ（隙間）：少量生産を旨とし、一部の店でしか販売しないタイプの香水ブランド。

ネロリ：ビターなオレンジの花の抽出

物で、たいていはグリーンやシトラス、ホワイト フラワーが香る。

ノート：香調。複雑な香水から際立つ特徴的な香り。

ハートノート：香水の香りの中間部分。トップノートが消え、ドライダウンが来る前の香りで、ここに香水の個性が出るとされる。

ハーベイシャス（ハーバルとも）：セージ、ラベンダー、タイム、マジョラム、ローズマリーなど、食用または薬用のハーブの匂い。

バイオレットリーフ：天然の葉から抽出したアブソリュートは、葉っぱの切り口から匂い立つ強烈なグリーンのノート。しかし香水に使われるのは、もっぱらメチルオクチンカーボネートなどの合成品で、その香りはグリーンにペッパーやアセチレンが加わっている。

ハイパーオスミア：嗅覚過敏。

パチュリ：ハーブとして使われるパチュリから抽出された精油で、ウッディにしてアーシー、カンファー（ショウノウ）のような匂いがし、熟成させると深みが増す。

バニラ：発酵させたバニラビーンズから抽出される香りで、現在は合成品のバニリンやエチルバニリン、イソブタバン、ウルトラバニルなども使われている。

バルサミック：ペルー産のバルサムなどに代表される植物性芳香樹脂の甘い香り。

ヒドロキシシトロネラール：スズラン（ミュゲ）の香る絶妙な合成品で、天然には存在しない。

ヒポスミア：嗅覚減退。

ファイン フレグランス：洗髪などの実用的な目的をもたず、純粋に香り（フレグランス）を楽しむための香り製品。

ファンクショナル フレグランス：実用的な機能（ファンクション）もつ香り製品。石鹸やシャンプー、化粧品など。

フィグ（イチジク）：香水の世界ではイチジクの葉の香りのこと。オキシム類（-NOH）の化合物。

フィクサティブ：保留剤。高分子物質で、調香の際にこれを加えると香り成分の揮発を抑えられ、香水の香りが長持ちする。

フィルメニッヒ：香料や食品用フレーバーの大手メーカー。非上場でスイスに本社がある。

フェノリック：フェノール様の、つまりタールの匂い。

フゼア（フジェールとも）：老舗ウビガンの元祖「フジェール ロワイヤル」をベースにした男性用の香り。ラベンダーとオークモスにタバコないし干し草調のクマリンを加えている。

ブティリック：バターを意味するギリシ

ャ語に由来する香り物質で、チーズのような、腐ったバターのような匂いがする。

フランカー：既存の香水から派生した香水類。ゲランの「シャリマー」から派生した「シャリマー ライト」など。ただし香りはオリジナルと同じとも似ているとも限らない。

フルーチュリ：ミュグレーの「エンジェル」（1992）を元祖とする香りのジャンル。甘くてウッディなパチュリのノートを軸に、ストロベリーやラズベリーなど、ベリー系フルーツの強い香りがする合成香料を合わせたアコード。

ベース：調香師の手間を省くため、さまざまな素材を組み合わせて事前に用意された香料。ピーチの香るペルシコルなどで、調香師はこれに個性的な香りを合わせて香水を作る。

ベチバー：インド原産だが今はハイチやインドネシアなど世界各地で栽培されているイネ科の香草で、香水の世界ではその根から抽出される精油をさす。アーシーなリコリス（甘草）の匂い。

ヘッドスペース：ある物質の放つ匂いを再現するため、その物質の周囲の空気を集めて化学的に分析する行為。

ヘディオン：合成香料で、フローラルにフレッシュさを加味するために用いられる。ディオールの「オー ソバージュ」に使われて人気になった。

ヘリオトロピン（ピペロナルとも）：チェリーとアーモンド、ミモザの香る香料。天然ものと合成ものがある。

ヘリオナール：合成香料で、ミルク様のメタリックな匂い。

ベルガモット：イタリア産の柑橘類ベルガモットの皮から抽出した精油。クラシックな香水のトップノートとして、よく使われてきたもので、ラベンダー石鹸のような香り。

ベンゾイン（安息香）：ツツジ目エゴノキ属のアンソクコウノキに由来する芳香成分で、パウダリーでウッディ、バニラっぽい香りがする。フランス人の愛するパピエ ダルメニ（紙製のお香）の匂いでもある。

マリン：アクアティックな香りや、海辺の空気を思わせる香調。

マルトル：キャンディや煮詰めた砂糖の匂いがする合成香料。

マン：フランスを代表する香料メーカー。正式名称はヴェ マン フィス。

ミュゲ（スズラン）：1）可憐な白い花だが、天然の抽出物が香水に使われることはなく、合成香料だけが存在する。以前はヒドロキシシトロネラールが使われていた（代表例はディオールの「ディオリッシモ」オリジナル版）が、今は使用が厳しく制限されている。2）さまざまな種類のフローラルな合成香料の総称。よく知られているのはフロリドラールだが、ヒドロキシシトロネラールと違って天然のスズランの香りには似ていない。

ムスク：もともとはヒマラヤ ジャコウジカの香嚢から抽出された物質で、香料としても保留剤としても用いられる。現在は入手困難なので、もっぱら安価で品質の安定した合成品が使われている。

ラクトン：環状エステル構造の化合物で、ピーチやココナッツ、ミルクなどに含まれ、香りにクリーミーでフルーティなニュアンスを加える。

ラベンダー：ラベンダーまたはラバンディンから抽出された精油。またはその合成品（リナロールやリナリルアセテートに、しばしば少量のシネオールを加えたもの）

レザー：香水の世界では、イソキノリンのビターな匂い、あるいは精溜したバーチタールのスモーキーな匂いの意。いずれにせよ革をなめすときに使う薬品の匂いに似ている。

レジン：樹脂。粘性が高く、べたつく植物性の物質。香水に使われるラブダナムやスチラックスなどの精油は糖蜜を思わせ、アンバー オリエンタルやシプレに甘さを加える目的で、また保留剤としても用いられる。

IFF：アメリカに本社のある世界有数の香料会社。International Flavors & Fragrances の略。

IFRA：香水産業の自主規制などを統括する業界団体。International Fragrance Association の略。

LMR：香水に使う天然香料の主要な供給元。IFF の傘下。Laboratoire Monique Remy の略。

LVMH：ディオール、ゲラン、ジバンシィ、ケンゾー、マーク ジェイコブス、メゾン フランシス クルジャンなど、世界に冠たる高級ブランドの多くを傘下に収める複合企業。Louis Vitton Moet Hennessy の略。

P&G：世界最大の日用品メーカーで、紙おむつから石鹸や歯磨き、脱臭剤や芳香剤まで何でも作っていて、傘下にジャン パトゥやロシャスなどの香水ブランドももつ。本社はアメリカのシンシナティ。Procter & Gamble の略。

索　引

★

[索引　ブランド別]

［索引　評価別］

★★★

★★

★

なし

Japanese translation published by arrangement with Perfüümista OU
c/o The Colchie Agency GP through The English Agency（Japan）Ltd.

［翻訳協力］ 秋山絵里菜、壁谷さくら
高橋由美、沢田博

「匂いの帝王」が五つ星で評価する

世界香水ガイドⅢ★1208

●

2019年10月29日　第1刷
2023年 9月30日　第2刷

著者　ルカ・トゥリン　タニア・サンチェス
訳者　秋谷温美
装幀　川島進（スタジオギブ）
発行者　成瀬雅人
発行所　株式会社原書房
〒160-0022 東京都新宿区新宿1-25-13
電話・代表03（3354）0685
http://www.harashobo.co.jp
振替・00150-6-151594
印刷・製本　中央精版印刷株式会社

ISBN978-4-562-05692-7　Printed in Japan